U0159101

电力生产现场有限空间作业

安全防范及应急救援

王晋生 主编

中国电力出版社
CHINA ELECTRIC POWER PRESS

内 容 提 要

本书以首次发布的电力行业标准 DL/T 2520—2022《电力管道有限空间作业安全技术规范》为主线，详细介绍在电力生产运维现场和施工现场中以电力管道为主的有限空间作业的安全防范措施和事故情况下的应急救援技术。全书共分九章，分别是：电力有限空间基本知识、有限空间危害因素辨识与防控措施、电力有限空间危害识别与进入管理、电力有限空间气体测试、电力有限空间作业程序与现场作业安全措施、电力有限空间现场作业防护设备设施配置、个人呼吸防护用品、电力有限空间作业现场安全事故防范措施、电力有限空间安全事故的应急救援。

本书可作为宣贯 DL/T 2520—2022《电力管道有限空间作业安全技术规范》标准的辅助读物，亦可作为电力有限空间特殊岗位作业人员上岗取证的培训教材，以及作为有限空间紧急救援人员的实训演练教材，对其他行业的有限空间安全生产和事故防控亦有参考价值。

图书在版编目（CIP）数据

电力生产现场有限空间作业安全防范及应急救援/王晋生主编. —北京：中国电力出版社，2024.4
ISBN 978-7-5198-8830-5

Ⅰ.①电… Ⅱ.①王… Ⅲ.①电力工业－安全生产－生产管理 Ⅳ.①TM08

中国国家版本馆 CIP 数据核字（2024）第 082079 号

出版发行：中国电力出版社
地　　址：北京市东城区北京站西街 19 号（邮政编码 100005）
网　　址：http://www.cepp.sgcc.com.cn
责任编辑：安小丹（010-63412367）
责任校对：黄　蓓　马　宁
装帧设计：郝晓燕
责任印制：吴　迪

印　　刷：三河市航远印刷有限公司
版　　次：2024 年 4 月第一版
印　　次：2024 年 4 月北京第一次印刷
开　　本：787 毫米×1092 毫米　16 开本
印　　张：15.5
字　　数：329 千字
印　　数：0001—1000 册
定　　价：70.00 元

本 书 编 委 会

主　　编　王晋生

副 主 编　亢建明　曹书涛　赵　璐

编写人员　王小刚　王嘉悦　王　政　谢天朋

　　　　　田　季　李军华　李焜烨　张　鑫

　　　　　王　超　王京疆

前言

　　近年来，我国发生了多起有限空间运营事故，给人民的生命财产造成了巨大损失。因此，提高有限空间作业的安全管理水平，有效地防止有限空间作业中的事故越来越重要。中华人民共和国应急管理部要求有关部门认真督促企业严格执行操作审批制度，开展扎实的安全培训，有效实现有限空间风险识别，确保操作人员掌握有限空间操作和应急救援方法的安全知识，消除盲目救援。首次发布的中华人民共和国电力行业标准DL/T 2520—2022《电力管道有限空间作业安全技术规范》为电力有限空间应急救援培训工作的重点指明了方向，即应该放在防范有限空间不发生安全事故上。本书即是按照上述指导思想编写而成的。

　　本书共分九章，主要内容包括：电力有限空间基本知识、有限空间危害因素辨识与防控措施、电力有限空间危害识别与进入管理、电力有限空间气体测试、电力有限空间作业程序与现场作业安全措施、电力有限空间现场作业防护设备设施配置、个人呼吸防护用品、电力有限空间作业现场安全事故防范措施、电力有限空间安全事故的应急救援。

　　本书具有如下特点：

　　(1) 密切结合新近制定修订的法律法规，充分体现了国家和地方有关部门对有限空间作业的最新要求。

　　(2) 针对有限空间作业的特点，本着"实用、够用、能用"的原则，对有限空间危险因素、安全管理、作业安全要求，安全防护、事故防范、应急救援等知识点进行了详细归纳和深入分析，使本书框架更加合理，更加符合系统性、科学性和实用性的要求。

　　(3) 坚持理论与实际相结合，以实践为主，突出技能操作，既全面系统，又简明扼要。

　　(4) 图文并茂、层次清晰，可读性较强。充分考虑到有限空间作业人员安全培训的实际需要，内容简明实用，叙述深入浅出，语言通俗易懂。

　　有限空间的应急救援工作和其他应急救援工作有着极大的不同，其他类型的应急救援工作可以说是在无限空间展开的，队伍能拉得开，作业面也能展得开。但有限空间的入口只能一个人一个人地下去，发生在有限空间内的安全事故究竟是哪一类型、救援人员应该怎样自身防护，都不是一下就可以确定的。有限空间作业涉及的行业领域多，作业环境复杂，不确定的危险因素多，一旦遇险，施救困难，且容易发生群死群伤事故等。

本书在编写过程中，参考学习和应用了书末所列文献的部分内容，在此，特向文献资料的编撰单位和专家、学者表示诚挚的谢意。

　　本书可作为宣贯 DL/T 2520—2022《电力管道有限空间作业安全技术规范》标准的辅助读物，亦可作为电力有限空间特殊岗位作业人员上岗取证的培训教材，以及作为有限空间紧急救援人员的实训演练教材，对其他行业的有限空间安全生产和事故防控亦有参考价值。

　　但由于编者学识水平有限，难免会有疏漏不妥或错误之处，恳望同行和读者批评指正。

编著者

2024 年 1 月

目录

第一章　电力有限空间基本知识

第一节　有限空间定义和特点

一、有限空间定义和分类

1. 有限空间定义

所谓有限空间（Confined Space，CS），是指封闭或者部分封闭，与外界相对隔离，出入口较为狭窄，作业人员不能长时间在内工作，自然通风不良，易造成有毒有害、易燃易爆物质积聚或者氧含量不足的空间。

从以上定义看出，凡属于有限空间需同时满足以下 3 个条件，缺一不可：

（1）体积足够大，人能够完全进入，但与外界相对隔离。

（2）进出口有限或者受到限制。

（3）不需要作业人员长时间占用空间。

2. 电力管道有限空间定义

电力管道有限空间（Confined Space of Power Channel）是指封闭或者部分封闭、进出口受限但人员可以进入，未被设计为固定工作场所，通风不良，易造成有毒有害、易燃易爆物质积聚或者氧含量不足的敷设有电力电缆的隧道、工作井等电力作业空间。

3. 分类

符合上述定义的有限空间，有以下几种：

（1）密闭设备。如船舱、储罐、车载槽罐、反应塔（釜）、冷藏箱、压力容器、管道、烟道、锅炉等。

（2）地下有限空间。如地下管道、地下室、地下仓库、地下工程、暗沟、隧道、电力隧道、城市地下综合管廊、涵洞、地坑、废井、地窖、污水池（井）、沼气池、化粪池、下水道等。

（3）地上有限空间。如电缆夹层、储藏室、酒糟池、发酵池、垃圾站、温室、冷库、粮仓、料仓、冷却塔等。

（4）企业非标设备。高炉、转炉、电炉、矿热炉、电渣炉、中频炉、混铁炉、煤气柜、重力除尘器、电除尘器、排水器、煤气水封等。

二、有限空间的特点和涉及的领域

1. 有限空间的特点

由上述定义可知有限空间具有以下特点：

（1）自然通风不良，容易造成有毒、易燃气体的积聚和缺氧等。此特点是造成有限空间作业人员发生死亡事故的主要原因，有毒有害气体中又以硫化氢为常见，如表 1-1 所示。

表 1-1　　　　有限空间由于自然通风不良可能存在威胁生命的危险有害因素

有限空间类别	有限空间名称	危险有害因素	有毒有害易燃爆炸气体	爆炸性危险
密闭设备	1. 船舱、储藏、车载槽罐、反应塔（釜）、压力容器； 2. 冷藏箱、管道； 3. 烟道、锅炉	缺氧	一氧化碳（CO）、挥发性有机溶剂	
地下有限空间	1. 地下室、地下仓库、隧道、地窖； 2. 地下工程、地下管道、暗沟、涵洞、地坑、废井、污水池（井）、沼气池、化粪池、下水道； 3. 矿井	缺氧	硫化氢（H_2S）、可燃性气体爆炸、一氧化碳（CO）	爆炸性粉尘
地上有限空间	1. 储藏室，温室、冷库； 2. 酒糟池、发酵池； 3. 垃圾站； 4. 粮仓； 5. 料仓	缺氧	硫化氢（H_2S）、可燃性气体、磷化氢（PH_3）	粉尘爆炸

（2）对于某些有限空间，内部构造复杂，容易发生挤压、碰撞、摔跌等事故。

2. 有限空间涉及的领域

有限空间涉及的行业、企业非常广泛，如煤矿、非煤矿山、化工、炼油、冶金、建筑、电力、造纸、造船、建材、食品加工、餐饮、市政工程、城市燃气、污水处理、特种设备等。由于有限空间存在上述特点，因此，在有限空间作业发生的事故也非常多，如煤矿发生的瓦斯爆炸、瓦斯窒息、采空区窒息事故、矿山井下炮烟中毒事故等，都属于有限空间作业安全事故。在生活中，北方居民冬季用煤取暖发生的煤气中毒故也属于有限空间发生的事故。

三、有限空间导致发生事故的条件

1. 瞬时危及生命和健康浓度

瞬时危及生命和健康浓度（Immediately Dangerous to life and Health，IDLH）是指

人员在这种浓度水平下逗留 30min 即可发生死亡或健康的严重损害。当空气中的任何有毒性、腐蚀性或窒息性的化学物质达到这个浓度时，可能立即对人员的生命安全造成威胁，也可能引起不可逆转的或潜伏性的危害健康的效应，或者导致人员丧失脱离这种危害环境的能力。

在确定 IDLH 浓度时，造成人员伤害的暴露时间长度定义为 30min，但这不代表在这种环境中，可以允许人员在未佩戴相应呼吸防护用品的情况下滞留 30min，相反，必须立即撤离。

IDLH 是 20 世纪 70 年代中期由美国国家职业安全卫生研究所（National Institute for Occupational Safety and Health，NIOSH）和职业安全和健康管理局（Occupational Safety and Health Administration，OSHA）联合编制的，共涉及近 400 种化学物质的 IDLH，随后经过多次复核，并于 1994 年开始修订。

部分化学品的 IDLH 浓度如表 1-2 所示。

表 1-2　　　　　　　　　　　部分常见化学品的 IDLH 浓度

化学物质	初始 IDLH 值（ppm）	修订 IDLH 值（ppm）	化学物质	初始 IDLH 值（ppm）	修订 IDLH 值（ppm）
乙酸	1000	50	二硫化碳	500	500
丙酮	20000	2500	一氧化碳	1500	1200
氨	500	300	四氯化碳	300	200
苯	3000	500	氯	30	10
氯化氢	100	50	甲醛	30	20
氰化氢	30	50	正己烷	500	1100
硫化氢	300	100	溴化氢	50	30
二氧化碳	50000	40000	异丙醇	12000	2000

注　ppm 浓度是用溶质质量占全部溶液质量的百万分比来表示的浓度，也称百万分比浓度，后同。

更多的化学品 IDLH，可以参考 GB/T 18664—2002《呼吸防护用品的选择、使用与维护》中附录 B 了解相关数据。GB/T 18664 详细规定了根据作业现场呼吸危害的不同程度选择各种防护程序和方法，并对呼吸防护用品的使用和维护提出了明确要求；同时，对用人单位内部建立"呼吸保护计划"提出要求，帮助建立和执行一套书面的管理制度，便于自身监督和政府监察。该标准的主要内容有：辨别空气中有害物和评价其危害程度的方法；呼吸防护用品分类、防护功能和防护等级；根据环境危害程度选择呼吸防护用品的方法；根据作业条件和使用者特点选择呼吸防护用品的方法；呼吸防护用品使用和维护的方法；建立和实施呼吸防护计划的方法。

某些化学物质，如氢氟酸气体和镉蒸气，可能导致瞬时的危害，但即使很严重，都可能不需作特殊的医疗处理当时就可恢复正常，但在暴露发生 12～72h 后即可能发生突然的甚至是致命的后果。发生暴露的人员常常因当时不良影响的迅速消失而感觉无异，但经过一定时间的延时，将受到再次的更为严重的损害。这些物质的浓度如果处在这个危害水平，仍然被认为可能对人员的生命和健康造成"瞬时"危害。

当有限空间中存在 IDLH 浓度时可能会对人员的影响如下：

（1）对人员的身体健康造成不可逆转的负面影响。

（2）对人员的生命造成直接威胁。

（3）影响人员的自救行为。

2. 允许暴露浓度

允许暴露浓度（Permissible Exposure Limits，PEL）是指以时间为权重（通常为 8h），绝大多数健康的人员能够长期暴露于某种化学品气体而不会造成负面健康影响的平均暴露极限浓度或最高暴露极限浓度。如果人员暴露于某种物质的浓度超过其允许暴露浓度的环境，可能导致有害的健康影响，包括疾病和（或）死亡。表 1-3 所示为美国 OSHA 部分化学品的 PEL 值。

表 1-3　　　　　　　　　　　美国 OSHA 部分化学品的 PEL 值表

化学物质	美国 PEL 值（ppm）	美国 PEL 值（mg/m³）	化学物质	美国 PEL 值（ppm）	美国 PEL 值（mg/m³）
乙酸	10	25	二硫化碳	62.2	TWA 20
丙酮	1000	2400	一氧化碳	55	TWA 50
氨	50	35	四氯化碳	62.9	TWA 10
苯	1	3.19	氯	3	1
氯化氢	5	7	甲醛	0.9	TWA 0.75
氰化氢	10	11	正己烷	—	—
硫化氢	20	28	溴化氢	10	TWA 3
二氧化碳	5000	9000	异丙醇	980	TWA 400

我国使用的最高容许浓度（Maximum Allowable Concentration，MAC）概念基本与 PEL 相同。我国也颁布有类似的暴露限值标准，如 GBZ 2.1—2019《工作场所有害因素职业接触限值　第 1 部分：化学有害因素》和 GBZ 2.2—2007《工作场所有害因素职业接触限值　第 2 部分：物理因素》，确定了工作场所空气中有毒物质的容许浓度。具体的暴露极限值少数与美国有轻微差异，如乙酸，我国的时间加权平均容许浓度（等同于 PEL）为 10mg/m³，而美国 OSHA 标准中此值为 25mg/m³。

3. 爆炸极限

可燃气体、可燃液体蒸气或可燃粉尘与空气混合并达到一定浓度时，遇火源就会燃烧或爆炸。这个遇火源能够发生燃烧或爆炸的浓度范围，称为爆炸极限。通常用可燃气体在空气中的体积百分比（%）表示。一般而言，爆炸极限的范围越宽，则这种物质越危险，原因是其更容易发生爆炸。如图 1-1 所示为可燃物气体爆炸极限示意图。

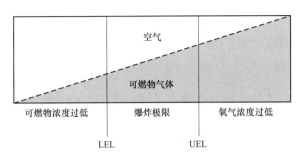

图 1-1 可燃物气体爆炸极限示意图

LEL—爆炸下限；UEL—爆炸上限

可燃气体、可燃液体蒸气或可燃粉尘与空气的混合物，并不是在任何混合比例下遇火源就发生燃烧或爆炸的，而是存在一个浓度范围，即有一个最低浓度——爆炸下限（Lower Explosive Limit，LEL）和一个最高浓度——爆炸上限（Upper Explosive Limit，UEL）。

爆炸下限（LEL）是可燃物气体在与空气混合时能够发生爆炸的最低气体浓度。低于这个浓度，因可燃物浓度过低以致可燃物气体无法发生燃烧或爆炸。爆炸下限值越低同样也越容易发生爆炸。

爆炸上限（UEL）是可燃物气体在与空气混合时能够发生爆的最高浓度。高于这个浓度，氧气含量不足以发生燃烧或爆炸。

只有处在上限与下限浓度之间，才有发生爆炸的危险。爆炸极限是在常温、常压等标准条件下测定出来的，这一范围随着温度、压力的变化而有变化。

可燃物气体与空气的混合物组分常常随着时间的变化而变化，有限空间内气体混合物也可能出现波动，原因在于气体混合物在空间内四处流动，尤其是人员或其他物料的移动而导致空间内的气体发生流动，从而扰乱混合物。因此，有限空间内的气体混合物往往并非均匀分布。

在可燃气体、蒸气或粉尘浓度大于爆炸上限的情况下，需要特别注意，这种气体环境仍然具有危险性，比如在进入有限空间时由于吹扫或通风等操作，将导致其浓度下降而进入爆炸极限范围。

4. 刺激性气体

刺激性气体的共同点是对人体皮肤黏膜具有刺激作用，根据其水溶性大小可分成两类。一类是水溶性大的刺激性气体，如氨、氯、氯化氢、二氧化硫、三氧化硫等。对人体作用的特点是一接触到较湿润的球膜及呼吸道黏膜，立即出现局部刺激症状，即流泪、畏光、结膜充血、流涕、喷嚏、咽疼、呛咳等。如果突然吸入高浓度气体时，可引起喉痉挛、水肿气管和支气管炎甚至肺炎、肺水肿。另一类是水溶性小的刺激性气体，如氮氧化物、光气等。其对上呼吸道刺激性小，吸入后往往不易发觉。进入呼吸道深部后逐渐与水分作用而对肺产生刺激和腐蚀作用，常引起肺水肿。

5. 有机溶剂

有机溶剂是指能溶解油脂、蜡、树脂、橡胶和染料等物质的有机化合物。工业生产中经常应用的有机溶剂约有百余种,如苯、甲苯、二甲苯、汽油、煤油、甲醇、乙醇、醋酸乙酯、醋酸丁酯、丙酮、二硫化碳等。

有机溶剂的种类多、用途广,几乎各种类型的工业都可接触到有机溶剂,使用最多的行业是涂料、化工、机械制造、汽车制造、印刷业、制鞋业、皮革业、医药卫生以及生活服务方面的洗染业等。

有机溶剂在常温下容易挥发,这就决定了进入人体的主要途径是经呼吸道吸入。此外,还可经皮肤进入,经常接触脂溶性的溶剂会引起皮肤脱脂或刺激。有些溶剂可透过皮肤屏障而被吸收进入血流,从而对机体引起全身性毒性作用。

6. 常见有毒有害及易燃易爆物质相对密度、容许浓度和爆炸范围

常见有毒有害及易燃易爆物质相对密度、容许浓度和爆炸范围见表1-4。

表1-4 　　　　常见有毒有害及易燃易爆物质相对密度、容许浓度和爆炸范围

序号	有毒有害及易燃易爆物质名称	相对密度(取空气相对密度为1)	容许浓度(mg/m³)			爆炸范围(容积百分比,%)	说明
			最高容许浓度	时间加权平均容许浓度	短时间接触容许浓度		
1	氨	0.6	—	20	30	15.7~27.4	—
2	苯胺	3.22	—	—	—	1.3~11.0	—
3	苯	2.77	—	6	10	1.2~8.0	—
4	甲苯	3.14	—	50	100	1.2~7.0	—
5	二甲苯	3.66	—	50	100	1.1~7.7	—
6	苯乙烯	3.6	—	50	100	1.1~6.1	—
7	丙酮	2	—	300	450	2.5~13	—
8	丙烯酸	2.45	—	6	—	2.4~8.0	—
9	丙烯酸甲酯	2.97	—	20	—	1.2~25	—
10	丙烯酰胺	2.45	—	0.3	—	—	—
11	硫化氢	1.19	10	—	—	4.3~45.5	—
12	一氧化碳	0.97	—	20	30	12.5~74.2	海拔:<2000m
		—	20	—	—	—	海拔:2000~3000m
		—	15	—	—	—	海拔:>3000 m
13	氰化氢	0.94	1	—	—	5.6~12.8	—
14	溶剂汽油	3.00~4.00	—	300	—	1.4~7.6	—
15	一氧化氮	2.49	—	15	—	不燃	—
16	甲烷	0.55	—	—	—	5.0~15.0	—
17	二异氰酸甲苯酯	6	—	0.1	0.2	0.9~9.5	—

续表

序号	有毒有害及易燃易爆物质名称	相对密度（取空气相对密度为1）	容许浓度（mg/m³）			爆炸范围（容积百分比，%）	说明
			最高容许浓度	时间加权平均容许浓度	短时间接触容许浓度		
18	酚	3.24	—	0.5		1.7~8.6	—
19	氟化氢	1.27	2	—		—	—
20	环氧乙烷	1.52	—	2		3.0~100	—
21	甲醛	1.07	0.5			7.0~73.0	—
22	氯	2.48	1			—	—

四、有限空间安全管理一般要求

1. 制度文件要求

（1）电力企业应建立电力管道有限空间作业安全生产制度，包括安全责任制度、作业审批制度、作业现场安全管理制度、相关从业人员安全教育培训制度、应急管理制度等。

（2）有限空间作业安全管理制度应纳入电力企业安全管理制度体系统一管理，可单独建立，也可与相应的安全管理制度相结合。

2. 安全培训要求

（1）电力企业应对有限空间作业分管负责人、安全管理人员、作业现场负责人、监护人员、作业人员、应急救援人员开展专项安全培训，培训课时不少于 24 个学时。

（2）专项安全培训内容应包括有限空间作业安全基础知识，有限空间作业安全管理，有限空间作业危险有害因素和安全防范措施，防触电措施，有限空间作业安全操作规程，安全防护设备、个体防护用品及应急救援装备的正确使用，紧急情况下的应急处置措施等。

（3）电力管道有限空间作业安全专项培训记录应留档保存，留存时间不应少于 1 年。记录档案应包括培训签到表、培训学习资料、培训试卷及成绩、培训过程的影像资料、培训评价和总结。

3. 风险管理要求

（1）电力企业应辨识本单位存在的有限空间及其作业安全风险。

目前在安全风险评价方面多采用半定量 LEC 安全风险评价法。L 表示发生事故或风险事件的可能性；E 表示风险事件出现的频率程度，也表示人体暴露于危险环境的频繁程度；C 表示发生风险事件产生的后果，用 D 表示风险值，风险值 $D=L\times E\times C$。风险等级根据风险值的大小确定，风险因素 L、E、C 取值及风险值 D 与风险等级的关系见表 1-5 和表 1-6。根据评价后风险值的大小及所对应的风险危害程度，将风险从大到小分为五级，一到五级分别对应极高风险、高度风险、显著风险、一般风险、稍有风险，通常将三级及以上风险，含三级风险（显著风险）、二级风险（高度风险）、一级风险（极高风险）统称为重大风险。D 值越大，说明该系统危险性大，需要增加安全措施，或改变发生事故的可能

电力生产现场有限空间作业安全防范及应急救援

性，或减少人体暴露于危险环境中的频繁程度，或减轻事故损失，直至调整到允许范围内。

表1-5   风险因素 *L*、*E*、*C* 取值表

发生事故或风险事件的可能性		风险事件出现的频率程度		发生风险事件产生的后果	
L 值	发生的可能性	*E* 值	出现的频率程度	*C* 值	产生的后果
10	可能性很大	10	连续	100	大灾难，无法承受损失（10人以上）
6	可能性比较大	6	每天工作时间	40	灾难，几乎无法承受损失（3~9人）
3	可能但不经常	3	每周一次	15	非常严重，非常重大损失（1~2人）
1	可能性小，完全意外	2	每月一次	7	重大损失（重伤）
0.5	基本不可能，但可以设想	1	每年几次	3	较大损失（致残）
0.2	极不可能	0.5	非常罕见	1	一般损失（救护）
0.1	实际不可能			0.5	轻微损失（轻伤）

表1-6   风 险 等 级 划 分

风险等级	风险值 *D*	风险程度	说明
一级风险（极高风险）	$D \geqslant 320$	风险极大，应采取措施降低风险等级，否则不能继续作业	指作业过程存在极高的安全风险，即使加以控制仍可能发生群死群伤事故，或五级电网事件的施工作业。一级风险乃计算所得数值，实际作业必须通过改变作业组织或采取特殊手段将风险等级降为二级以下风险，否则不得作业
二级风险（高度风险）	$160 \leqslant D < 320$	高度风险，要制定专项施工安全方案和控制措施，作业前要严格检查，作业过程中要严格监护	指作业过程存在很高的安全风险，不加以控制容易发生人身死亡事故，或者可能发生六级电网事件的施工作业
三级风险（显著风险）	$70 \leqslant D < 160$	显著风险，制定专项控制措施，作业前要严格检查，作业过程中要有专人监护	指作业过程存在较高的安全风险，不加以控制可能发生人身重伤或死亡事故，或者可能发生七级电网事件的施工作业
四级风险（一般风险）	$20 \leqslant D < 70$	一般风险，需要注意	指作业过程存在一定的安全风险，不加以控制可能发生人身轻伤事故的施工作业
五级风险（稍有风险）	$D < 20$	稍有风险，但可能接受	指作业过程存在较低的安全风险，不加以控制可能发生轻伤及以下事件的施工作业

"有限空间作业"的风险可能导致的后果为"中毒、窒息"。通过经验判断，发生事故或风险事件的可能性（*L* 值）选择为3，因现场可能存在中毒、窒息等风险，但是近年来发生的次数很少；风险事件出现的频率程度（*E* 值）选择为1，因近几年发生风险的次数很少；发生风险事件产生的后果（*C* 值）选择为15，根据有限空间作业发生中毒窒息的案例，造成伤亡人数较多，判断为非常重大损失。则"有限空间作业"风险评定值 $D = 3 \times 1 \times 15 = 45$，为四级风险。

（2）电力企业应建立电力管道有限空间管理台账并定期更新。台账信息应包括有限空间数量、位置、名称、主要危险有害因素、可能导致的事故及后果、防护要求、作业主体等情况。

（3）电力管道有限空间相关文件应包括有限空间作业审批单、有限空间作业交底单、有限空间作业现场记录单、有限空间作业检测数据记录单等。作业记录相关文件应留档保存，留存时间不应少于3年。

（4）电力企业应配备符合国家或行业标准的安全防护设备设施、个体防护用品及应急救援设备等，并进行建档管理和定期维护保养。气体检测报警仪应符合 GB 12358《作业场所环境气体检测报警仪　通用技术要求》的规定。长管呼吸器应符合 GB 6220《呼吸防护长管呼吸器》的规定，长管式呼吸器应选用连续送风式或高压送风式。正压式空气呼吸器应符合 GB/T 16556《自给开路式压缩空气呼吸器》的要求。设备用品配置见表1-7。

表 1-7　　　　　　　　　　电力管道有限空间作业安全防护设备设施清单

序号	设备设施名称	图例	备注
1	锥桶		—
2	警戒线		—
3	安全告知牌		—
4	泵吸式气体检测报警仪		防爆型

序号	设备设施名称	图例	备注
5	扩散式气体检测报警仪		防爆型
6	机械通风设备		防爆型
7	移动发电设备		—
8	照明设备		防爆型，安全电压小于12V
9	安全帽		具备电绝缘性
10	防护服		—
11	防护鞋/靴		绝缘鞋

续表

序号	设备设施名称	图例	备注
12	防护手套		绝缘手套
13	通信设备		防爆型
14	全身式安全带		—
15	安全绳		—
16	正压式空气呼吸器		—
17	送风式长管呼吸器		—

序号	设备设施名称	图例	备注
18	紧急逃生呼吸器		隔绝型
19	三脚架（配防坠器）		—

第二节 有限空间作业

一、有限空间作业定义和特点

1. 有限空间作业定义

有限空间作业是指作业人员进入有限空间实施的作业活动。在污水井、排水管道、电缆隧道、集水井、电缆井、热力井、燃气井、自来水井、有线电视及通信井、地窖、沼气池、化粪池、酒糟池、发酵池等可能存在中毒、窒息、爆炸的有限空间内从事施工或者维修、排障、保养、清理等的作业均为有限空间作业。

由上述定义可以看出，符合以下条件的称为有限（受限、密闭）空间作业，即同时符合 3 条物理条件或符合 4 项危险特征中的任一项，就应按有限空间作业对待。

（1）物理条件（同时符合以下 3 条）：

1）有足够的空间，让员工可以进入并进行指定的工作。

2）进入和撤离受到限制，不能自如进出。

3）并非设计用来给员工长时间在内工作的。

（2）危险特征（符合任一项或以上）：

1）存在或可能产生有毒有害气体。

2）存在或可能产生掩埋进入者的物料。

3）内部结构可能将进入者困在其中（如内有固定设备或四壁向内倾斜收拢）。

4）存在已识别出的健康、安全风险。

2. 有限空间作业危害特点

（1）有限空间作业属高风险作业。如操作不当或防护不当，可导致伤亡。

（2）发生的地点、形式多样化。如船舱、储罐、管道、地下室、地窖、污水池（井）、沼气池、化粪池、下水道、电缆隧道、热力管沟、发酵池等。

（3）许多危害具有隐蔽性并难以探测。如作业前即使对有限空间内气体检测合格，作业过程中，内部环境有毒有害气体浓度仍有增加和超标的可能。

（4）多种危害可能共同存在。如化粪池中存在硫化氢中毒危害的同时，还存在甲烷燃爆危害。

（5）某些环境下具有突发性。如开始对有限空间检测时，各项气体指标合格，但是在作业过程中突然涌出大量的有毒气体，造成中毒。

（6）有限空间作业存在的危害，大多数情况下是可以预防的。应加强培训教育，完善各项管理制度，严格执行操作规程，配备必要的个人防护用品和应急救援设备等。

二、有限空间作业的有关术语

有限空间和有限空间作业的有关术语较多，汇总如表 1-8 所示。

表 1-8　　　　　　　　　　有限空间和有限空间作业的有关术语

术语	含义或解释
1. 进入（entry）	人体通过一个入口进入有限空间，包括在该空间中工作或身体任何一部分通过入口。有限空间（受限空间、密闭空间）是指与外界相对隔离，进出口受限，足够容纳一人进入并从事非常规、非连续作业的场所（如炉、塔、釜、罐、槽车以及管道、烟道、隧道、下水道、沟、坑、井、池、涵洞、船舱、地下仓库、储藏室、地窖、谷仓等）。 　进入是有限空间安全管理中的一个重要的概念。有限空间安全管理活动的一切工作就是为了确保人员的进入安全。 　在有限空间管理中，进入是指人身体的任何部分通过了有限空间的开口平面，并非通常我们理解的人员的整个身体通过了开口平面。 　另外需要注意的是，在某些情况下人员还没有实施进入前就可能遭遇风险。比如某些有限空间内存在的有毒气体在打开开口的时候，可能由于密度小，本来就积聚在有限空间顶部开口处，或者由于内部压力的原因，发生逸散而导致人员受到伤害
2. 地下有限空间（underground confined space）	封闭或部分封闭、进出口较为狭窄有限、未被设计为固定工作场所、自然通风不良，易造成有毒有害、易燃易爆物质积聚或氧含量不足的地下空间
3. 地下有限空间作业（working in underground confined space）	进入地下有限空间实施的作业活动，包括有限空间场所进行的安装、检修、巡视、检查等工作

术语	含义或解释
4. 地下有限空间作业安全生产条件（conditions for work safety of underground confined space）	满足地下有限空间作业安全所需的安全生产责任制、安全生产规章制度、操作规程、安全防护设备设施、人员资质等条件的总称
5. 热工（动火）作业	热工作业是指其作业任何内容或过程中涉及燃烧、焊接、使用明火、会产生火花或其他点火源的作业。常见的热工作业有电焊、气焊、切割、打磨等。国内也通常称为动火作业。热工作业是火灾防护的重要管理内容之一，应建立作业程序和许可证制度来进行管理。 在进入有限空间实施作业时，人员在有限空间内进行的工作内容很多时候都涉及热工作业
6. 锁定/标定	锁定/标定是指在进行设备或设施的维护、检查等作业时，使用专用的锁具与标牌将设备或设施的危险能源的隔离装置控制在安全位置处，避免因为误操作导致能量的意外释放造成伤害。 锁定/标定的是实际的操作，并非"锁定/标定"危害能源，而是将能控制能源的能源隔离开关"锁定/标定"在安全位置，以确保在设备或设施的维护、维修、检查等活动中处于安全的"零"能量状态。 常见的能源隔离装置有隔离开关、断路器、阀门和控制开关等。 常见的危险能源有电能、机械能、压缩气体、化学品、势能、水压和辐射等
7. 立即威胁生命或健康的浓度（immediately dangerous to life or health concentration，IDLH）	有害环境中空气污染物浓度达到某种危险水平，如可致命，或可永久损害健康，或可使人立即丧失逃生能力
8. 职业接触限值（occupational exposure limits，OELs）	职业接触限值是职业性有害因素的接触限制量值，指劳动者在职业活动过程中长期反复接触，对绝大多数接触者的健康不引起有害作用的容许接触水平。化学有害因素的职业接触限值包括时间加权平均容许浓度、短时间接触容许浓度和最高容许浓度三类
9. 时间加权平均容许浓度（permissible concentration weighted average PC-TWA）	以时间为权数规定的 8h 工作日、40h 工作周的平均容许接触浓度
10. 短时间接触容许浓度（permissible concentration-sh term exposure limit，PC-STEL）	在遵守 PC-TWA 前提下容许短时间（15min）接触的浓度
11. 最高容许浓度（maximum allowable concentration，MAC）	工作地点、在一个工作日内、任何时间有毒化学物质均不应超过的浓度
12. 爆炸极限（explosion limit）	可燃物质（可燃气体、蒸气、粉尘或纤维）与空气（氧气或氧化剂）均匀混合形成爆炸性混合物，其浓度达到一定的范围时，遇到明火或一定的引爆能量立即发生爆炸，这个浓度范围称为爆炸极限（或爆炸浓度极限）。形成爆炸性混合物的最低浓度称为爆炸浓度下限（LEL），最高浓度称为爆炸浓度上限（UEL），爆炸浓度的上限、下限之间称为爆炸浓度范围

术语	含义或解释
13. 隔离（isolation）	通过封闭、切断等措施，完全阻止有害物质和能源（水、电、气）进入有限空间。将作业环境从整个有毒有害危险场所的环境中分隔出来，然后在有限的范围内采取安全防护措施，确保作业安全。对有限空间进行隔离的做法如下： 　　（1）封闭管路阀门，错开连接着的法兰，加装盲板，以截断危害性气体或蒸气可能进入作业区域的通路。 　　（2）采取封堵、截流等有效措施防止有害气体、尘埃或泥沙、水等其他自由扩散或流动的物质涌入有限空间。 　　（3）切断与有限空间作业无关或可能造成人员伤害的电源。 　　（4）将有限空间与一切必要的热源隔。 　　（5）设置必要的隔离区域或屏障。 　　（6）隔离设施上加装必要的警示标识，防止无关人员意外开启，造成隔离失效
14. 有害环境（hazardous atmosphere）	在职业活动中可能引起死亡、失去知觉、丧失逃生及自救能力、伤害或引起急性中毒的环境，包括以下一种或几种情形： 　　（1）可燃性气体、蒸气和气溶胶的浓度超过爆炸下限的10%。 　　（2）空气中爆炸性粉尘浓度达到或超过爆炸下限。 　　（3）空气中氧含量低于19.5%或超过23.5%。 　　（4）空气中有害物质的浓度超过工作场所有害因素职业接触限值。 　　（5）其他任何含有害物浓度超过立即威胁生命或健康浓度的环境条件。 　　有害物质（harmful substances）是指化学的、物理的、生物的等能危害职工健康的所有物质的总称
15. 缺氧环境（oxygen deficient atmosphere）	空气中氧的体积百分比低于19.5%的状态。在电力行业可能存在缺氧危险的作业场所如下： 　　（1）地下有限空间：地下管道、地下工程、电缆隧道、电缆沟、电缆工井、涵洞、廊道、地下室/仓库、基坑/井、废水池/井、地下开闭所/配电室、引水隧洞、尾水涵洞、集水井等。 　　（2）地上有限空间：料仓、煤粉仓、原煤仓、粉煤灰仓、垃圾站、冷库、六氟化硫变配电装置室、电缆夹层、烟道等。 　　（3）密闭设备内部空间：大型变压器、气体绝缘金属封闭开关设备（GIS）、化学品罐箱、锅炉、船舱、沉箱、中大型换热设备（如凝汽器除氧器等）、除尘器和脱硫塔、储气罐/压气罐、集油槽/集油箱、水轮机蜗壳、转轮室、尾水管、化学品罐/箱、各式容器、槽箱、管道等
16. 富氧环境（oxygen enriched atmosphere）	空气中氧的体积百分比高于23.5%的状态
17. 危险因素（risk factor）	能对人造成伤亡或对物造成突发性损害的因素
18. 有害因素（harmful factor）	能影响人的身体健康，导致疾病，或对物造成慢性损害的因素
19. 管理单位（management unit）	对（地下）有限空间具有管理权的单位
20. 作业单位（working unit）	进入（地下）有限空间实施作业的单位
21. 监护者（attendant）	为保障作业者安全，在（地下）有限空间外对（地下）有限空间作业进行专职看护的人员
22. 作业负责人（working supervisor）	由作业单位确定的负责组织实施（地下）有限空间作业的管理人员

术语	含义或解释
23. 作业者（operator）	进入（地下）有限空间内实施作业的人员
24. 气体检测报警仪（monitoring and alarming devices for gas）	用于检测和报警工作场所空气中氧气、可燃气和有毒有害气体浓度或含量的仪器，由探测器和报警控制器组成，当气体含量达到仪器设置的条件时可发出声光报警信号。常用的有固定式、移动式和便携式气体检测报警仪
25. 直读式仪器（direct-reading detectors）	能够瞬间检测空气中的氧气、可燃气和有毒有害气体并显示其浓度或含量的分析仪器
26. 评估检测（evaluation etection）	作业前，对（地下）有限空间气体进行的检测，检测值作为（地下）有限空间环境危险性分级和采取防护措施的依据
27. 准入检测（admittance detection）	进入前，对（地下）有限空间气体进行的检测，检测值作为作业者进入（地下）有限空间的准入和环境危险性再次分级的依据
28. 监护检测（monitoring detection）	作业时，监护者在（地下）有限空间外通过泵吸式气体检测报警仪或设置在（地下）有限空间内的远程在线检测设备，对（地下）有限空间气体进行连续地检测，检测值作为监护者实施有效监护的依据
29. 个体检测（individual detection）	作业时，作业者通过随身携带的气体检测报警仪对作业面气体进行的动态检测，检测值作为作业者采取措施的依据
30. 缺氧危险作业（hazardous work in oxygen deficiency atmosphere）	具有潜在的和明显的缺氧条件下的各种作业，主要包括一般缺氧危险作业和特殊缺氧危险作业。一般缺氧危险作业是指在作业场所中的单纯缺氧危险作业。特殊缺氧危险作业是指在作业场所中同时存在或可能产生其他有害气体的缺氧危险作业
31. 准入（entry permit）	用人单位提供的允许和限制进入有限空间的任何形式的书面文件
32. 准入条件（acceptable entry conditions）	有限空间必须具备的、能允许劳动者进入并能保证其工作安全的条件
33. 准入程序（permit system）	用人单位书面的操作程序，包括进入密闭空间之前的准备、组织，从密闭空间返回和终止后的处理
34. 准入者（authorized entrant）	批准进入密闭空间作业的劳动者
35. 监护者（attendant）	在密闭空间外进行监护或监督的劳动者
36. 有限空间管理程序（permit-required confined space program）	用人单位要制定有限空间职业病危害控制的综合计划，包括控制有限空间的职业病危害、保护劳动者在有限空间中的安全和健康、劳动者进入有限空间的操作规范。 经持续机械通风和定时监测，能保证在有限空间内安全作业，并不需要办理准入证的有限空间称为无需准入有限空间。 所进入有害环境的有限空间内，存在可能造成职业危害、人员伤亡，易引发中毒和窒息、火灾、爆炸、淹没、坍塌、触电、高处坠落、物体打击、机械伤害等事故，需要在对应的安全保障措施到位后方可进入的有限空间称为需要准入有限空间，简称准入有限空间

续表

术语	含义或解释
37. 吞没（engulfment）	身体淹没于液体或固态流体而导致呼吸系统阻塞窒息死亡，或因窒息、压迫或被碾压而引起死亡
38. 吊救装备（retreval system）	为抢救受害人员所采用的绳索、胸部或全身的套具、腕套、升降设施等
39. 作业负责人（entry supervisor）	由用人单位确定的有限空间作业负责人，其职责是决定有限空间是否具备准入条件，批准进入，全程监督进入作业和必要时终止进入，可以是用人单位负责人、岗位负责人或班组长等人员
40 排水管道（drainage pipeline）	汇集和排放污水、废水和雨水的管渠及其附属设施所组成的系统
41. 维护作业（maintenance）	城镇厂区内排水管道及附属构筑物的检查、养护和维修的作业，简称作业
42. 检查井（manhole）	排水管道中连接上、下游管道并供养护人员检查、维护或进入管内的构筑物
43. 雨水口（catch basin）	用于收集地面雨水的构筑物
44. 集水池（sump）	泵站水泵进口和出口集水的构筑物
45. 闸井（gate well）	在管道与管道、泵站、河岸之间设置的闸门井用于控制管道排水的构筑物
46. 推杆疏通（push rod cleaning）	用人力将竹片、钢条、钩棍等工具推入管道内清除堵塞的疏通方法，按推杆的不同，又分为竹片疏通、钢条疏通或钩棍疏通等
47. 绞车疏通（winch bucket sewer cleaning）	采用绞车牵引通沟牛清除管道内积泥的疏通方法
48. 通沟牛（cleaning bucket）	在绞车疏通中使用的桶形、铲形等式样的铲泥工具
49. 电视检查（TV inspection）	采用闭路电视进行管道检测的方法
50. 井下作业（inside manhole works）	在排水管道、检查井、闸井、泵站集水池等市政排水设施内进行的维护作业
51. 隔离式潜水防护服（submersible guard suit）	井下作业人员所穿戴的，全身封闭的潜水防护服
52. 隔离式防毒面具（oxygen mask）	供压缩空气的全封闭防毒面具
53. 便携式空气呼吸器（portable inspirator）	可随身佩戴压缩空气瓶和隔离式面具的防护装置
54. 悬挂双背带式安全带（suspensible safety belt with safety harness）	在作业人员腿部、腰部和肩部都配有绑带，并能将作业人员在悬空中拖起的防护用品

术语	含义或解释
55. （便携式防爆灯 hand explosion proof lamp）	可随身携带的符合国家防爆标准的照明工具
56. 路锥（traffic cone mark）	路面作业使用的一种带有反光标志的锥形交通警示、隔离防护装置

三、国家对有限空间作业的相关规定和标准

1. 《安全生产事故隐患排查治理暂行规定》

《安全生产事故隐患排查治理暂行规定》于 2007 年 12 月 22 日由国家安全生产监督管理总局以第 16 号令的形式发布，自 2008 年 2 月 1 日起施行。其规定如下：

（1）生产经营单位是事故隐患排查、治理和防控的责任主体。生产经营单位应当建立健全事故隐患排查治理和建档监控等制度，逐级建立并落实从主要负责人到每个从业人员的隐患排查治理和监控责任制。

（2）生产经营单位应当定期组织安全生产管理人员、工程技术人员和其他相关人员排查本单位的事故隐患。对排查出的事故隐患，应当按照事故隐患的等级进行登记，建立事故隐患信息档案，规定从业人员的义务。

2016 年 5 月 5 日，国家安全生产监督管理总局发布关于征求《安全生产事故隐患排查治理暂行规定（修订稿）》意见的通知，推动《安全生产事故隐患排查治理规定》的修订工作。

2. 《有限空间安全作业五条规定》

《有限空间安全作业五条规定》（国家安全生产监督管理总局令第 69 号）于 2014 年 9 月 25 日经国家安全生产监督管理总局局长办公会议审议通过，自公布之日起施行。

（1）必须严格实行作业审批制度，严禁擅自进入有限空间作业。

（2）必须做到"先通风、再检测、后作业"，严禁通风、检测不合格作业。

（3）必须配备个人防中毒窒息等防护装备，设置安全警示标识，严禁无防护监护措施作业。

（4）必须对作业人员进行安全培训，严禁教育培训不合格上岗作业。

（5）必须制定应急措施，现场配备应急装备，严禁盲目施救。

3. 《工贸企业有限空间作业安全规定》

《工贸企业有限空间作业安全规定》于 2023 年 11 月 6 日经应急管理部第 28 次部务会议审议通过，于 2023 年 11 月 29 日以中华人民共和国应急管理部令第 13 号公布，自 2024 年 1 月 1 日起施行。原国家安全生产监督管理总局 2013 年 5 月 20 日公布的《工贸企业有限空间作业安全管理与监督暂行规定》（国家安全生产监督管理总局令第 59 号）同时废止。规定如下：

第一条　为了保障有限空间作业安全，预防和减少生产安全事故，根据《中华人民共和国安全生产法》等法律法规，制定本规定。

第二条　冶金、有色、建材、机械、轻工、纺织、烟草、商贸等行业的生产经营单位（以下统称工贸企业）有限空间作业的安全管理与监督，适用本规定。

第三条　本规定所称有限空间，是指封闭或者部分封闭，未被设计为固定工作场所，人员可以进入作业，易造成有毒有害、易燃易爆物质积聚或者氧含量不足的空间。

本规定所称有限空间作业，是指人员进入有限空间实施的作业。

第四条　工贸企业主要负责人是有限空间作业安全第一责任人，应当组织制定有限空间作业安全管理制度，明确有限空间作业审批人、监护人员、作业人员的职责，以及安全培训、作业审批、防护用品、应急救援装备、操作规程和应急处置等方面的要求。

第五条　工贸企业应当实行有限空间作业监护制，明确专职或者兼职的监护人员，负责监督有限空间作业安全措施的落实。

监护人员应当具备与监督有限空间作业相适应的安全知识和应急处置能力，能够正确使用气体检测、机械通风、呼吸防护、应急救援等用品、装备。

第六条　工贸企业应当对有限空间进行辨识，建立有限空间管理台账，明确有限空间数量、位置以及危险因素等信息，并及时更新。

鼓励工贸企业采用信息化、数字化和智能化技术，提升有限空间作业安全风险管控水平。

第七条　工贸企业应当根据有限空间作业安全风险大小，明确审批要求。

对于存在硫化氢、一氧化碳、二氧化碳等中毒和窒息等风险的有限空间作业，应当由工贸企业主要负责人或者其书面委托的人员进行审批，委托进行审批的，相关责任仍由工贸企业主要负责人承担。

未经工贸企业确定的作业审批人批准，不得实施有限空间作业。

第八条　工贸企业将有限空间作业依法发包给其他单位实施的，应当与承包单位在合同或者协议中约定各自的安全生产管理职责。工贸企业对其发包的有限空间作业统一协调、管理，并对现场作业进行安全检查，督促承包单位有效落实各项安全措施。

第九条　工贸企业应当每年至少组织一次有限空间作业专题安全培训，对作业审批人、监护人员、作业人员和应急救援人员培训有限空间作业安全知识和技能，并如实记录。

未经培训合格不得参与有限空间作业。

第十条　工贸企业应当制定有限空间作业现场处置方案，按规定组织演练，并进行演练效果评估。

第十一条　工贸企业应当在有限空间出入口等醒目位置设置明显的安全警示标志，并在具备条件的场所设置安全风险告知牌。

第十二条　工贸企业应当对可能产生有毒物质的有限空间采取上锁、隔离栏、防护网或者其他物理隔离措施，防止人员未经审批进入。监护人员负责在作业前解除物理隔离措施。

第十三条 工贸企业应当根据有限空间危险因素的特点，配备符合国家标准或者行业标准的气体检测报警仪器、机械通风设备、呼吸防护用品、全身式安全带等防护用品和应急救援装备，并对相关用品、装备进行经常性维护、保养和定期检测，确保能够正常使用。

第十四条 有限空间作业应当严格遵守"先通风、再检测、后作业"要求。存在爆炸风险的，应当采取消除或者控制措施，相关电气设施设备、照明灯具、应急救援装备等应当符合防爆安全要求。

作业前，应当组织对作业人员进行安全交底，监护人员应当对通风、检测和必要的隔断、清除、置换等风险管控措施逐项进行检查，确认防护用品能够正常使用且作业现场配备必要的应急救援装备，确保各项作业条件符合安全要求。有专业救援队伍的工贸企业，应急救援人员应当做好应急救援准备，确保及时有效处置突发情况。

第十五条 监护人员应当全程进行监护，与作业人员保持实时联络，不得离开作业现场或者进入有限空间参与作业。

发现异常情况时，监护人员应当立即组织作业人员撤离现场。发生有限空间作业事故后，应当立即按照现场处置方案进行应急处置，组织科学施救。未做好安全措施盲目施救的，监护人员应当予以制止。

作业过程中，工贸企业应当安排专人对作业区域持续进行通风和气体浓度检测。作业中断的，作业人员再次进入有限空间作业前，应当重新通风、气体检测合格后方可进入。

第十六条 存在硫化氢、一氧化碳、二氧化碳等中毒和窒息风险、需要重点监督管理的有限空间，实行目录管理。

监管目录由应急管理部确定、调整并公布。

第十七条 负责工贸企业安全生产监督管理的部门应当加强对工贸企业有限空间作业的监督检查，将检查纳入年度监督检查计划。对发现的事故隐患和违法行为，依法作出处理。

负责工贸企业安全生产监督管理的部门应当将存在硫化氢、一氧化碳、二氧化碳等中毒和窒息风险的有限空间作业工贸企业纳入重点检查范围，突出对监护人员配备和履职情况、作业审批、防护用品和应急救援装备配备等事项的检查。

第十八条 负责工贸企业安全生产监督管理的部门及其行政执法人员发现有限空间作业存在重大事故隐患的，应当责令立即或者限期整改；重大事故隐患排除前或者排除过程中无法保证安全的，应当责令暂时停止作业，撤出作业人员；重大事故隐患排除后，经审查同意，方可恢复作业。

第十九条 工贸企业有下列行为之一的，责令限期改正，处5万元以下的罚款；逾期未改正的，处 5 万元以上 20 万元以下的罚款，对其直接负责的主管人员和其他直接责任人员处 1 万元以上 2 万元以下的罚款；情节严重的，责令停产停业整顿；构成犯罪的，依照刑法有关规定追究刑事责任：

（1）未按照规定设置明显的有限空间安全警示标志的。

（2）未按照规定配备、使用符合国家标准或者行业标准的有限空间作业安全仪器、设备、装备和器材的，或者未对其进行经常性维护、保养和定期检测的。

第二十条 工贸企业有下列行为之一的，责令限期改正，处 10 万元以下的罚款；逾期未改正的，责令停产停业整顿，并处 10 万元以上 20 万元以下的罚款，对其直接负责的主管人员和其他直接责任人员处 2 万元以上 5 万元以下的罚款：

（1）未按照规定开展有限空间作业专题安全培训或者未如实记录安全培训情况的。

（2）未按照规定制定有限空间作业现场处置方案或者未按照规定组织演练的。

第二十一条 违反本规定，有下列情形之一的，责令限期改正，对工贸企业处 5 万元以下的罚款，对其直接负责的主管人员和其他直接责任人员处 1 万元以下的罚款：

（1）未配备监护人员，或者监护人员未按规定履行岗位职责的。

（2）未对有限空间进行辨识，或者未建立有限空间管理台账的。

（3）未落实有限空间作业审批，或者作业未执行"先通风、再检测、后作业"要求的。

（4）未按要求进行通风和气体检测的。

4.《呼吸防护用品的选择、使用和维护》（GB/T 18664—2002）

个人防护装备（PPE）根据 GB/T 18664—2002《呼吸防护用品的选择、使用与维护》中规定选用，适用于 IDLH 环境的呼吸防护用品是：

（1）配全面罩的正压型自给式呼吸防护器（self-contained breathing apparatus, SCBA）。

（2）在配备适合的辅助逃生型呼吸防护用品的前提下，配全面罩或送气头罩型的正压供气式呼吸防护用品。

尤其需要注意的是，不得使用过滤式的呼吸防护用品。

5.《缺氧危险作业安全规程》（GB 8958—2006）

本标准规定了缺氧危险作业的定义和安全防护要求，适用于缺氧危险作业场所及其人员防护，共八章，分别是：范围、规范性引用文件、术语和定义、缺氧危险作业场所分类、一般缺氧危险作业要求与安全防护措施、特殊缺氧危险作业要求与安全防护措施、安全教育培训、事故应急救援。

6.《有限空间作业安全指导手册》

为加强有限空间作业安全管理，提高有限空间作业人员安全防范意识和安全技能，遏制有限空间作业安全事故多发频发势头，于 2020 年 10 月 29 日以应急厅函〔2020〕299 号文印发了《有限空间作业安全指导手册》等，要求各级应急管理部门指导督促有关生产经营单位和从业人员学习使用。《有限空间作业安全指导手册》主要内容包括：有限空间作业安全基础知识、有限空间作业主要安全风险、有限空间作业安全防护设备设施、有限空间作业安全风险防控与事故隐患排查、有限空间作业事故应急救援，并附有有限空间作业常见有毒气体浓度判定限值、有限空间作业场所安全警示标志和安全告知牌、有限空间作业审批单、有限空间作业气体检测记录表、有限空间作业安全相关法规标准和文件、有限空间作业典型事故案例选编、练习题等7个附录。

7.《密闭空间作业职业危害防护规范》（GBZ/T 205—2007）

本标准规定了密闭空间作业职业危害防护有关人员的职责、控制措施和相关技术要求，适用于用人单位密闭空间作业的职业危害防护，共十三章，分别是：范围、规范性引用文件、术语定义和缩略语、一般职责、综合控制措施、安全作业操作规程、密闭空间作业的准入管理、密闭空间职业病危害评估程序、与密闭空间作业相关人员的安全卫生防护培训、呼吸器具的正确使用、承包或分包、密闭空间的应急救援要求、准入证的格式要求。

8.《化学品生产单位受限空间作业安全规范》（AQ 3028—2008）

本标准规定了化学品生产单位受限空间作业安全要求、职责要求和《受限空间安全作业证》的管理，适用于化学品生产单位的受限空间作业，共五章，分别是：范围、规范性引用文件、术语和定义、受限空间作业安全要求、职责要求、《受限空间安全作业证》的管理。

9.《城镇排水管道维护安全技术规程》（CJJ 6—2009）

为加强城镇排水管道维护的管理，规范排水管道维护作业的安全管理和技术操作，提高安全技术水平，保障排水管道维护作业人员的安全和健康，制定本规程，适用于城镇排水管道及其附属构筑物的维护安全作业。本规程规定了城镇排水管道及附属构筑物维护安全作业的基本技术要求，共有八章和一个附录，分别是：总则、术语、基本规定、维护作业、井下作业、防护设备与用品、中毒窒息应急救援、下井作业申请表和下井安全作业票。当本规程与国家法律、行政法规的规定相抵触时，应按国家法律、行政法规的规定执行。城镇排水管道维护作业除应符合本规程外，尚应符合国家现行有关标准的规定。

四、电力行业、国家电网有限公司关于有限空间的标准和规范

1.《电力行业缺氧危险作业监测与防护技术规范》（DL/T 1200—2013）

本标准规定了电力行业日常生产中进行缺氧危险作业的监测技术和职业安全卫生防护要求，适用于电力行业日常生产过程中进入缺氧危险环境作业的监测、危险评估和职业安全卫生防护的管理。本标准依据、参照国家和电力行业职业安全卫生标准及相关规定，并结合电力行业缺氧危险作业工作的实际情况制定，目的是加强电力行业缺氧危险作业场所的职业安全卫生管理，规范电力行业缺氧危险作业环境的监测和防护，预防窒息、中毒等事故发生，保护职工职业安全健康，促进电力企业可持续发展。本标准章节设置为：

1 范围

2 规范性引用文件

3 术语和定义

4 可能存在缺氧危险的作业场所

5 缺氧危险作业职业安全卫生管理

7 职业安全卫生防护措施

8 监测技术方法

附录 A（资料性附录）常用可燃气体或蒸气爆炸下限数据表

附录 B（规范性附录）电力行业常用危害因素职业接触限值表

附录 C（资料性附录）常用危害因素 IDLH 浓度数据表

附录 D（资料性附录）直读式气体检测仪的选择和性能要求表

本标准的规范性引用文件主要有：

（1）GB 2893《安全色》。

（2）GB 2894《安全标志及其使用导则》。

（3）GB/T 3787《手持式电动工具的管理、使用、检查和维修安全技术规程》。

（4）GB/T 3836（所有部分）《爆炸性环境 》。

（5）GB 8958《缺氧危险作业安全规程》。

（6）GB 12358《作业场所环境气体检测报警仪 通用技术要求》。

（7）GB/T 15236《职业安全卫生术语》。

（8）GB/T 18664《呼吸防护用品的选择、使用与维护》。

（9）GB 26164.1《电业安全工作规程 第 1 部分：热力和机械》。

（10）GB 26859《电力安全工作规程 电力线路部分》。

（11）GB 26860《电力安全工作规程 发电厂和变电站电气部分》。

（12）GB/T 39800（所有部分）《个体防护装备配备规范》。

（13）GBZ 2.1《工作场所有害因素职业接触限值 第 1 部分：化学有害因素》。

（14）GBZ/T 222《密闭空间直读式气体检测仪选用指南》。

（15）GBZ/T 223《工作场所有毒气体检测报警装置设置规范》。

（16）GBZ/T 224《职业卫生名词术语》。

2.《电力管道有限空间作业安全技术规范》（DL/T 2520—2022）

本标准规定了电力管道有限空间作业的一般要求、作业程序、应急救援的安全技术要求，适用于电力施工及运维行业自行开展的进出电力隧道、工作井等电力管道有限空间的作业，由国家能源局于 2022 年 5 月 13 日首次发布，2022 年 11 月 13 日开始实施。本标准章节设置为：

本标准的规范性引用文件主要有：

(1) GB 2894《安全标志及其使用导则》。

(2) GB/T 3836.1《爆炸性环境　第 1 部分：设备　通用要求》。

(3) GB 6220《呼吸防护　长管呼吸器》。

(4) GB 8958《缺氧危险作业安全规程》。

(5) GB 12358《作业场所环境气体检测报警仪　通用技术要求》。

(6) GB/T 16556《自给开路式压缩空气呼吸器》。

(7) GB 20653《防护服装　职业用高可视性警示服》。

(8) GB/T 29639《生产经营单位生产安全事故应急预案编制导则》。

(9) GBZ 2.1《工作场所有害因素职业接触限值　第 1 部分：化学有害因素》。

3.《电力缺氧危险作业监测技术规范》（Q/GDW 11121—2013）

摘录部分条文如下：

4.3　有限空间作业

4.3.1　进入井、箱、柜、深坑、隧道、电缆夹层内等有限空间作业，应在作业入口处设专责监护人。监护人员应事先与作业人员规定明确的联络信号，并与作业人员保持联系，作业前和离开时应准确清点人数。

4.3.2　有限空间作业应坚持"先通风、再检测、后作业"的原则，作业前应进行风险辨识，分析有限空间内气体种类并进行评估监测，做好记录。出入口应保持畅通并设置明显的安全警示标志，夜间应设警示红灯。

4.3.3　检测人员进行检测时，应当采取相应的安全防护措施，防止中毒窒息等事故发生。

4.3.4　有限空间作业现场的氧气含量应在 19.5%～23.5%。有害有毒气体、可燃气体、粉尘容许浓度应符合国家标准的安全要求，不符合时应采取清洗或置换等措施。

4.3.5　有限空间内盛装或者残留的物料对作业存在危害时，作业前应对物料进行清洗、清空或者置换，危险有害因素符合相关要求后，方可进入有限空间作业。

4.3.6　在有限空间作业中，应保持通风良好，禁止用纯氧进行通风换气。

4.3.7　在氧气浓度、有害气体、可燃性气体、粉尘的浓度可能发生变化的环境中作业应保持必要的测定次数或连续检测。检测的时间不宜早于作业开始前 30min。作业中断超过 30min，应当重新通风、检测合格后方可进入。

4.3.8　在有限空间作业场所，应配备安全和抢救器具，如：防毒面罩、呼吸器具、通信设备、梯子、绳缆以及其他必要的器具和设备。

4.3.9　有限空间作业场所应使用安全矿灯或 36V 以下的安全灯，潮湿环境下应使用 12V 的安全电压，使用超过安全电压的手持电动工具，应按规定配备剩余电流动作保护装置（漏电保护器）。在金属容器等导电场所，剩余电流动作保护装置（漏电保护器）、电源连接器和控制箱等应放在容器、导电场所外面，电动工具的开关应设在监护人伸手可及的地方。

4.3.10　对由于防爆、防氧化不能采用通风换气措施或受作业环境限制不易充分通风换气的场所，作业人员应使用空气呼吸器或软管面具等隔离式呼吸保护器具。

4.3.11　发现通风设备停止运转、有限空间内氧含量浓度低于或者有毒有害气体浓度高于国家标准或者行业标准规定的限值时，应立即停止有限空间作业，清点作业人员，撤离作业现场。

4.3.12　有限空间作业中发生事故，现场有关人员应当立即报警，禁止盲目施救。

4.3.13　应急救援人员实施救援时，应当做好自身防护，佩戴必要的呼吸器具、救援器材。

4.《国网公司电力安全工作规程（电网建设部分）》（国网电网安质〔2016〕212 号）摘录涉及有限空间作业的条文如下：

4.3　有限空间作业

4.3.1　进入井、箱、柜、深坑、隧道、电缆夹层内等有限空间作业，应在作业入口处设专责监护人。监护人员应事先与作业人员规定明确的联络信号，并与作业人员保持联系，作业前和离开时应准确清点人数。

4.3.2　有限空间作业应坚持"先通风、再检测、后作业"的原则，作业前应进行风险辨识，分析有限空间内气体种类并进行评估监测，做好记录。出入口应保持畅通并设置明显的安全警示标志，夜间应设警示红灯。

4.3.3　检测人员进行检测时，应当采取相应的安全防护措施，防止中毒窒息等事故发生。

4.3.4　有限空间作业现场的氧气含量应在 19.5%～23.5%。有害有毒气体、可燃气体、粉尘容许浓度应符合国家标准的安全要求，不符合时应采取清洗或置换等措施。

4.3.5　有限空间内盛装或者残留的物料对作业存在危害时，作业前应对物料进行清洗、清空或者置换，危险有害因素符合相关要求后，方可进入有限空间作业。

4.3.6　在有限空间作业中，应保持通风良好，禁止用纯氧进行通风换气。

4.3.7　在氧气浓度、有害气体、可燃性气体、粉尘的浓度可能发生变化的环境中作业应保持必要的测定次数或连续检测。检测的时间不宜早于作业开始前 30min。作业中断超过 30min，应当重新通风、检测合格后方可进入。

4.3.8　在有限空间作业场所，应配备安全和抢救器具，如：防毒面罩、呼吸器具、通信设备、梯子、绳缆以及其他必要的器具和设备。

4.3.9　有限空间作业场所应使用安全矿灯或 36V 以下的安全灯，潮湿环境下应使用 12V 的安全电压，使用超过安全电压的手持电动工具，应按规定配备剩余电流动作保护装置（漏电保护器）。在金属容器等导电场所，剩余电流动作保护装置（漏电保护器）、电源连接器和控制箱等应放在容器、导电场所外面，电动工具的开关应设在监护人伸手可及的地方。

4.3.10　对由于防爆、防氧化不能采用通风换气措施或受作业环境限制不易充分通风换气的场所，作业人员应使用空气呼吸器或软管面具等隔离式呼吸保护器具。

4.3.11　发现通风设备停止运转、有限空间内氧含量浓度低于或者有毒有害气体浓度高于国家标准或者行业标准规定的限值时，应立即停止有限空间作业，清点作业人员，撤离作业现场。

4.3.12　有限空间作业中发生事故，现场有关人员应当立即报警，禁止盲目施救。

4.3.13　应急救援人员实施救援时，应当做好自身防护，佩戴必要的呼吸器具、救援器材。

五、电力有限空间作业应包括的相关文件

以电力管道有限空间为例介绍有限空间作业应包括的相关文件：有限空间作业审批单、有限空间作业交底单、有限空间作业现场记录单、有限空间作业检测数据记录单等。表 1-9～表 1-12 给出了电力管道有限空间作业审批单、电力管道有限空间作业交底单、电力管道有限空间作业现场记录单、电力管道有限空间作业检测数据记录单等的样例。

表 1-9　　　　　　　　　　　电力管道有限空间作业审批单（样例）

文件编号：

序号	基本情况	
1	作业单位	
2	作业班组	

续表

序号	基本情况	
3	作业负责人及联系电话	
4	作业地点（有限空间具体位置）	
5	工作内容	
6	作业人员	
7	作业监护者	
作业风险分析及防控措施		
序号	具体安全控制措施	确认（打钩）	确认人签字
1	作业人员培训考核		
2	作业方案		
3	气体检测设备		
4	通风设备和措施		
5	照明/通信设备和措施		
6	个体防护设备和措施		
7	应急器材配备		
8	其他补充措施		

审批人意见：

签字：　　　　　年　月　日

注　此表一式两份，一份由作业部门留存，另一份报安全监督部门备案。

表 1-10　　　　　　电力管道有限空间作业交底单（样例）

文件编号：

作业单件/班组		交底时间	
作业内容		交底人	
安全技术交底内容			
接受交底人签字			年　月　日

注　此交底单一式两联，第一联由安全管理部门保留备案，第二联由作业部门留存。

表 1-11　　　　　　电力管道有限空间作业现场记录单（样例）

文件编号：

一、作业基本信息	
作业单位/班组	
开工时间	
作业地点	
作业内容	

续表

二、作业现场主要危害因素		
□缺氧　□中毒　□燃爆　□高处坠落　□机械伤害　□触电　□其他：		
三、落实作业安全防护措施		
1	对作业所需各种设备进行检查，确认安全、有效	□
2	在有限空间周围划分警示区域，并设置安全警示标志	□
3	积水深度大于 300mm 的，进行抽水	□
4	使用气体检测设备进行检测	□
5	检测结果不合格采取机械通风	□
6	照明工具符合安全电压要求	□
7	进入前，有限空间内气体检测结果符合作业安全要求	□
8	作业者个体防护用品符合安全要求	□
9	作业过程中采取持续监测、通风、监护等措施	□
10	出入口保持通畅	□
11	现场配备充足有效的应急物品和安全绳等救援设备设施	□
12	其他	□
四、接受作业和授权进入作业		
接受作业	我已接受足够的培训并完全清楚本次作业存在的危害和安全防护要求。 作业人员签字：＿＿＿＿＿＿　　监护人签字：＿＿＿＿＿＿＿＿＿	
授权进入作业	在作业人员接受足够的培训并完全清楚本次作业存在的危害和安全防护要求的情况下，授权进入电力管道有限空间开展作业。 作业负责人签字：　　　　　　　　　　时间：　年　月　日　时　分	
五、作业过程监控		
作业环境符合要求		□
安全防护措施齐备		□
进入作业人员个体防护有效		□
六、结束作业与确认		
作业是否完成	□关闭	□不关闭
是否有事故发生	□无	□有
作业结束确认人 （现场负责人）	（签名）	
确认工作结束时间	年　月　日　时　分	

注 1. 在□内填写注"√""×"或"—"。
　　2. 此现场记录单一式两联，第一联由安全管理部门保留，第二联由作业部门留存。

表 1-12   电力管道有限空间作业检测数据记录单（样例）

文件编号：

项目	检测位置	检测时间	检测气体类别及其检测数据				合格与否判断（合格/不合格）
			氧气（体积百分比）	可燃气体（爆炸下限百分比）	硫化氢（mg/m³）	一氧化碳（mg/m³）	
作业前							
作业期间							

注 此现场检测数据记录单一式两联，第一联由安全管理部门保留，第二联由作业部门留存。

第三节 有限空间常见安全警示标识

一、国家关于设置安全警示标识的规定

《工作场所职业卫生监督管理规定》明确规定，存在或者产生职业病危害的工作场所、作业岗位、设备、设施，应当按照《工作场所职业病危害警示标识》（GBZ 158）的规定，在醒目位置设置图形、警示线、警示语句等警示标识和中文警示说明。警示说明应当载明产生职业病危害的种类、后果、预防和应急处置措施等内容。存在或产生高毒物品的作业岗位，应当按照《高毒物品作业岗位职业病危害告知规范》（GBZ/T 203）的规定，在醒目位置设置高毒物品告知卡，告知卡应当载明高毒物品的名称、理化特性健康危害、防护措施及应急处理等告知内容与警示标识。警示标识可以有效地预防事故的发生。常见与有限空间作业有关的警示图形如表 1-13 所示。

表 1-13   常见与有限空间作业有关的警示图形

图形	含义	安全色	背景色	标识图色
圆形加斜线	禁止	红色	白色	黑色
圆	指令	蓝色	白色	白色

图形	含义	安全色	背景色	标识图色
等边三角形	警告	黄色	黑色	黑色
正方形和长方形	提示	绿色	白色	白色
正方形和长方形	组合框或附加提示信息	白色或标识的颜色	黑色或标识对应的或对比色	标识的颜色

二、常见与有限空间作业有关的警示标识

常见与有限空间作业有关的警示标识主要有禁止标识、警告标识、指令标识、提示标识和警示线。

1. 禁止标识

禁止标识的含义是不准或制止人们的某些行动。禁止标识的几何图形是带斜杠的圆环，其中，圆环与斜杠相连，用红色；图形符号用黑色；背景用白色。常见与有限空间作业有关的禁止标识汇总如表 1-14 所示。

表 1-14　　　　　　　　常见与有限空间作业有关的禁止标识

编号	名称及图形符号	标识种类	设置范围和地点
1	禁止入内	H	可能引起职业病危害的工作场所入口处或泄险区周边。如：高毒物品作业场所、放射工作场所等；或可能产生职业病危害的设备发生故障时；或维护、检修存在有毒物品的生产装置时，根据现场实际情况设置
2	禁止停留	H	在特殊情况下，对劳动者具有直接危害的作业场所

编号	名称及图形符号	标识种类	设置范围和地点
3	禁止启动	J	可能引起职业病危害的设备暂停使用或维修时，如设备检修、要换零件等，设置在该设备附近

2. 警告标识

警告标识的含义是警告人们可能发生的危险。警告标识的几何图形是黑色的正三角形、黑色符号和黄色背景。常见与有限空间作业有关的警告标识汇总如表 1-15 所示。

表 1-15　　　　　　　　　常见与有限空间作业有关的警告标识

编号	名称及图形符号	标识种类	设置范围和地点
1	当心中毒	H.J	使用有毒物品作业场所
2	当心腐蚀	H.J	存在腐蚀物质的作业场所
3	当心感染	H.J	存在生物性职业病危害因素的作业场所
4	当心弧光	H.J	引起电光性眼炎的作业场所

续表

编号	名称及图形符号	标识种类	设置范围和地点
5	当心电离辐射	H.J	产生电离辐射危害的作业场所
6	注意防尘	H.J	产生粉尘的作业场所
7	注意高温	H.J	离温作业场所
8	当心有毒气	H.J	存在有毒气体的作业场所
9	噪声有害	H.J	产生噪声的作业场所

3. 指令标识

指令标识的含义是必须遵守。指令标识的几何图形是圆形，蓝色背景，白色图形符号。常见与有限空间作业有关的指令标识汇总如表 1-16 所示。

表 1-16 常见与有限空间作业有关的指令标识

编号	名称及图形符号	标识种类	设置范围和地点
1	戴防护镜	H.J	对眼睛有危害的作业场所
2	戴防毒面具	H.J	可能产生职业中毒的作业场所
3	戴防尘口罩	H.J	粉尘浓度超过国家标准的作业场所
4	戴护耳器	H.J	噪声超过国家标准的作业场所
5	戴防护手套	H.J	需对手部进行保护的作业场所
6	穿防护鞋	H.J	需对脚部进行保护的作业场所
7	穿防护服	H.J	具有放射、高温及其他需要穿防护服的作业场所
8	注意通风	H.J	存在有毒物品和粉尘等需要进行通风处理的作业场所

4. 提示标识

提示标识的含义是示意目标的方向。提示标志的几何图形是方形，绿、红色背景，白色图形符号及文字。常见与有限空间作业有关的提示标识汇总如表 1-17 所示。

表 1-17　　　　　　　　　　常见与有限空间作业有关的提示标识

编号	名称及图形符号	标识种类	设置范围和地点
1	左行紧急出口	H.J	安全疏散的紧急出口处，通向紧急出口的通道处
2	右行紧急出口	H.J	安全疏散的紧急出口处，紧急出口的通道处
3	直行紧急出口	H.J	安全疏散的紧急出口处，紧急出口的通道处
4	急救站	H.J	用人单位设立的紧急医学救助场所
5	救援电话	H.J	救援电话附近

5. 警示线

警示线表示非有关人员不得进入警示线划定的区域内。常见与有限空间作业有关的警示线汇总如表 1-18 所示。

表 1-18　　　　　　　　　　常见与有限空间作业有关的警示线

编号	名称及图形符号	设置范围和地点
1	红色警示线	高毒物品作业场所、放射作业场所、紧邻事故危害源周边

续表

编号	名称及图形符号	设置范围和地点
2	黄色警示线	一般有毒物品作业场所、紧邻事故危害区域的周边
3	绿色警示线	事故现场救援区域的周边

三、安全警示设施配置要求

（1）应在有限空间地面出入口周边使用牢固可靠的围挡设施封闭作业区域，封闭区域应满足安全作业要求。

（2）应在地下有限空间出入口周边显著位置设置安全标志、警示标识。安全标志和警示标识颜色应符合 GB 2893《安全色》的规定，样式应符合 GB 2894《安全标志及其使用导则》、GBZ 158《工作场所职业病危害警示标识》的规定。

（3）安全告知牌可替代安全标志和警示标识，如图 1-2 所示为有限空间作业安全告知牌参考样式。

图 1-2　有限空间作业安全告知牌参考样式

（4）围挡设施、安全标志、警示标识或安全告知牌等安全警示设施配置应符合表 1-19 的要求。

表 1-19 电力地下有限空间作业及应急救援安全警示设施配置要求

设备设施种类及配置要求	运维作业			应急救援
	评估检测为1级或2级，且准入检测为2级	评估检测为1级或2级，且准入检测为3级	评估检测和准入检测均为3级	
配置状态	应配置	应配置	宜配置	应配置
配置要求	地下有限空间地面出入口周边应至少配置： 1. 1套围挡设施。 2. 1套安全标志、警示标识或1个具有双向警示功能的安全告知牌	地下有限空间地面出入口周边应至少配置： 1. 1套围挡设施。 2. 1套安全标志、警示标识或1个具有双向警示功能的安全告知牌	地下有限空间地面出入口周边应至少配置： 1. 1套围挡设施。 2. 1套安全标志、警示标识或1个具有双向警示功能的安全告知牌	应至少配置1套围挡设施

（5）当进行占路作业时，交通安全设施设置应符合 DB11/T 854《占道作业交通安全设施设置技术要求》的要求。

（6）当批准在有限空间作业时，应在有限空间作业处悬挂有限空间作业信息公示牌，如图 1-3 所示。

图 1-3 有限空间作业信息公示牌样式

第二章　有限空间危害因素辨识与防控措施

第一节　概　　述

一、有限空间事故发生时间存在事故易发期和高发期

有限空间安全事故发生时间有较明显的特征。通过数据统计分析发现，每年 3～11 月为事故易发期，其中 6～8 月是事故高发月份，事故起数与死亡人数最为突出，占事故数的 64.3%，仅 6 月发生的事故就占全部事故的 26.2%。分析其原因：一是与气候条件有关，如一些地区 6～8 月正值夏季，高温、高湿、多雨的季节特点使有限空间内的各种危害因素更易积聚，增大了作业风险；二是与有限空间作业量有关，如北京市市政有限空间作业相对集中，每年春末至初秋的作业量占全年工作量的近 7 成，而 6～8 月是作业量最为集中的月份。

二、有限空间作业安全事故致死率较高属于高风险作业

有限空间作业属于高风险作业，事故致死率较高。有限空间因其具有作业环境相对狭小、自然通风不良等特点，易造成氧含量不足或有毒有害、易燃易爆气体积聚，不论是对正常作业还是事故状态下的应急救援，都有很大的潜在危险。一旦出现违规作业或施救不当，极易造成人员伤亡。

三、有限空间作业安全事故发生在八大行业

例如北京市有限空间事故的行业分布较为集中，主要分布在公共设施管理业、电力热力燃气及水的生产供应业、服务业、制造业等八大行业。其中，公共设施管理业和电力热力燃气及水的生产供应业主要涉及的是为市政各类管线或企事业单位自有管线提供维护、检维修工作的企业，服务业主要是提供污水管道疏通、化粪池清掏等服务的企业。

四、有限空间作业安全事故施救难度较大

在实施有限空间紧急救援中，由于盲目施救造成事故进一步扩大尤为严重。一旦发

生有限空间事故，事故主体企业基于不同有限空间类型，应采取正确规范的有序施救措施，根据应急预案启动应急救援。国务院安全生产委员会办公室与应急管理部针对有限空间事故，提出了科学的施救步骤：第一步，停止作业，立即上报；第二步，设立警戒，无关禁入；第三步，防范到位，科学施救；第四步，安全隔离，持续通风；第五步，保持联络，轮换救援；第六步，出现危险，及时撤离；第七步，清理现场，调查评估。

五、有限空间所"隐藏"的危险

大多数有限空间事故发生的根本原因是相关人员未能充分认识到有限空间内部或邻近区域存在的危险或潜伏的危险，或者有限空间本身并无重大危害，但未考虑到在有限空间内所从事的作业可能引起环境变化或引入与作业相关的新的危害，使得有限空间成为一个"隐藏的杀手"。通常情况下，有限空间所"隐藏"的危险主要有：

（1）气体的危害。气体危害是指导致进入人员包括应急救援人员急性的伤害或死亡的任何气体。由于在正常的生产过程中有限空间处于相对的完全密闭，通风状况欠佳，由于自身所储存的化学品、内部发生的某些氧化过程等，都会造成有限空间内部气体环境与外部的气体环境可能完全不同，具有特殊的危害性。有限空间内存在的气体危害可能有多种，必须调查清楚。

（2）其他。如坠物伤害、跌倒或滑倒等。

六、对有限空间可能存在的危险有害因素进行辨识和评估

在进入有限空间之前，应对有限空间可能存在的危险有害因素进行辨识和评估，以判定是否具备准入条件。

在进入有限空间作业时，必须针对有限空间的各种危害采取相应的控制和防护措施，消除、减轻、控制其危害，以确保有限空间环境的安全，保护人员在进入有限空间的过程中及在有限空间内的整个作业期间的安全。

第二节　有限空间缺氧富氧危害因素与防控措施

一、有限空间缺氧危害因素与防控措施

1. 缺氧现象

在外界正常的大气环境中，按照体积分数，平均的氧气浓度约为 20.95%（氮约占 78.08%）。氧是人体进行新陈代谢的关键物质，是人体生命活动的第一需要。如果缺氧，人体的健康和安全就可能受到伤害。

对于有限空间，虽然一般情况下其硬件本身也处在外界大气环境之中，但可能因为

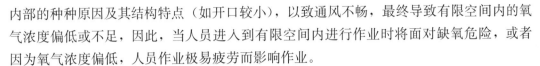

内部的种种原因及其结构特点（如开口较小），以致通风不畅，最终导致有限空间内的氧气浓度偏低或不足，因此，当人员进入到有限空间内进行作业时将面对缺氧危险，或者因为氧气浓度偏低，人员作业极易疲劳而影响作业。

2. 氧气浓度与导致发生危害的关系

一般情况下，可将19.5％的氧气浓度作为环境是否缺氧的一个分界点。氧气浓度与导致发生危害的关系，如表2-1所示。

表2-1　　　　　　　　　氧气浓度与导致发生危害的关系

氧气浓度	导致发生危害
19.5％	分界点：安全进入的最低要求
低于17％	导致呼吸加剧、心跳加快及视力减退，但人员往往不易察觉到这些变化
14％～16％	导致肌肉协调能力降低，易疲乏和呼吸困难
10％～14％	导致呼吸加深、加快，几乎丧失判断能力，嘴唇发紫
6％～10％	导致人员会恶心、呕吐，脸色死灰、无法进行简单的工作和无意识。4～5min通过治疗可恢复，6min后50％致命，8min后100％致命
低于6％	人员将会在极短时间内（40s）失去知觉、痉挛、呼吸减缓，甚至死亡

在实际的进入有限空间安全管理中，如果有限空间内的氧气浓度低于19.5％，就应采取通风换气的措施提高氧气浓度，或者配备合格的自携式呼吸保护装置（如SCBA或供气式呼吸保护装置），否则人员不得进入该有限空间。

3. 造成有限空间缺氧的原因

一般情况下，有限空间内发生缺氧可能是以下原因造成的：

（1）燃烧，如火灾、焊接等作业和内部存在的燃烧型部件都会消耗氧气。

（2）某些无机物的化学反应过程，如生锈。

（3）有机物的细菌分解过程（如发酵）同样会消耗氧气，分解产生的易燃气体（如甲烷）还将置换氧气。如发酵罐或下水道环境，容易发生这种情况。

（4）氧气被某些物质吸收，如储存于筒仓内的玉米。

（5）较高的氧气消耗速度，如过多人员同时在有限空间内作业。

（6）由于较低位置存在的密度较大的气体的置换，或者在吹扫有限空间过程中引入如二氧化碳、氮气、氩气等气体而置换出氧气。

为消除有限空间的缺氧危险，必须调查清楚并掌握发生缺氧的原因，从而采取针对性的措施。

4. 导致缺氧的典型物质

（1）二氧化碳（CO_2）。

二氧化碳别名碳（酸）酐，为无色无味气体，高浓度时略带酸味。比空气重，可溶于水、烃类等多数有机溶剂。水溶剂呈酸性，能被碱性溶液吸收而生成碳酸盐。二氧化碳加压成液态储存在钢瓶内，放出时二氧化碳可凝结成为雪花固体，统称干冰。若遇高热、容器内压增大，有开裂和爆炸的危险。

二氧化碳是人体进行新陈代谢的最终产物，由呼气排出，本身没有毒性。人在有限空间吸入高浓度二氧化碳时，在几秒钟内迅速昏迷倒下、反射消失、瞳孔扩大或缩小、大小便失禁、呕吐等，更严重者出现呼吸、心跳停止及休克，甚至死亡。

我国职业卫生标准《工作场所有害因素职业接触限值 第1部分：化学有害因素》（GBZ 2.1）规定，劳动者接触二氧化碳的时间加权平均容许浓度不能超过$9000mg/m^3$，短时间接触容许浓度不能超过$18000mg/m^3$；《呼吸防护用品的选择、使用与维护》（GB/T 18664）中规定，二氧化碳立即威胁生命或健康的浓度是$92000mg/m^3$。人在10min以下接触的最高限值为$54000mg/m^3$，中枢神经系统无明显毒性。

有限空间二氧化碳的主要来源有：

1）长期不开放的各种矿井、油井、船舱底部、电缆隧道、电缆沟及下水道。

2）利用植物发酵制糖、酿酒，用玉米制酒精丙酮以及制造酵母等生产过程，若发酵桶、池的车间是密闭或隔离的，可能存在较高浓度的二氧化碳。

3）在不通风的地窖或密闭仓库中储存蔬菜、水果和谷物等，地窖或仓库中可能存在高浓度的二氧化碳。

4）有限空间作业人数、时间超限，可造成二氧化碳积蓄。

5）化学工业中在反应釜内以二氧化碳作为原料制造碳酸钠、碳酸氢钠、尿素、碳酸氢铵等多种化工产品。

6）轻工生产中制造汽水、啤酒等饮料充装二氧化碳过程可产生大量二氧化碳。

（2）氮气（N_2）。

氮气为无色无味气体，微溶于水、乙醇，不燃气体，用于合成氨、制硝酸、物质保护剂、冷冻剂等。由于氮的化学惰性，常用作保护气以防止某些物体暴露于空气时被氧气所氧化，或用作工业上的清洗剂，洗涤储罐、反应釜中的危险有毒物质。吸入氮气浓度不太高时，患者最初感觉胸闷、气短、疲软无力，继而有烦躁不安、极度兴奋、乱跑、叫喊、神情恍惚、步态不稳等症状，称之为"氮酩酊"，可进入昏睡或昏迷状态。空气中氮气含量过高，使吸入氧气浓度下降，可引起单纯性缺氧窒息。吸入高浓度氮气，患者可迅速昏迷、因呼吸和心跳停止而死亡。

（3）甲烷（CH_4）。

甲烷，又称沼气，为无色无味的气体，比空气轻，溶于乙醇、乙醚、苯、甲苯等，微溶于水。甲烷易燃，与空气混合能形成爆炸性混合物，遇热源和明火有燃烧爆炸的危险，爆炸极限为5.0%～15.0%。

甲烷对人基本无毒，麻痹作用极弱。但极高浓度时排挤空气中的氧气，使空气中氧含量降低，引起单纯性窒息。当空气中甲烷达25%～30%的体积比时，人出现窒息样感觉，如头晕、呼吸加速、心率加快、注意力不集中、乏力和行为失调等。若不及时脱离接触，可致窒息死亡。甲烷燃烧产物为一氧化碳、二氧化碳，可引起中毒或缺氧。

有限空间甲烷的主要来源是：

1）有限空间内有机物分解产生甲烷。

2）天然气管道泄漏。

（4）氩气（Ar）。

氩气是一种无色、无味的惰性气体，比空气重，微溶于水，常压下无毒。当空气中氩浓度增高时，可使氧气含量降低，人会出现呼吸加快、注意力不集中等症状，继而出现疲倦无力、烦躁不安、恶心，呕吐，昏迷、抽搐等症状；在高浓度时导致窒息死亡。液态氩可致皮肤冻伤，眼部接触可引起炎症。

氩气是目前工业上应用很广的稀有气体。它的性质十分不活泼，既不能燃烧，也不助燃。在飞机制造、船舶制造、原子能工业和机械工业领域，焊接特殊金属如铝、镁、钢、合金以及不锈钢时，往往用氩气作为焊接保护气体，防止焊接件被空气氧化或氮化，即氩弧焊。

（5）六氟化硫（SF_6）。

常温下，六氟化硫是一种无色、无味的化学惰性气体，比空气重。不燃，无特殊燃爆特性。

常温下纯品的六氟化硫无毒性，是一种典型的单纯性窒息气体。当吸入高浓度六氟化硫时引起缺氧，有神志不清和死亡危险。《工作场所有害因素职业接触限值　第1部分：化学有害因素》（GBZ 2.1）规定工作场所劳动者接触六氟化硫的时间加权平均容许浓度不能超过$6000mg/m^3$。

六氟化硫由于其良好的电气强度，已成为除空气外应用最广泛的气体介质。目前被广泛应用于电力设备作为绝缘和/或灭弧介质，如六氟化硫断路器、六氟化硫负荷开关设备、六氟化硫封闭式组合电器、六氟化硫绝缘输电管线、六氟化硫变压器及六氟化硫绝缘变电站等。在冷冻工业中主要作为致冷剂，致冷范围可在$-45\sim0℃$之间。

5. 基本防控措施

在实际的进入有限空间安全管理中，如果有限空间内的氧气浓度低于19.5%，就应采取通风换气的措施提高氧气浓度，或者配备合格的自携式呼吸保护装置（如SCBA或供气式呼吸保护装置）否则人员不得进入该有限空间。

6. 事故案例

某公司"10·10"较大窒息事故（城市运维行业，缺氧窒息事故）。

（1）事故情况。

2019年10月10日，某公司检修维护中心发现供热一次管网注水异常，随即由东区班组办理相关审批手续，安排2组人员对一次管网进行查漏巡检。15时20分左右，其中1组的1名作业人员下井后缺氧窒息晕倒，同组另外2人陆续下井施救也晕倒。另1组巡查至现场发现异常后，拨打救援电话并开展救援，成功救出2人，消防救援人员赶到后救出第三人。但3人均死亡，直接经济损失约305.8万元。

（2）事故原因。

1）未严格审批，现场未配备检测设备和安全防护设备、个体防护用品和应急救援装备。

2）发生险情后未采取任何防护措施，盲目施救，导致伤亡扩大。

3）安全培训未落实，人员缺乏相应的安全防护和应急救援能力。

（3）处罚。

1）对该公司总经理处以上一年收入40％的罚款。

2）对8名负有直接责任或领导责任的人员予以记过、严重警告、警告等不同程度的行政处罚。

3）对该公司处以60万元行政处罚。

二、有限空间富氧危害因素与防控措施

1. 富氧危害

富氧与缺氧相反，是指在空气中氧气的含量超过23.5％。很多人基于氧气是人体呼吸必需的物质的常识，认为氧气浓度越高越好。实际上，物极必反，氧气浓度过高，对人体健康同样是有影响的。对于有限空间而言，如果存在富氧环境，会带来另一方面的危害，这在进入有限空间活动中同样是不允许存在的。

氧气作为一种助燃物，在富氧的环境中，如果遇到点火源，如因为物料摩擦导致静电产生并释放，可能导致非常严重的火灾危害。同时，在这种富氧的环境中，所有可燃烧对象，如衣服、头发，容易发生猛烈燃烧。

有限空间氧气浓度与可能导致的危害关系，如图2-1所示。

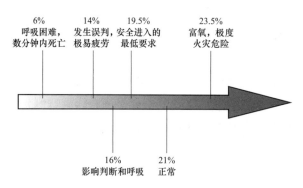

图2-1 有限空间氧气浓度与可能导致的危害关系示意图

2. 产生富氧原因

在通常的情况下，富氧的情况是不会发生的。导致富氧状况发生的原因，可能是因为引入有限空间的氧气源发生泄漏，比如在有限空间内的作业活动需要进行气焊，氧气瓶又被放置在其间，而氧气瓶内的氧气浓度相当高，如果因为意外，气瓶发生泄漏，或

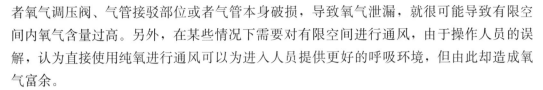

者氧气调压阀、气管接驳部位或者气管本身破损，导致氧气泄漏，就很可能导致有限空间内氧气含量过高。另外，在某些情况下需要对有限空间进行通风，由于操作人员的误解，认为直接使用纯氧进行通风可以为进入人员提供更好的呼吸环境，但由此却造成氧气富余。

3. 基本防控措施

对有限空间进行通风绝对禁止使用纯氧，而应使用通常的空气进行通风。

第三节　有限空间气体有害因素与防控措施

一、有限空间存有易燃或可燃气体

1. 有限空间存在易燃或可燃气体

不少人认为有限空间排空以后，处于隔离状态的有限空间很安全。实际上很多时候，许多空的有限空间如化学品储罐，由于内部残留的易燃化学品的挥发，反而更容易导致气体达到爆炸极限的浓度，而且由于有限空间内部构造的阻挡及通风不佳，或者其密度大于空气，难以散逸而在低洼地点积聚。

这种危险，主要源于有限空间中存在有易燃的或可燃的气体、粉尘，与内部的空气发生混合，可能处于爆炸极限的范围。如果遇到点火源，将引起燃烧或爆炸，造成严重的人员伤亡和财产损失。需要注意的是，有时在初始进入有限空间时，可能其中并未存在易燃可燃气体，但进入人员的某些作业活动可能引入易燃可燃气体（如喷漆作业），或者某些化学反应过程也可能释放出易燃可燃气体。

易燃易爆物质是可能引起燃烧、爆炸的气体/蒸气或粉尘。有限空间内可能存在大量易燃易爆气体，如甲烷、天然气、氢气、挥发性有机化合物等。另外，有限空间内存在的炭粒、粮食粉末、纤维、塑料屑以及研磨得很细的可燃性粉尘，也可能引起燃烧和爆炸。

当有限空间内氧气含量充足，且易燃易爆气体或可燃性粉尘浓度达到爆炸范围时，遇到明火、化学反应放热、热辐射、高温表面、撞击或摩擦发生火花、绝热压缩形成高温点、电气火花、静电放电火花雷电作用以及直接日光照射或聚焦的日光照射等形式提供的一定能量时，就会发生燃烧或爆炸。常见的易燃易爆物质的爆炸极限见表 2-2。

表 2-2　　　　　　　　常见的易燃易爆物质的爆炸极限

序号	易燃易爆物质名称	爆炸极限的下限值	爆炸极限的上限值
1	甲烷	5.0%	15.0%
2	氢气	4.1%	75.0%

续表

序号	易燃易爆物质名称	爆炸极限的下限值	爆炸极限的上限值
3	苯	1.2%	8.0%
4	甲苯	1.1%	7.0%
5	1，2二甲苯	0.9%	7.0%
6	1，3二甲苯	1.1%	7.0%
7	硫化氢	4.0%	46.0%
8	氰化氢	5.6%	40.0%
9	一氧化碳	12.5%	74.2%
10	汽油	1.3%	7.6%
11	硫磺	35.0g/m³	1400.0g/m³
12	铝粉末	58.0g/m³	—
13	煤末	114.0g/m³	—
14	木屑	65.0g/m³	—
15	面粉	30.2g/m³	—

2. 有限空间内空气可能发生燃烧或爆炸的要素

有限空间内空气可能发生燃烧或爆炸的三个要素是可燃物、助燃剂和点火源，通常用火灾三角形来表达，如图 2-2 所示。

需要注意的是，有限空间内的空气状况可能处于实时的变化之中。当对有限空间进行通风，以帮助降低其间的易燃/可燃气体或蒸气的浓度时，要特别注意易燃/可燃气体初始浓度高于爆炸上限（UEL）的情况，为了降低其浓度使其达到低于爆炸下限（LEL 的状态，在这一过程中，将在一段时间内使易燃/可燃气体处于爆炸极限的范围之内。

图 2-2　火灾三角形/燃烧或爆炸三要素

另外，可燃物料，如木材、金属、谷物的微细尘粒，同样可能成为发生强烈爆炸的燃料。在处理易起尘物料或者对物料进行如打磨、钻孔等操作过程时，都会产生细微的尘粒，当达到一定的浓度，遇点火源就可能发生爆炸。这个浓度状态下，人眼大概仅能观察到前方 1.5m 左右的距离，可以此作为粗略估计粉尘浓度是否达到危险范围的一个标准。

3. 有限空间易燃易爆物质主要来源

（1）有限空间中气体或液体的泄漏和挥发。

（2）有机物分解，如生活垃圾、动植物腐败物分解等产生甲烷。

（3）作业过程中引入的，如使用乙炔气焊接等。

（4）空气中氧气含量超过 23.5% 时，形成富氧环境，高浓度的氧气会造成易燃易爆物质的爆炸下限降低，上限提高，增加爆炸的可能性，以及增大可燃性物质的燃烧程度，导致非常严重的火灾危害。

（5）有限空间内储存的易燃粉状物质飞扬，与空气混合形成燃爆混合物。

4. 有限空间发生燃爆对人体的危害

燃爆会对作业人员产生非常严重的影响。燃烧产生的高温引起皮肤和呼吸道烧伤，产生的有毒物质可致中毒，引起脏器或生理系统的损伤；爆炸产生的冲击波引起冲击伤，产生物体破片或砂石可能导致破片伤和砂石伤等。

5. 事故案例

某公司"5·12"较大爆炸事故（化工行业，燃爆事故）。

（1）事故情况。

2018 年 5 月 12 日上午，某公司 A（承包单位）安排作业人员对某公司 B（发包单位）苯罐进行维修。发包单位作业人员曾对罐内氧气、可燃气体进行过检测并记录检测数据为合格。维修前承包单位和发包单位的现场相关管理人员均未对检测数据进行核实，也未检查人员个体防护用品佩戴和工器具携带等情况下，便签字同意承包商作业人员进罐开始作业。

当日下午，承包方作业人员开展浮箱拆除作业（该项作业并非作业方案中的内容）。被拆除的浮箱组件中有苯泄漏到储罐底板也没有及时清理，苯蒸气与罐内空气混合形成爆炸环境。作业过程中，作业人员使用非防爆工具产生点火能量，发生闪爆，造成苯罐内 6 人当场死亡。事故直接经济损失约 1166 万元。

（2）事故原因。

1）公司 B 发包管理缺位，特殊作业管理流于形式。检测人员未规范检测，检测仪伸缩杆配置不到位，未检测到罐内实际气体浓度；现场管理人员在未认真核查检测情况、未督促承包单位作业人员落实防护措施的情况下就同意承包单位开始作业；相关管理人员在知道作业内容发生重大变化的情况下，未通知承包单位修改施工方案，且未及时要求停止作业。

2）公司 A 作业前未对作业人员进行安全交底；作业过程中未进行气体检测，人员未使用防爆工具；作业时未配备和使用符合要求的劳动防护用品；作业内容发生变化后，在未变更作业方案的情况下继续实施作业。

（3）处罚。

1）对 20 余人进行不同程度的处罚。

2）对公司 A 负责人、公司 B 生产部公用工程装置维护机械工程师移送司法机关依法追究其刑事责任。

3）两家公司法定代表人均处以上一年收入 40% 的罚款，对其他相关人员分别予以撤职、降职、记过、警告等行政处罚。

二、有限空间内的有毒气体

1. 有限空间中的有毒气体来源

由于有限空间本身的结构特点，空气不易流通，造成内部的空气环境与外部的空气环境可能相差很远。致命的有毒气体蓄积其中，尤其是化学品储罐或者化学品输送管道。有限空间中的有毒气体可能来源于：

（1）本身存储于其中的有毒化学品。

（2）进入有限空间进行的某些作业也可能引入有毒化学品，如焊接、喷漆或者使用某些有机溶剂（如异丙醇、丙酮）进行清洁。

（3）某些相连接或邻近的区域和系统中的有毒气体可能会引入其中。

（4）有限空间内发生的某些化学反应过程，如有机物分解过程中产生的硫化氢。

（5）有限空间内气体中存在的化学物质发生相互反应。

2. 化学品侵入作业人员的途径

一般来说，化学品侵入作业人员的途径有：

（1）呼吸吸入。

（2）皮肤吸收。

（3）误食。

（4）注入。

对于在有限空间可能发生的超过允许暴露限值的有毒物质暴露，主要的侵入途径还是呼吸吸入，通过人体的呼吸，有毒物进入人体，导致人员健康和安全受到危害。在某些情况下，有毒物也会通过皮肤吸收而进入人体。人员进入有限空间不得暴露在超过允许暴露限值的环境中。由于有限空间的独特性，即使有毒气体的浓度低于相关标准，仍然建议应尽最大的可能消除或减低其浓度。大多数的简单窒息物，比如甲烷和氮气，并没有暴露限值标准。原因在于，这些窒息物导致的对人员安全的风险主要是通过置换或稀释氧气浓度造成的，而非暴露于这种气体本身直接造成伤害。这与一氧化碳不同，一氧化碳在不同的浓度下具有毒害性，并不导致窒息。

3. 一氧化碳（CO）

一氧化碳主要因为不完全燃烧而产生。如果在有限空间内存在有燃烧过程的部件，如汽油/柴油引擎就可能产生一氧化碳。一氧化碳是一种无色、无味的气体，进入人体的肺泡后很快会和血红蛋白产生很强的亲和力，使血红蛋白形成碳氧血红蛋白，阻止氧和血红蛋白的结合血红蛋白与一氧化碳的亲和力比与氧的亲和力大 $200\sim300$ 倍，而碳氧血红蛋白的解离速度却比氧和血红蛋白慢 3600 倍。一旦碳氧血红蛋白的浓度升高，将导致血红蛋白运载氧气的功能障碍，进而造成组织缺氧，从而使人体发生中毒。

表 2-3 所示为一氧化碳不同浓度状态下人员暴露一定时间段内对人体的影响。

表 2-3   一氧化碳不同浓度（ppm）状态下人员暴露一定时间段内对人体的影响

气体浓度（ppm）	暴露时间	对人体的影响
50	8h	8h 允许的暴露浓度
200	2-3h	可能导致轻微的前额头痛
400	2h	头痛并呕吐
800	45min	头痛、头晕、呕吐
1600	20min	头痛、头晕、呕吐
3200	5～10min	头痛、头晕
6400	1～2min	头痛、头晕
12800	1～3min	马上无知觉，有死亡危险

【事故案例】 某公司"12·31"较大中毒事故（化工行业，一氧化碳中毒事故）

（1）事故情况。

某公司 A 因脱硫塔内部防腐层脱落和塔体泄漏比较严重，委托某公司 B 进行检修。2019 年 12 月 31 日 19 时许，公司 B 工程负责人和 1 名临时雇佣的现场负责人带领 15 名工人陆续来到现场准备作业。作业前，曾发生盲目排放脱硫液造成液封失效，憋压在循环槽上部空间的煤气冲破液封进入塔内的事件。作业人员在未进行检测和通风的情况下，分别进入上、下段塔内进行作业，其中 4 人因吸入一氧化碳晕倒在塔内，1 人感觉不适及时出塔。随即组织现场救援，在上段成功救出 1 人，但在下段救援中，使用呼吸器（损坏无法使用）和安全绳多次施救未果；后经消防救援人员救出受困的 3 人，但均已死亡。事故直接经济损失约 402 万元。

（2）事故原因。

1）公司 A 增加处理设备后无设计、施工资料，未开展变更后的安全风险分析，致使作业时未采取有效隔离措施；现场配置的呼吸器故障，致使初期救援失败；未审核并发现公司 B 不具备施工资质；施工前未编制停工方案，未审核施工方案；未进行专项安全培训；未对施工进行安全监管。

2）公司 B 非法签订其经营许可范围以外的工程合同；施工前未对临时雇员进行针对性安全培训，施工中未提供符合标准的劳动防护用品；未向公司 A 提出有限空间作业许可申请；未安排现场监护。

（3）处罚。

1）对公司 A 法定代表人、总经理等 10 人移送司法机关追究刑事责任，对生产科科长等 4 人予以行政处罚；对该公司依法予以行政处罚并纳入联合惩戒对象，暂扣其危险化学品安全生产许可证 6 个月。

2）将公司 B 纳入联合惩戒对象，吊销其营业执照。

4. 硫化氢（H_2S）

硫化氢是具有刺激性和窒息性的无色气体。人体与低浓度硫化氢发生接触，会对呼吸道及眼产生局部刺激作用,与高浓度硫化氢接触时,全身作用较明显,表现为中枢神经系统症状和窒息症状。

硫化氢常见于下水道、污水处理场和存在有机物分解过程的场所,如存在死亡的动物尸体或落叶的地点,即使在硫化氢浓度很低的情况下,都会有非常明显的臭鸡蛋气味,但在较高浓度下能够导致嗅觉疲劳。硫化氢能够妨碍呼吸,导致快速失去知觉及死亡。

表 2-4 所示为硫化氢不同浓度状态下人员暴露一定时间段内对人体的影响。

表 2-4 硫化氢不同浓度状态下人员暴露一定时间段内对人体的影响

浓度(mg/m^3)	停留时间	人体可能出现的症状
0.012~0.03		硫化氢的嗅觉阈
10	8h	最高容许浓度
70~150	1~2h	呼吸道及眼睛受到刺激
200~300	1h	眼睛出现急性刺激症状、肺水肿
500~760	15~60min	15~60min 肺水肿、支气管炎及肺炎、头痛,头昏、步态不稳、恶心、呕吐,甚至死亡
≥1000	几分钟	意识丧失或死亡,甚至瞬间死亡("电击样"死亡)

硫化氢主要经呼吸道进入人体,遇黏膜表面上的水分很快溶解,产生刺激作用和腐蚀作用,引起眼结膜、角膜和呼吸道黏膜的炎症、肺水肿。硫化氢引发人体急性中毒的症状表现为:

(1)轻度中毒。中毒者表现为害怕光、流泪、眼刺痛、异物感、流涕、鼻及咽喉灼热感等症状,此外,还有轻度头昏、头痛、乏力的感觉。

(2)中度中毒。中毒者表现为立即出现头昏、头痛、乏力,恶心、呕吐、行动和意识短暂迟钝等,同时引起呼吸道黏膜刺激症状和眼刺激症状。

(3)重度中毒。中毒者表现为明显的中枢神经系统症状,首先出现头昏、心悸、呼吸困难、行动迟钝,继而出现烦躁、意识模糊、呕吐、腹泻、腹痛和抽搐,迅速进入昏迷状态,最后可因呼吸麻痹而死亡。在接触极高浓度硫化氢时,可发生"电击样"死亡,接触者在数秒钟内突然倒下,呼吸停止。严重中毒可留有神经、精神后遗症。

《工作场所有害因素职业接触限值 第1部分:化学有害因素》(GBZ 2.1)规定硫化氢的最高容许浓度不应超过 10mg/m^3;《呼吸防护用品的选择、使用与维护》(GB/T 18664)中规定硫化氢立即威胁生命和健康浓度为 430mg/m^3。

【事故案例 1】 某地污水管网修复工程"5·1"较大中毒窒息事故(建筑行业,硫化氢中毒事故)

(1)事故情况。

2019 年 9 月,某公司 A(施工单位)中标某地污水管网修复改建二期非开挖修复工程项目,项目由公司 B 进行监理。公司 A 将项目部分配套工程(点修补)口头安排给公司 C，该公司又将作业再次口头安排给公司 D（实际施工单位）。2020 年 5 月 1 日，公司 D 8 名人员前往施工地开展施工作业。抽水后，井下水位已经达到清淤作业条件，作业人员使用水枪对井下进行管道冲洗清淤。10 时 58 分，因水枪枪头位置不当需要调整，1 名作业人员在未通风、未检测及未佩戴安全带、安全绳和呼吸防护用品的情况下，仅穿戴防水水衣和安全帽下井作业，因吸入硫化氢气体中毒晕倒。井上人员发现后，在没有任何安全防护的情况下，又有 2 人接连进入井内施救，相继晕倒在井内；虽经消防救援人员救出，但 3 人均已死亡。事故直接经济损失约 400 万元。

（2）事故原因。

1）公司 A 未认真履行安全生产主体责任。项目经理等管理人员未能全部在岗履行职责，将部分辅助工程以口头形式安排给公司 C，后该公司再次口头转交。转交后，单位未对实际施工单位相关施工班组进行安全交底和现场管理。

2）公司 D 未对作业人员进行有限空间作业安全培训，未配备必需的安全防护设备、个体防护用品和应急救援装备。作业人员未检测、未通风、未使用个体防护用品违规下井作业，事故发生后，盲目施救导致伤亡扩大。

3）公司 B 未认真履行监理职责，项目总监理未履行总监职责，未到过施工现场，仅安排 1 名不具备监理职业资格的人员进行监理工作，并以项目总监名义签署相关监理文件。

（3）处罚。

对公司 A 法定代表人处以上一年收入 40%罚款的行政处罚。

【事故案例 2】 某公司"2·15"较大中毒事故（工贸行业，硫化氢中毒事故）

（1）事故情况。

2019 年 2 月 15 日，某公司环保部主任安排 2 名车间主任组织 7 名工人对污水调节池（事故应急池）进行清理作业。当晚 23 时许，3 名作业人员吸入硫化氢后中毒晕倒，池外人员见状立刻呼喊救人。先后有 6 人下池施救，其中 5 人中毒晕倒在池中，1 人感觉不对自行爬出。经公司内部组织救援共救出 5 人，消防救援人员赶到后救出其余 3 人。事故造成 7 人死亡、2 人受伤，直接经济损失约 1200 万元。

（2）事故原因。

1）未履行作业审批手续，未明确监护人员及其安全职责。

2）作业前未检测、未通风，作业人员未佩戴个体防护用品，违规进入污水调节池作业。

3）事故发生后，现场人员盲目施救造成伤亡扩大。

4）安排未经培训合格的人员上岗作业。

5）应急演练缺失，人员缺乏应急处置、自救和互救能力。

（3）处罚。

将该公司法定代表人、生产部负责人、人事行政部经理、安全管理人员、环保部主任和污水处理班班长等 6 名涉事人员移送司法机关处理，对该公司予以行政处罚。

【事故案例 3】 某公司"5·30"较大中毒事故（工贸行业，硫化氢中毒事故）

（1）事故情况。

2018 年 5 月 30 日，某公司 1 名员工发现腌制池发臭，遂安排另 2 人清洗腌制池。2 人使用抽水泵抽水 20min 后，发现抽水泵进水口被覆盖在池边缘的塑料膜堵住，污水无法抽出。随后 1 人在未采取任何防护措施的情况下，下池捅破塑料膜，在爬上腌制池的过程中因吸入池底污水产生的硫化氢而中毒晕倒，摔入池内。池上另 1 人和后赶来的 1 名村民分别下池救援，随即也中毒晕倒。经其他村民和消防救援人员共同救援，3 人虽被救出，但已死亡，直接经济损失 230 余万元。

（2）事故原因。

1）未进行有限空间辨识，未在腌制池清理作业场所设置安全警示标志。

2）现场未配备相应的安全防护设备、个体防护用品和应急救援装备。

3）未采取检测、通风、个体防护等措施，冒险下池作业。

4）事故发生后，现场人员盲目施救导致伤亡扩大。

5）未制定应急救援预案并组织演练。

6）作业人员未接受有限空间作业专项安全培训。

（3）处罚。

该公司法人被移送司法机关依法追究其刑事责任。

5. 甲烷（CH$_4$）

甲烷是一种源自有机物质分解而产生的天然气体。甲烷是没有颜色、没有气味的气体，沸点−161.4℃，比空气轻，它是极难溶于水的可燃性气体。甲烷和空气形成适当比例的混合物，遇火花会发生爆炸。甲烷在自然界分布很广，是天然气、沼气、坑气及煤气的主要成分之一。它能够置换出有限空间内的氧气，导致头晕、无意识及窒息。

6. 氯气（Cl$_2$）

氯气是一种常温下呈淡黄绿色、具有刺激性气味的剧毒气体。氯气的密度比空气略重，一般如果没有风力作用，它会很长时间潜藏在低洼部位。氯气的毒性很强，远远大于硫化氢气体，可损害人体全身器官和系统。少量氯气可以引起呼吸道困难、刺激咽喉、鼻腔和扁桃体发炎，导致眼睛红肿、刺痛、流泪，能引起胸闷和呼吸道综合征，激发哮喘病人呼吸发生困难，甚至休克。氯气进入血液可以同许多物质发生化合作用，引起神经功能障碍，杀伤和破坏血细胞，并引起盗汗、头痛、呕吐不止、胃肠痉挛、肝脏受损等，严重者可致全身性水肿，电解质失衡。氯气还对皮肤、衣物等具有强烈腐蚀、损毁作用。

表 2-5 所示为在氯气不同浓度状态下暴露一定时间段内对人体的影响。

表 2-5   氯气不同浓度状态下暴露一定时间段内对人体的影响

气体浓度（ppm）	暴露时间	对人体的影响
0.35	数小时	感受到作用
1	长时间	能忍受，无明显症状
1.0～2.0	6h	明显症状
4	0.5h	能忍受的界限
14	0.5～1h	对咽喉有刺激
28	0.5～1h	发生强烈咳嗽
14～21	0.5～1h	有生命危险
35～50	0.5～1h	死亡
900～1000	立即	死亡

7. 判别易燃或可燃气体和有毒气体的方法

绝对不可以通过人的感觉如视觉或嗅觉来判断有限空间内是否存在有毒气体。有限空间内常见的有毒气体基本都是无色、无味的，即使有味道的毒物，仅能在较低浓度情况下才能感觉到，最终导致人员不能发现或延迟发现。如硫化氢，在较高浓度下会使人产生嗅觉疲劳。还应注意，人员与化学品发生接触除了通过人体呼吸之外，在有限空间内还可能与化学品发生皮肤接触，同样可能对人体造成伤害，所以需要采取相应的防护。

为准确识别可能存在于有限空间内的有毒气体，相关人员必须清楚掌握本单位与该有限空间有关的生产工艺过程可能涉及的化学品，包括输入的原料、辅料、中间产物及反应产物，另外，还应包括在有限空间进行作业所涉及的化学品。这些化学品如果残留在有限空间内同样可能带来危害。为确保了解所有化学品相关信息，应注意如下事项：

（1）阅读化学品容器上的标签。

（2）通过该化学品的化学物质安全数据清单（MSDS）获得相关信息。MSDS 提供了有关该化学品使用储存的注意事项、特别安全措施、应急处理等信息。

（3）要注意准备进入的有限空间的化学品管道所输送的化学品。化学品管道上应张贴有管道内化学品名称及其流向等信息。

（4）与相关工艺工程师了解是否存在中间产物。

（5）注意反应生成物。

三、有限空间内的有毒气体控制措施和防护措施

1. 主要控制措施

对于有限空间内可能存在的危险气体环境，在大多数情况下，必须使用机械通风措施（如风机），以便对有限空间进行通风，将外界新鲜洁净的空气引入空间内，稀释内部危害气体的浓度或将内部脏污空气导出。此外，在任何可能的情况下，应采取各种措施完全消除有限空间内的有害气体，以避免其对人员进入安全的影响。以下是其中的几个

主要措施：

（1）空气的监测。

（2）净化有限空间以去除污染物。

（3）通过通风或置换，排除其中的危险气体。

（4）防止火灾和爆炸。

（5）连续通风保护环境安全。

（6）如果不能维持新鲜洁净气体，使用呼吸保护手段。

所有的控制工作，其目的都在于保证人员进入前和进入过程中的安全，有限空间内可供呼吸的气体是洁净的。洁净的可供呼吸气体是指含有足够的氧气，易燃物质和污染物的浓度在安全范围之内的这样一种状态的气体。因此，需要在进入之前对有限空间内部的气体环境进行检测。

2. 防护措施

如果确信或者通过测试表明有限空间内并非洁净的可供呼吸气体，必须采取相应措施消除危害或者控制其浓度在安全的范围内，具体采取的措施因不同的危害而不同。例如：

（1）如果有限空间内只是氧气含量不足，只需要保证空间的干净，可用洁净的呼吸气体进行通风。

（2）如果有限空间内含有有毒有害气体，或者在有限空间内的作业可能产生有毒有害气体，就需要保证空间的干净，并将有害气体消除，用洁净的呼吸气体通风。

（3）如果有限空间存在易燃或爆炸的环境，则应在确保空间干净的同时对空间内的气体用洁净的呼吸气体或惰性气体进行置换。

在所有的控制措施进行完毕后，必须对有限空间重新进行测试，以确保有限空间内的气体环境的安全。如果这些控制措施仍不能保证气体环境的安全，就需要采取其他的方法，如使用适当的呼吸防护器。另外，即使进入前的气体测试结果表明是洁净的、可呼吸的，持续的控制手段（如通风）仍然是需要的，以确保当人员在有限空间内作业时气体环境的持续安全。

四、有限空间清洁措施

1. 清洁方法

在进入有限空间之前，应首先对有限空间进行清空与清洁。在任何可能的情况下，应在有限空间外完成这些准备工作。通过清洁可以将有限空间内可能残留的有害物或可能释放出有害物的残留物清理，消除污染源。以下是一些在有限空间外进行清洁的例子：

（1）使用真空泵和软管将下水道污泥排走。

（2）倾斜存储罐以便将污泥排走。

（3）从有限空间外使用气压清洗。

（4）利用罐底的排放口进行排空。

2. 清洁程序

清洁的程序及使用的物料应由指定的人员确定。

程序可包括气体和水流清洗、中和，除锈或者使用专用的溶剂。通常情况下会使用到高压清洗。应确保清洁所使用的物料不会与有限空间内的残留物发生任何不良反应，对有限空间进行彻底的清洁以移除有害的残留物。如果清洁之后仍残留有空气传播的有害物，还需要在进入前进行清理。

3. 清洁时的注意事项

（1）避免所使用的专用溶剂或者与残留物反应的生成物与有限空间本身罐体发生反应，造成破坏或损坏。

（2）必须考虑清理出来的残留物的接收与处理，防止有害物释放造成人员不适及可能的环境影响。授权人员应提供书面的清洁程序，程序应注意以下内容：

1）进入前清洗有限空间及移除废物。

2）进入前清除残留的水或其他液体。这是对包含有毒有害气体有限空间的一项很重要的预防措施（人员可能发生昏倒并淹溺在小片的积液区）。

（3）如有限空间内残留有易燃物料，需控制好所有可能的点火源，如清洗设备、照明、联系装备（移动电话、对讲机）或光电设备。可以通过搭接或接地、防爆装置或者禁止使用以避免发生问题。

（4）清洁的同时提供通风以控制空气污染物，如在高温气体清洁过程中产生的蒸气或者由污泥中散发出的气体。

（5）个人防护用品的使用。

4. 其他

如果使用蒸气进行清洁，还需要采取额外的预防控制措施。授权人员应考虑：

（1）残留物的自燃温度。

（2）适当的开口以释放压力。

（3）接地和搭接的要求。

（4）防止高温暴露。

（5）安全处置废水。

在很多情况下需要反复清洁多次，才能确保有限空间内有洁净的呼吸气体。如果进一步的清洁效果不佳，授权人员必须决定是否需要额外的控制措施。

五、进入前置换危害气体

如果有限空间内氧气浓度过低，或者含有危害气体，在进入前的首要控制措施是用安全的可供呼吸的气体将有限空间内的气体进行通风置换。

1. 净化

净化是将有害气体从有限空间内移除而代之以洁净的呼吸气体。通常情况下使用便携式机械通风器向有限空间内鼓入新鲜空气。如果在有限空间内没有污染源，净化措施是非常有效的。如果有污染物，则有限空间首先应经过清洁再进行净化。

2. 全面通风方式

在进行空气置换时，一般使用全面通风方式。这种系统通过自然的或者机械的通风，提供新鲜气流到整个空间内。通常，这种通风系统用于办公室或公共建筑区域，但也被用于某些工业领域，经常也被称为 HVAC（heating ventilating and air conditioning）系统，即通常所说的中央空调系统。

全面通风一般是用新鲜的洁净空气稀释工作场所产生的污染物，以便使污染物浓度水平低于危害限值。所需的新鲜气流速率与污染物挥发的速率及其暴露限值有关。而这两个因素往往是依赖于人员的估计及经验，因此，以稀释为目的全面通风并不适用于高毒物质存在的空间，也不适用于污染物挥发速率不稳定的状况。实际使用中，对于存在易燃气体的环境，可以使用全面通风方式控制其浓度。对于所有的易燃气体，爆炸下限为1%或更大，因此控制这种危害对气流的要求远远低于对控制有毒物质的气流要求。反过来，如果能将易燃气体的浓度控制在低于暴露限值的状况，就不会有发生燃烧爆炸的危险。

3. 自然通风

自然通风是通过开放有限空间，使外界清洁空气进入并进行循环，整个过程中并不使用机械通风设备。采用这个方法来控制污染物必须得到授权人员许可，并且不能用于含有高危害气体的空间在进入前对有害气体进行置换，往往需要使用机械通风装置持续地将新鲜空气导入整个有限空间。依靠机械的能量，可以更有效、更迅速地将所需的新鲜气体导入有限空间。在没有任何有害物产生的情况下，导入5倍有限空间体积的空气，只要空气导入速度足够快且与空间内气体混合良好，能够使大约95%的有限空间初始气体被置换。授权人员应确定在人员进入前及人员进入之后所需要的通风量。

六、防止火灾和爆炸

火灾防护只需要控制火灾三要素中（可燃物、助燃剂和点火源）的其中至少一个要素，即可避免发生火灾。

1. 控制可燃物

可燃物是发生火灾爆炸意外的主体，对于火灾的防护，首要的是应该控制一切的可燃物。如果在一个有限空间内存在或者可能存在可燃物，或者由于人员的进入作业而引入可燃物，授权人员在确定工作程序的时候需要考虑以下问题。

（1）在任何情况下尽最大可能减少有限空间内的可燃物数量。

1）将有限空间与可燃物料隔离。

2）进入前将可燃物料清理。

3）可能情况下，使用不燃清洁用品。

4）控制必须使用的可燃物料。

5）注意选择合适的作业方式，如使用手工涂刷代替喷涂油漆。

6）将乙炔、丙烷或者其他易燃/可燃气瓶置于有限空间之外。

（2）移除可燃残留物前同时湿透物料。

（3）尽可能保持有限空间的易燃气体浓度低于10％的LEL值。

（4）注意检查焊接/气割操作使用的气管及一切的接驳位置以防泄漏。

（5）如果可行，当不使用氧气乙炔气枪及气管时，尽量将其从有限空间内移走。

（6）注意有限空间表面另外一侧的操作人员。

2. 防止氧气过量

充足的氧气会支持燃烧。在正常的大气环境中，氧气的含量约占20.9％。高浓度的氧含量会增加物料燃烧的可能性。通常认为氧气浓度高于23％即为氧气过量。在正常情况下，氧含量不会过量。氧气含量过高一般是因为关闭隔离氧气管线不当、使用氧气对有限空间进行通风或者焊接器材用的氧气瓶发生泄漏等原因所造成。为防止氧气含量过高，应遵守以下预防措施：

（1）确保将有限空间与氧气输送管线完全隔离。

（2）不得使用氧气对有限空间进行通风换气。

（3）将氧气瓶置于有限空间之外。

（4）进行气焊前，必须对气管及气管接部位进行检查。

（5）如果可行，当不使用氧气乙炔气枪及气管时，尽量从有限空间内移走。

3. 控制点火源

在很多情况下，无法完全避免使用可燃物料，而氧气也是正常存在的，人员的呼吸也需要氧气，因此，消除或控制一切点火源就更显重要。

（1）应尽最大可能避免在有限空间内动火。

（2）使用的电气设备及照明工具适合于危险区域。

（3）使用本质安全型的气体测试仪器、通信联络器材、照相器材及其他涉及有限空间进入的设备。

（4）禁止携带香烟、火柴和打火机。

（5）避免静电释放，如某些衣服的摩擦可能产生静电。

（6）不得在有限空间内使用加热器。

（7）避免系统与金属结构及接地导体搭接。

（8）使用不产生或不易产生火花的工具，不产生火花的材料包括皮革、塑料或木料，不易产生火花的金属包括铜镀合金、镍和青铜。

（9）穿不产生火花的鞋子（没有暴露的鞋钉）。

（10）如果可行，当不使用氧气乙炔气枪及气管时，尽量将其从有限空间内移走。

4. 使用惰性气体

使用惰性气体（如氮气）将有限空间内的气体进行置换。惰性气体不会发生反应或者导致燃烧和爆炸。当然使用惰性气体的同时会导致有限空间内氧气浓度不足，因为氧气也同时被惰性气体所置换。因此需要密切关注氧气浓度的变化情况。

导入惰性气体是为了消除诸如化学反应、易燃气体爆炸（避免可燃物与空气的混合物达到爆炸极限）等的可能性。同时，也可以用于防止设备或墙面发生氧化（生锈）。

当需要导入惰性气体的时候，要特别小心，因为这样的有限空间往往是致命的。以下是最基本的要求：

（1）必须遵守所有预防措施。

（2）任何进入人员必须使用 SCBA 呼吸保护器或带有逃生气瓶的供气式呼吸器。

（3）人员进入有限空间后，必须保持有限空间中的惰性环境。

（4）逸散出有限空间的惰性气体不会给外界环境带来危害。

七、通风

1. 通风的功效

持续地对有限空间进行通风，可以在帮助带来清洁空气的同时，将污染的空气从有限空间内排出而控制其危害及防止火灾和爆炸危害。另外，还能帮助控制有限空间内的温度和湿度。因此，通风是控制有限空间危害的非常重要的安全控制措施，可以用于确保人员在有限空间内工作的时候提供安全的可供呼吸的气体环境。

有限空间必须持续地进行通风以控制有危害的气体，除非是某些特殊的情况，如紧急救援状况。机械式通风通常可以非常有效地达到良好效果。在特定的情况下，自然通风也是可以接受的。自然通风经常可以用作机械通风的一个补充。

2. 有限空间通风系统设计施工维护要求

有限空间的通风必须按照有关工业通风工程技术的原则对通风系统进行设计、安装和维护，以保证系统处于良好的状态，有效地控制空气传播的污染物。在有限空间进入程序中，建议由专业的人员提供工作程序，确认安全进入所需要的通风系统。此工作程序还应包括如何适当放置风机和风管，以便对有限空间内各区域进行有效通风，防止对进出产生限制。另外需要注意，应尽量使用短直管，减少不必要的弯管、分支等会影响气流的部件，并应检查风管是否破损，以尽量保持足够且稳定的通风，保证人员的舒适与安全。

3. 有限空间基本的通风系统措施

（1）不要将新鲜空气的入口地点靠近出口位置，否则污染的空气可能再次混入。

（2）避免污染气流路径经过有限空间内的人员。

（3）不要阻挡入口及通道。

（4）如果存在或可能存在易燃气体，使用防爆型风机，并将通风系统搭接到有限空间结构上的金属部件。

（5）确保由有限空间内排出的污染物不会对外面的人员造成危害。引导污染气流远离有限空间、监护人员和其他工作人员。如果无法实现，确保外部人员佩戴相应的呼吸防护器。

（6）确保系统在人员进入的整个过程中不能关闭。例如，可提供自动报警器，或者由外部监护人员手动报警。

（7）如果依靠舱门或入口来提高空气循环，要防止其被意外关闭。

（8）禁止使用氧气来进行通风，高浓度的氧气会增加发生火灾或爆炸意外的可能。

4．机械通风

机械通风主要分为局部抽风和全面通风两种类型。

（1）局部抽风。局部抽风是指使用抽风装置或风管，在污染源头将污染物移除，以防止其在扩散至整个有限空间内。这与全面通风刚好相反。在空气传播污染物有固定产生源的情形下，局部抽风非常有效，能够在污染物扩散至人员的呼吸区域前将污染物抽走。局部抽风通常用于全面通风的补充。局部抽风系统通常包括抽风罩、风管、风机等组件。比如，当在有限空间内进行焊接、切割、气焊、打磨等操作时会产生有害的烟雾或尘粒，如果使用局部抽风，将抽风装置放置在操作地点旁边即可非常有效地将其移除，但需要注意，为有效地去除污染物，要保证抽风罩处足够的捕捉速率，这个工作应由专业的人员进行确认。

（2）全面通风。全面通风是使用机械设备如风机、送风机和风管简单地将大量新鲜空气导入有限空间或者将污染的空气从有限空间内排走。全面通风有时也被称作"稀释"通风或正压通风，适用于对低毒的污染物通过稀释的方法将其浓度降低至小于允许暴露限值。当空气导入有限空间之后，产生气流，导入的空气与内部空气混合，空气流动速度越高，空气混合越充分，混合后的空气逸散出有限空间，随之也将污染物带出。当对一个较长的有限空间进行通风时，可能在一端需要一个抽风机将空气抽走，而另一端使用另一个风机将外界空气导入。当有限空间仅有一个开口时，需要特别注意，要保证通过风管，让新鲜的空气可以到达有限空间的最远端或将那里的空气抽走。

全面通风对于有限空间内源于产品、残留物或细菌反应的气体或蒸气是适用的，但对于粉尘、焊接烟雾、喷漆或在有限空间使用的有机溶剂效果不佳。

（3）风机的选择和安装。选择风机的时候必须确保能够提供系统所需的气流量。这个气流必须能够克服整个系统的阻力，包括通过风罩、支管、弯管及连接处的压损过长的风管，风管内部表面粗糙、弯管等都会增大气体流动的阻力，对风机风量的要求就会更高。

另外需要注意，风机应该安装在气体洁净设备的下端，以防止捕集到的腐蚀性气体或蒸气或者任何会造成磨损的粉尘对风机造成损害。风机应尽量远离有限空间的开口。

（4）空气换气率。为满足有限空间内人员最基本的呼吸要求，需要提供至少 2.5L/

(s·人)的气流。虽然目前没有一个统一的关于换气次数的标准，但可以参考一般工业上普遍接受的每 3min 换气一次（20 次/h）的换气率，作为能够提供有效通风的标准。

为粗略估计有限空间所需要提供的气体体积数，可以将有限空间的长、宽、高相乘。如某有限空间的长、宽、高分别为 2.5、2、3m，则该有限空间的体积为 2.5×2×3＝15m^3。为了完成一次足够的空气换气，必须置换掉 15m^3 的空气。

举例计算有限空间需要通风的时间，如果有限空间的体积为 3048m^3，风机风量为 1524m^3/min，为满足 20 次/h 的换气率，应该至少保证通风时间为：（3048/1524）×20＝40min。

5. 自然通风

（1）自然通风是依靠风或对流的影响而引起的空气自然流动而对空间完成通风。在以下情形不可用自然通风作为安全控制措施：

1）有限空间内含有的是高危害的气体。

2）如果自然通风不能将外界洁净的空气导入有限空间。

（2）授权人员需提供书面的作业程序，明确在何种环境下可以使用自然通风来维持洁净的呼吸空气。使用过程中，必须监控气流（某些有限空间的构造可能导致测量气流量比较困难），除了应持续测量通过空间的气流量，进入人员还必须使用气体监测器连续检测气体，以确认空间内气体环境的安全。

6. 通风注意事项

（1）在确定通风系统之前应注意以下几点：

1）有限空间存在的或可能存在的气体危害，确定应选择的通风方式。

2）有限空间的体积，以确定通风量，选择相应的风机。

3）有限空间的开口大小及数量，确定通风位置。

（2）通风开始后，定期检测有限空间内的气体，直到可接受的进入条件保持稳定。检测必须遵守有限空间空气检测的要求。

（3）人员进入和工作开始后，对有限空间还要进行持续通风，并在整个进入过程中持续对气体进行检测，以保证气体环境安全。

（4）使用通风措施时建议考虑设置声音的或视觉的报警信号，以便及时传递通风系统发生故障的信息。这个报警信号可以由气流速度或压力开关触发，比使用供电故障或马达故障来判读更及时和可靠。气流速度与压力开关能够发现由于风机传动皮带故障或者气流被阻挡等原因造成的通风故障，及时触发警报。

八、减少作业相关物料的危害

在某些情况下，有限空间内部的气体本身并不含有有害气体或者有害气体的浓度处在安全范围内，但由于人员进入有限空间内进行作业所使用的部分物料，可能引入有害的气体而导致人员伤害，必须对作业物料进行控制：

（1）使用无毒或低毒的并且不易挥发的物料。

（2）尽量减少带入有限空间的有害物料的数量，即使确实用量较大，也可以采取分装分批送入、按进度及需求使用的方式。

（3）化学品如果暂时不使用，必须保持容器密闭，使用完毕应立即清理出有限空间。

（4）进入作业所涉及的物料不应与有限空间内的残留物发生反应。

（5）某些作业应选择合适的作业方式，如用手工涂刷代替喷涂油漆。

九、使用呼吸防护用品

1. 使用呼吸防护用品的场合

如果进入前不能确定有限空间内的气体是否安全，或者当人员进入有限空间之后，不能确保维持安全的气体环境，或者危害气体测试的结果显示存在 IDLH，或者采取通风措施后未能有效降低危害气体浓度至安全水平，或在紧急情况下需迅速进入有限空间（应假设存在 IDLH）时，就需要提供适当、正确的呼吸防护器给进入人员，以确保人员进入及停留在有限空间中的安全。呼吸防护器仅在无法提供洁净的可供呼吸的气体或者有限空间中充满惰性气体的情况下才使用。进入人员通过呼吸保护器将吸入空气中的有害物过滤，或者使用新鲜的呼吸气源。

2. 按规定使用适宜的呼吸保护器

如果需要使用呼吸防护装置，授权人员应在作业程序中明确应使用的类型。所有的进入人员必须按规定使用适宜的呼吸保护器。

（1）空气过滤型呼吸保护器能移除空气中的尘粒，但不能提供缺氧保护。为了可靠地防护粉尘、烟尘等，防护器必须具有适合的尘粒过滤功能，如目前常用的 N95 型的防尘口罩，可以去除 95% 粒径低至 $3\sim5\mu m$ 的粉尘。为防护化学品蒸气或气体，呼吸防护器必须配备相应过滤功能的滤毒盒，以将有害气体去除，保证空气洁净。不同的滤毒盒适用于不同的毒物，并且有相应的使用期限。使用者必须针对不同的有害物选择使用不同的滤毒盒，没有一种万能的可以过滤一切有害物的滤毒盒。

（2）负压型过滤式呼吸防护器不建议在有害物浓度超过高允许浓度 10 倍的环境中使用。

（3）供气式呼吸防护器能提供洁净的呼吸气体。供气式呼吸防护器必须用于缺氧环境或者当前两类防护器不能将有害物浓度降低至安全浓度以下的情况。

（4）SCBA 对于无法进行测试或不能确认污染物的气体环境常有效，并且这是适用于应急救援人员仅有的呼吸保护器类型。

3. 使用呼吸防护用品的注意事项

（1）如果需要使用呼吸防护器，应建立呼吸防护程序。

（2）在缺氧环境中不得使用半面型和全面型的过滤式呼吸防护器。

第四节　有限空间其他危害与防控措施

有限空间自身的危害必须得到识别、确认并加以控制，以确保进入人员安全。授权人员将进行危害识别以确定所有的固有危害，提供需要的预防控制措施及相应的作业程序。监护人员必须在人员实施有限空间进入操作前确认所有的措施已经到位并完成。

有限空间固有的危害有很多，如挤压、极端的温度、辐射、振动和噪声。存在吞没、陷入危害的有限空间，任何情况下都需要锁定/标定或隔离程序的有限空间，应视为非常严重的危险。

一、有限空间的吞没危害与防控措施

1. 密闭的储仓可能其间有中空的部位

物料存储于密闭的储仓，可能其间有中空的部位。人员难以发现而忽视这个危害，表面上的一个固体平面会造成人员的错觉。当人员进入后，可能因为其自身体重或所携带工具重量导致物料流动而吞没进入人员，造成窒息。或者由于在人员进入过程中未有效隔离系统，导致发生物料的意外注入，将其中的人员埋没。这种意外发生后，人员如果尝试脱离，其动作可能只会导致陷入更深，人员脱离险境或者外界进行救援都是非常困难的。当完全吞没后，周围物料覆盖在身体上，会导致呼吸困难或者无法呼吸。

2. 货舱底部形成一个漏斗形的下陷形状

在储存物料由货仓底部导出的情况，由于物料会向底部的出口流动，容易形成一个漏斗形的下陷形状。人员如果陷入这个"漏斗"，将很快被周围物料淹没。另一种类似的情形就是"中空的桥"，这种情况发生在储存比较潮湿的或者粉状物料的时候，随着储存时间的延续，在顶部表面会形成一个坚硬的外壳。当下方物料由储仓底部清出时，如果人员进入，这种"中空的桥"很容易由于人员的重量导致塌陷。有限空间的内部构造也可能增加被吞没或掩埋的危险。比如，如果一个空的货仓内设计有漏斗，漏斗下方又是一个输送物料至储槽的斜坡，如果人员滑入到储槽就会发生陷入。

3. 防控措施

（1）任何情况下，如果存在发生陷入或吞没危险的环境，如非绝对必要，不得进入。如果必须进入，授权人员必须提供工作程序，该程序应考虑以下事项：

1）进入前进行检查。

2）应考虑尽最大可能移除有限空间内的物料。

3）切断并锁定所有的有限空间的工艺设备。

4）隔离和（或）锁定以防止发生卷入。

5）使用救生绳或索具，以确保进入人员在紧急情况下可以迅速退出。

6）其他的防护器材，如坠落防护。

7）连入有限空间的管道可能发生物料的意外注入，必须对这些管道进行锁定/标定。

（2）如果人员可能面对坠物的危险，还需注意以下要求：

1）合理计划作业，以避免人员交叉作业。

2）人员进入有限空间时可借助工具袋或其他方式安全放置随身携带的工具。

3）如果必须随身携带工具，应避免同时进入，多个进入人员需要进入时，可待先行人员完全到位后另一名人员再进入。

4）上方的危害进行稳固的防护。

5）佩戴安全帽。

二、有限空间极端的温度危害与防控措施

过高的温度或过低的温度都将给人员的安全或者操作带来问题。如进入人员持续进行高强度作业过程，同时穿戴着防护服等个人防护用品，如周围环境温度过高，有可能导致人员发生热衰竭、失去知觉或者死亡，所以进入前应采取措施降低温度后再行进入。

1. 高温对人员的影响

高温使作业人员有热、头晕、心慌、烦、渴、无力、疲倦等不适感，出现一系列生理功能的改变，主要表现在：

（1）体温调节障碍，由于体内蓄热，体温升高。

（2）大量水盐丧失，可引起水盐代谢平衡紊乱，导致体内酸碱平衡和渗透压失调。

（3）心律脉搏加快，皮肤血管扩张及血管紧张度增加，加重心脏负担，血压下降，但进行重体力劳动时，血压也可能增加。

（4）消化道贫血，唾液、胃液分泌减少，胃液酸度减低，淀粉活性下降，胃肠蠕动减慢，造成消化不良或其他胃肠道疾病增加。

（5）高温条件下若水盐供应不足可使尿浓缩，增加肾脏负担，有时可见到肾功能不全，尿中出现蛋白、红细胞等。

（6）神经系统可出现中枢神经系统抑制，注意力和肌肉的工作能力、动作的准确性和协调性及反应速度的降低等。

2. 低温对人员的影响

（1）人员如果长时间工作在低温环境下就会超过人体适应能力，体温调节机能发生障碍，则体温下降，从而影响机体功能，可能出现神经兴奋与传导能力减弱，出现痛觉迟钝和嗜睡状态。

（2）长时间低温作业还可导致循环血量、白细胞和血小板减少，而引起凝血时间延长，并出现协调性降低。

（3）低温作业还可引起人体全身和局部过冷。全身过冷常出现皮肤苍白、脉搏呼吸

61

减弱，血压下降。局部过冷最常见的是手、足耳及面颊等外露部位发生冻伤，严重的可导致肢体坏死。

（4）低温给人员进行作业也带来很大不便。

三、有限空间的噪声危害与防控措施

噪声一般是指不恰当或者不舒服的听觉刺激。当在有限空间内进行操作时，不可避免地会使用到工具或设备。由于有限空间自身的结构特点，导致某些操作产生的噪声在其间来回反弹而被放大在一个较小的有限空间内，作业产生的噪声水平最高可以达到10倍于在外界环境从事同样操作所产生的噪声。

过高的噪声会伤害人员的健康，造成人员听力受损，影响其他的人体系统，如神经系统、心血管系统。同时，也可能会极大影响到作业人员与外面监护人员的交流。

在实际进入有限空间的作业中，首先应从工程防护角度，考虑如何尽量减轻作业产生的噪声，比如尽量在进入有限空间前提前完成可以在外界进行的工作等。如果无法有效降低作业噪声，人员需要使用个人防护用品如耳塞或耳罩时，就必须考虑如何解决进入人员与外界监护人员之间的沟通联络的问题。

四、光滑或潮湿的表面危害与防控措施

当进入有限空间时，往往遇到储罐之类的容器，在正常生产过程中用于储存物料，如某些液体类物料，在人员进入前需要排空液体，但往往等不到完全干燥，人员即需要进入。这种情况下，加之照明不佳的影响，有限空间内的光滑或潮湿表面容易导致人员摔倒或者滑倒，造成人员伤害，尤其是当有限空间内具有坡度或斜度的表面时，更容易发生意外。

潮湿的表面对于在其中使用电器的情况下，增大了发生触电的可能性。并且，由于潮湿环境容易导致人员皮肤湿润，而使人体自身电阻下降。如果发生触电，后果往往比较严重。因此，当在潮湿而触电危险性较大的环境中（如金属容器、管道内施焊检修）进行作业，我国规定的安全工作电压为12V。

五、坠物或坠入危害与防控措施

很多类型的有限空间的开口都置于有限空间顶部，如果在人员进入过程中未能对该开口进行有效的警戒防护，或者在往有限空间内传递物料时方式不当，有可能会因为物料的意外坠入导致下方作业人员的伤害。

另外，由于进入有限空间过程中，需要将有限空间的开口开启，如果不能进行有效的警戒隔离以及监护，可能发生无关人员的意外坠入。

为避免人员在有限空间内发生滑倒、摔倒或跌落等意外，应采取以下措施：

（1）提供适当的照明。

（2）进入前应进行适当的整理与清洁，垃圾、不需要的剩余材料、水渍等应从工作位置和地面清除。

（3）如果使用梯具，应确保梯具处于良好的状况，同时，作业人员必须遵守梯具安全使用要求。

（4）在高处作业时，应对所有开口区域进行保护，防止意外坠落。

（5）根据需要使用坠落防护设备。

六、意外释放能量危害与防控措施

对于大多数的有限空间，其本身并不是完全独立或与其他的系统隔离开的，它本身就是整个生产工艺过程中的一部分。不管是工艺过程的需要还是用于物料储存的目的，有限空间往往有管道或途径与前一级或后端工艺相连，如压缩气体管道或化学品输送管道。如果在进入前未对传送这些能源的管道进行识别，并按照能源的控制与隔离程序进行锁定，可能在作业过程中能量发生意外突然释放而导致人员伤害。

与有限空间相关的危险能源通常是电能、机械能、化学品、气压。

七、欠缺自然通风危害与防控措施

由于在一般的情况下，有限空间在正常使用过程中都处于一种相对的完全密闭状态，缺乏良好的自然通风。同时，因为其自身的结构特点，即使在人员需要进入前打开开口，仍不能改善有限空间内部的自然通风状况，从而造成其与外界截然不同的气体环境。在进入有限空间之前，通常需要单独进行必要的机械通风。但需注意的是，当使用机械通风时，新鲜空气的进气点如果位于处在运行状态的具有内燃机组的设备、设施或者生产工艺排气口附近，可能将废气导入有限空间。

八、机械伤害及防控措施

1. 机械伤害

本身就承担着工艺处理功能，内部往往可能存在有机械传动或转动部件，如未实施有效的关停，并执行有关的锁定/标定程序，在人员进入作业期间如果发生机械的意外启动，可能发生机械伤害意外。

2. 防控措施

机械的运转部位是造成机械伤害的重要源头之一，为确保机械安全，一般都会在机械的所有运转部位、传动部位及啮合部位安装安全防护罩。在进入有限空间作业时，涉及的作业内容往往需要打开这些安全防护罩，导致人员暴露于这些危险的机械部位。因此，通常在进入有限空间之前必须进行锁定/标定工作，以防止机械的误启动导致人员伤害。

九、其他伤害与防控措施

如蛇、啮齿动物、蜘蛛、不良的照明同样会对进入有限空间造成负面影响。不良的照明增加了发生意外的风险，并影响外界监护人员对进入人员的看护。需采取措施增加相应的照明。但需要注意的是，如果使用的是移动式的照明，而该有限空间可能存在爆炸性的气体环境，该照明器具必须是防爆型的。可提供电筒作为应急照明。

1. 防止电击的措施

（1）进入前必须仔细检查将要使用的电动工具及其适用场合，尤其是工具的电缆，有限空间往往是金属型的，当破损的电缆直接摆放于表面时，很容易发生漏电意外。另外在某些有限空间必须使用防爆型电器或防火花工具。在潮湿的有限空间，电压选择上则应使用更低的安全电压。如果需要，还必须进行相关的锁定/标定程序以防止电能的意外释放。

（2）在有限空间内使用的电器工具和设备必须接地或者是双重绝缘型的。如果是潮湿的有限空间，用电工具还必须使用剩余电流保护装置（漏电保护器）或其他保护措施。最佳的方法是寻找可以替代能在有限空间中使用且不会带来触电危险的设备。

（3）气动工具。某些情况下，可能的触电危害可以通过使用气动设备如气动打磨机和砂轮机替代来完全消除。如果使用这些气动工具可能导致人员暴露于危害排放物，可将空气压缩机系统置于不会污染有限空间气体环境的地点。如果其他设施的管线邻近有限空间（如氧气管、乙炔管或者氧气瓶），需采取措施防止气动工具触及这些器材。

（4）工具接地。正确接地的手持工具有将接地故障信号反馈至可以熔化熔丝或触发断路开关的功能。如果工具未能正确接地，可能引致严重的触电意外伤害乃至死亡。

（5）双重绝缘工具。双重绝缘指在工具带电部位提供基本绝缘的基础之上尚有独立的保护绝缘或有效的电气隔离，可以防止操作人员触及任何金属部件，双重绝缘的工具上都会有一个"回"字形标志。

（6）漏电保护器。漏电保护器（ground fault circuit interrupter，GFCI）是可以探测到由于微小漏电电流而导致的电流回路的不平衡状况，而快速自动切断电源的断路开关。GFCI 会持续地监测流入用电器具和由用电器具回流的电流值，任何时候如果检测到电流量之间差异在约 5mA 时，会在 0.1～0.3s 的时间内切断电源。因此，如果流向工具与流出工具的电流差异是由于电流通过了人体，则该人员会因为漏电保护器的动作而得到保护，防止电流进一步通过人体。

（7）应避免通过 GFCI 切断工具。GFCI 的动作通常可以说明用电工具需要进行维修，包括摆放在地面的电线、工具或用于潮湿环境的电缆。

（8）三线插头能确保未接地设备接入到正确的极性位置。不可将三线插头的接地端子去除，因接地端子提供了接地保护功能，同时可以保证工具接入到正确的极性位置。

（9）如果有限空间存在易燃或爆炸性气体、蒸气或液体，则在有限空间内使用的电器工具和设备必须适合于在这种环境下使用。

2. 防止淹溺的措施

有限空间进入前液体应完全被排空或吹干，否则可能存在导致人员溺亡的风险。对于容量较大的液体，容易被识别。但实际上经常会发生人员在小容量液体中发生溺亡的情况。比如，如果缺氧，或存在有毒气体，或者人员不小心碰击头部导致人员失去知觉，在倒地时脸部面向液面，就可能发生溺亡。

第三章 电力有限空间危害识别与进入管理

第一节 电力有限空间的识别、评估和分类

一、电力有限空间识别和评估方法

准确地、无遗漏地将有限空间确认出来的关键就在于要完全把握有限空间的定义及其特点。以此为基准，对整个作业的现场进行完整的调查，将所有的有限空间从生产工艺过程、辅助系统到设施之中识别出来，在这个过程中，可以先不涉及有限空间的危害识别，在实际的调查过程中，可以组成一个包括生产经营单位安全管理人员、工艺工程师、设备工程师及承包商管理部门人员的团队，这对于准确地识别非常重要。需要承包商管理部门的人员参与，是因为目前在许多单位，诸如清洁绿化、消防系统的维护工作都外包给承包商进行维护，前者就可能涉及污水沟、化粪池等作业，而后者可能涉及消防水池的清理工作等，这些场所往往都属于有限空间。因此，承包商管理部门人员的加入是非常必要的。在进行有限空间的识别工作前，应确保相关人员接受了有限空间的培训，以帮助其掌握有限空间的概念。在进行有限空间识别时，使用安全检查表的形式，便于识别工作的开展。表 3-1 所示为电力有限空间识别检查表式样。

表 3-1   电力有限空间识别检查表式样

电力有限空间识别检查表			
空间名称： 空间位置： 空间用途：			
序号	电力有限空间识别检查问题	是	否
1	该空间是否在正常作业过程中不需要人员，且并不适合于人员长时间滞留其间？		
2	该空间的进出是否受限？		
3	该空间是否足以让人员进入？		

注   如果以上 3 项都判定为"是"，则该空间可被判定为有限空间，即可进行表 3-2 的评估。

表 3-2 所示为通过表 3-1 的识别检查确认为有限空间后，对该有限空间的评估内容。

当所有的识别、评估工作完成后，应将识别、评估结果进行汇总，制定成一份完整的电力有限空间清单。

表 3-2　　　　　　　　　电力有限空间是 PRCS 还是 NPCS 评估表示例

	电力有限空间是 PRCS 还是 NPCS 评估表		
空间名称：			
空间位置：			
空间用途：			
序号	电力有限空间评估问题	是	否
1	空间是否包含或可能包含危害气体（如：存在可燃粉尘，气体或缺氧或有毒气体等可导致作业人员身体健康与生命安全的风险）？		
2	空间是否包含任何化学品或存在化学残留物？		
3	空间是否存在任何的易燃或可燃物？		
4	空间是否存在腐烂的或分解中的有机物质？		
5	空间是否设置有任何的可以引入化学品的管道？		
6	是否存在有可能导致发生吞没进入人员的物料（如液体或固体微粒)？		
7	空间内是否因易燃性粉尘相对集中导致可视距离降低到 1.5m 或更低？		
8	空间内是否存在任何的机械设备？		
9	内部构造是否可能导致人员陷入？		
10	空间是否存在热危害或热危害？		
11	空间是否存在可能导致影响联络的过度噪声？		
12	空间是否存在任何的跌倒、滑倒或摔倒的危险？		
13	空间是否存在坚硬物的危险？		
14	空间内是否存在压力管线？		
15	是否将在空间内使用清洁用剂或油漆等？		
16	作业是否会涉及在空间内进行焊接、切割、打磨等活动？		
17	空间内是否会使用电气设备或空间内存在电气设备？		
18	空间内的自然通风是否状况不佳可能引致危害气体恶化空间环境？		
19	在空间内是否存在任何会造成眼睛腐蚀或刺激的情况？		
20	空间内是否存在可能影响进入人员自行逃生的情况？		
21	在空间内使用的任何物料是否具有急性的危害？		
22	是否需要机械通风以维持安全的环境？		
23	是否需要进行气体的监测以确保安全进入？		
24	是否需要使用不起火花的工具清除残余物？		
25	由于气体危害是否需要使用呼吸防护？		
26	空间是否存在以上未提及任何其他危害使其成为 PRCS？		
注　如果本表中任何一项确认为"是"，则这个有限空间应确定为 PRCS，否则该有限空间应确定为 NPCS。			
评估人员：		评估日期：	

二、电力有限空间识别过程流程图

图 3-1 所示为电力有限空间识别过程流程图。

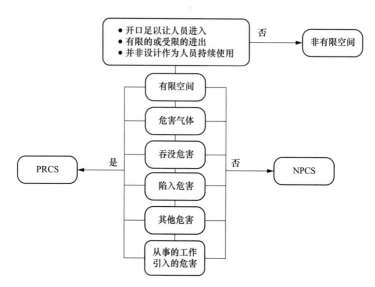

图 3-1　电力有限空间识别过程流程图

PRCS—需许可进入的有限空间；NPCS—无需许可进入的有限空间

三、有限空间危害识别注意事项

在准确识别出单位的所有有限空间之后，接下来的工作就是确定各有限空间存在的或者可能存在的危害，这是有限空间进入安全的一个重要的基础。表 3-2 中的 26 项就是用于帮助识别有限空间危害。在实际的危害识别中，可以将有限空间的危害分为气体的和其他的危害两大类。

需要特别注意的是，在进行有限空间危害识别时，识别人员可能暴露于有限空间的危害环境中。绝对不能事先假设有限空间是安全的，是可以无需许可进入的有限空间。

第二节　电力有限空间主要危害因素辨识与评估

一、电力有限空间主要危害因素辨识流程和辨识方法

1. 电力有限空间主要危害因素辨识流程

电力有限空间主要危害因素辨识流程，如图 3-2 所示。

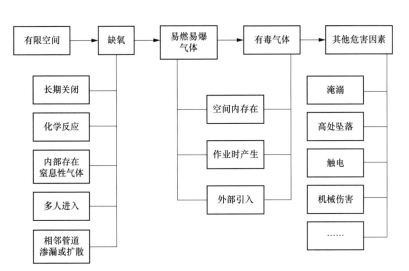

图 3-2 电力有限空间主要危害因素辨识流程

2. 缺氧窒息辨识方法

辨识有限空间内是否存在缺氧窒息危害，可从以下几个方面考虑：

（1）必须了解有限空间是否长期关闭，通风不良。

（2）必须了解有限空间内存在的物质是否发生需氧性化学反应，如燃烧、生物的有氧呼吸等。

（3）必须了解作业过程中是否引入单纯性窒息气体挤占氧气空间，如使用氮气、氩气、水蒸气进行清洗。

（4）必须了解空间内氧气消耗速度是否可能过快，如过多人员同时在有限空间内作业。

（5）应当了解与有限空间相连或接近的管道是否会因为渗漏或扩散，导致其他气体进入空间挤占氧气空间。

3. 燃爆辨识方法

辨识有限空间内是否存在燃爆危害，可从以下几个方面考虑：

（1）内部存在的危害辨识方法。

1）必须了解有限空间内部存储的物质是否易燃易爆，存储的物质是否会挥发易燃易爆的气体积聚于有限空间内部。

2）必须了解空间内部曾经存储或使用过的物质挥发的易燃易爆气体是否可能残留于有限空间内部。

3）必须了解有限空间内部的管道系统、储罐或桶发生泄漏，是否可能释放出易燃易爆物质或气体积聚于空间内部。

（2）作业时产生的危害辨识方法。

1）必须了解在有限空间作业过程中使用的物料是否会产生可燃性物质或挥发出易燃

易爆气体。

2）必须了解存在易燃易物质的有限空间内是否存在动火作业或高温物体。

3）必须了解存在易燃易爆物质的有限空间内作业时是否使用带电设备、工具等，这些设备的防爆性能如何。

4）必须了解存在易燃易爆物质的有限空间内活动是否产生静电。

（3）外部引入的危害辨识方法。

1）应了解有限空间邻近的厂房、工艺管道是否可能由于泄漏而使易燃易爆气体进入有限空间。

2）应了解有限空间邻近作业产生的火花是否可能飞溅到存在易燃易爆物质的有限空间。

4. 中毒危害辨识方法

辨识有限空间内是否存在中毒危害，可从以下几个方面考虑：

（1）内部存在的危害辨识。

1）必须了解空间内部存储的物料是否挥发有毒有害气体，或是否由于生物作用或化学反应而释放出有毒有害气体积聚于空间内部。比如，长期储存的有机物腐败过程中会释放出硫化氢等有毒气体，这些气体长期积聚于通风不良的有限空间内部，可能导致进入该空间的作业人员中毒。

2）必须了解空间内部曾经存储或使用过的物料释放的有毒有害气体，是否可能残留于有限空间内部。

3）必须了解有限空间内部的管道系统、储罐或桶发生泄漏时，有毒有害气体是否可能进入有限空间。

（2）作业时产生的危害辨识方法。

1）必须了解在有限空间作业过程中使用的物料是否为有毒有害气体，或者挥发出有毒有害气体，以及挥发出的气体是否会与空间内本身存在的气体发生反应生成有毒有害气体。

2）必须了解有限空间内是否进行焊接或使用燃烧引擎等可能导致一氧化碳产生的作业。

（3）外部引入的危害辨识方法。

应了解有限空间邻近的厂房、工艺管道是否可能由于泄漏而使有毒有害气体进入有限空间内。

5. 其他危险有害因素辨识方法

除以上危险有害因素外，淹溺、高处坠落、触电、机械伤害等也是威胁有限空间作业人员生命安全与健康的危险有害因素。在辨识这些危害时，应从以下几个方面考虑：

（1）有限空间内是否有较深的积水。

（2）有限空间内是否进行高于基准面2m的作业。

（3）有限空间内的电动器械、电路是否老化破损，是否可能发生漏电等。

（4）有限空间内的机械设备是否可能意外启动，导致其传动或转动部件直接与人体接触造成作业人员伤害等。

二、电力有限空间主要危害因素评估

通过调查、检测手段确定有限空间存在危险有害因素后，应选定合适的评估标准，判定其危害程度。

1. 评估标准

（1）正常时氧含量为 19.5％～23.5％。低于 19.5％为缺氧环境，存在窒息可能；高于 23.5％为富氧环境，可能引发氧中毒。

（2）有限空间空气中可燃性气体浓度应低于爆炸下限的 10％，可燃性粉尘浓度应低于其爆炸下限，否则存在爆炸危险。进行油轮船舶拆修，以及油箱、油罐的检修或有限空间的动火作业时，空气中可燃气体的浓度应低于爆炸下限的 1％。

（3）有毒气体或粉尘浓度须低于《工作场所有害因素职业接触限值　第 1 部分：化学有害因素》（GBZ 2.1）所规定的限值要求。

（4）其他危险有害因素执行相关标准。

2. 呼吸危害环境的危害水平

存在呼吸危害的环境分两类，即极端危险的立即威胁生命或健康（IDLH）的环境和一般危害环境（非 IDLH 环境）。

（1）IDLH 环境通常不是正常的生产作业环境，包括如下 4 种情况：

1）呼吸危害未知，包括污染物种类，毒性未知。

2）空气污染物浓度未知。

3）空气污染物浓度达到 IDLH 浓度。

4）缺氧或可能缺氧环境。

（2）一般危害环境是空气中污染物浓度超标的环境，用危害因数表示危害水平，危害因数计算方法见式（3-1）。危害因数越大，说明危害水平越高，应选择防护水平越高的呼吸防护用品。

$$危害因数 = \frac{有限空间内有毒有害气体浓度}{国家职业卫生标准规定的浓度} \tag{3-1}$$

三、电力有限空间作业环境分级

北京市地方标准《地下有限空间作业安全技术规范　第 1 部分：通则》（DB11/852.1—2012）在国内首次提出了地下有限空间作业分级要求。该要求是以作业环境氧含量和可燃气体浓度、有毒有害气体浓度为指标，建立了作业环境危险级别判定标准，根据危险有害程度由高至低，将地下有限空间作业环境分为 3 级，如表 3-3 所示。这种分级标准同样适合电力行业。

表 3-3　　　　　　　　　电力有限空间作业环境危险级别判定标准和表象

危险级别	符合环境危险级别的条件	表象
1 级	1. 氧含量小于 19.5％或大于 23.5％。 2. 可燃性气体、蒸气浓度大于爆炸下限（LEL）的 10％。 3. 有毒有害气体、蒸气浓度大于 GBZ 2.1 规定的限值	这一级别表明，作业环境中有毒有害或易燃易爆气体、蒸气已经超过标准限值要求，或存在缺氧、富氧等特殊环境条件环境已经处于危险状态
2 级	氧含量为 19.5％～23.5％，且符合下列条件之一的： 1. 可燃性气体、蒸气浓度大于爆炸下限（LEL）的 5％且不大于爆炸下限（LEL）的 10％。 2. 有毒有害气体、蒸气浓度大于 GBZ 2.1 规定限值的 30％且不大于 GBZ 2.1 规定的限值。 3. 作业过程中易发生缺氧，如热力井、燃气井等地下有限空间作业。 4. 作业过程中有毒有害或可燃性气体、蒸气浓度可能突然升高，如污水井、化粪池等地下有限空间作业	这一级别表明，作业环境中氧气含量合格，有毒有害或易燃易爆气体、蒸气虽未超过标准限值要求，但环境中存在有毒有害或易燃易爆气体、蒸气，且浓度较高，对人体造成伤害的风险性较大。此外，在作业过程中容易发生缺氧，或有毒有害气体浓度突然升高超标，或可燃性气体、蒸气浓度可能突然升高引发燃爆的情况也归属在这一类中
3 级	1. 氧含量为 19.5％～23.5％。 2. 可燃性气体、蒸气浓度不大于爆炸下限（LEL）的 5％。 3. 有毒有害气体、蒸气浓度不大于 GBZ 2.1《工作场所有害因素职业接触限值　第 1 部分：化学有害因素》规定限值的 30％。 4. 作业过程中各种气体、蒸气浓度值保持稳定	这一级别表明，作业环境中氧气含量合格，未检测到有毒有害或易燃易爆气体、蒸气，或其浓度值较低，出现因浓度升高超标的风险性极小，并且在作业过程中有限空间内各种气体、蒸气浓度值保持稳定，即作业环境始终处于一个"较为安全的状态"

第三节　"差别化"作业程序及防护设备设施配置

一、"差别化"的作业防护

建立作业环境分级标准，目的是在作业现场实施"差别化"的作业程序及防护设备设施。

1. 气体检测

气体检测是判断有限空间内气体环境变化的重要手段，检测人员根据检测结果判断有毒有害气体浓度是否达标，作业环境级别以及环境是否适合作业，为作业者采取何种防护措施进入有限空间内实施作业提供科学依据。

（1）作业前检测。进入有限空间作业前，必须使用泵吸式气体检测报警仪进行气体检测，即评估检测。评估检测结果有两种情况，即 3 级和非 3 级。

1）当评估检测结果为 3 级时，表明作业环境危险性很小，此时检测结果可视为准入检测结果，即可以在实施有限的防护措施的情况下实施作业。

2）当评估检测结果为非 3 级时，表明作业环境存在较高的作业风险，需要采取通风等控制措施，并在实施控制措施后对作业环境进行二次检测，即准入检测。准入检测结果有以下三种情况：

① 当准入检测结果显示已降至为 3 级时，表明作业环境有毒有害、易燃易爆气体浓度得到了有效控制。但与评估检测即为 3 级的情况不同的是，现有的 3 级环境是在采用工程控制措施干预后实现的，现有作业环境级别的维持对工程控制措施有较大的依赖性，进入该类环境还是存在一定风险，如果采取与评估/准入检测结果为 3 级环境相同的防护措施，可能无法控制作业过程中气体浓度异常变化的情况，因此，在这一级别环境中作业，需要采取略严一些的防护措施。

② 当准入检测结果显示为 2 级时，虽然环境中有毒有害气体未超标且氧含量合格，但与 3 级环境却不同，在此 2 级环境作业存在一定的风险，需要采取较 3 级作业环境更为严格的防护措施。

③ 当准入检测结果显示为 1 级时，表明作业环境中有持续的，较高浓度有害物质释放，除非是紧急抢修作业（视为应急作业），否则不应开展作业。

（2）作业中检测。为保证人员安全，掌握作业过程中气体环境发生变化的情况，应在人员进入有限空间实施作业的全过程实施实时检测，基于分级标准，对作业过程中的检测有以下要求：

1）准入检测结果为 3 级的，应对作业面气体浓度进行实时检测，可以根据有限空间的形式和作业地点，选择是由作业者佩戴便携式（泵吸/扩散式）气体检测报警仪进行检测还是由监护者在有限空间外使用泵吸式气体检测报警仪进行检测。

2）准入检测结果为 2 级的，不仅作业者要携带便携式（泵吸/扩散式）气体检测报警仪实时检测作业面气体浓度，同时监护者要使用泵吸式气体检测报仪对有限空间内气体进行连续检测。

2．通风

基于分级标准，对通风过程也进行了优化。

（1）当评估检测结果为 3 级时，作业环境相对较为安全，作业环境中应至少保持良好的自然通风。

（2）当评估检测结果为非 3 级时，必须首先使用机械通风手段改善有限空间内气体环境，降低作业风险。

（3）当准入检测结果仍为 1 级，除非是紧急抢修作业（视为应急作业），否则不应开展作业；准入检测结果为 2 级或 3 级时，作业过程中必须全程实施机械通风措施，对有限空间内气体环境进行有效控制，防止有毒有害气体浓度增加。

3．个体防护

有限空间中存在的有毒有害气体主要是通过呼吸道进入人体，对作业者造成伤害，呼吸防护措施在有限空间内尤为重要，而分级标准的关键就是气体浓度，因此，在不同作业环境级别下，使用的呼吸防护用品种类也有所不同。

（1）当准入检测结果为 3 级时，即初始环境气体检测数据合格，并且在作业过程中各项气体、蒸气和气溶胶的浓度值保持稳定，作业时宜携带紧急逃生呼吸器。

（2）当准入检测结果为 2 级时，即作业环境气体浓度接近"有害环境"，或者作业过程中可能发生缺氧及有毒有害气体涌出的情况时，作业时应使用正压隔绝式呼吸防护用品，例如送风式长管呼吸器。

4. 安全监护

在作业监护过程中，由于有限空间作业环境分级的不同，监护者监护的具体工作上也略有不同，尤其在准入检测结果为 2 级作业环境中，监护者要使用泵吸式气体检测报警仪在有限空间外进行检测，密切了解有限空间内气体环境变化情况，以便于迅速采取措施。

有限空间作业现场气体检测是分级标准使用的基础，通过对不同级别的环境采取差异化的安全防护措施，达到在保证作业安全的基础上，兼顾作业效率与成本的目的。表 3-4 所示为在作业环境分级的基础上所采取的差异化的安全防护措施。

表 3-4　　　　　　在作业环境分级的基础上所采取的差异化的安全防护措施

项目	1级	2级		3级	
		始终维持为2级	降低为2级	评估检测结果为3级	降低为3级
气体监测	不能作业	1. 作业者连续监测作业面气体浓度。2. 监护者连续监测地下有限空间内气体		对作业面气体浓度进行实时监测	
通风	不能作业	持续机械通风		至少保持自然通风	持续机械通风
呼吸防护	不能作业	应佩戴正压隔绝式呼吸防护用品		宜携带隔绝式逃生呼吸器	

二、"差别化"的安全防护设备设施配置方案

从分析有限空间安全事故原因可以发现，超过九成的事故都是由于作业前以及作业过程中没有实施检测、通风等措施，或是作业者没有穿戴个体防护用品而导致，事故发生后又因缺乏应急救援设备，进行盲目施救，造成伤亡事故扩大。因此，配备安全防护设备设施是保障作业安全的又一根本要素。基于作业环境级别，科学、合理地配备安全防护设备设施，既能保证作业安全，同时又不会造成资源浪费是很多作业单位的实际需求。北京市地方标准《地下有限空间作业安全技术规范　第 3 部分：防护设备设施配置》（DB11/852.3—2014）针对不同作业环境分级所需配置的防护设备设施种类及数量进行了规定。

1. 气体检测设备

气体检测作为确保作业安全必要的技术手段，保障这一技术手段可以顺利实施的首

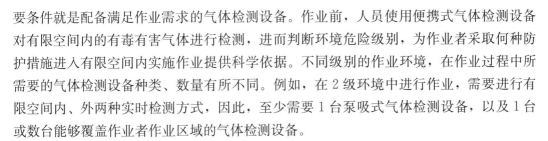

要条件就是配备满足作业需求的气体检测设备。作业前，人员使用便携式气体检测设备对有限空间内的有毒有害气体进行检测，进而判断环境危险级别，为作业者采取何种防护措施进入有限空间内实施作业提供科学依据。不同级别的作业环境，在作业过程中所需要的气体检测设备种类、数量有所不同。例如，在2级环境中进行作业，需要进行有限空间内、外两种实时检测方式，因此，至少需要1台泵吸式气体检测设备，以及1台或数台能够覆盖作业者作业区域的气体检测设备。

2. 通风设备配置

对于作业环境为1级、2级的有限空间，通过机械通风，能够快速而有效地消除或降低有限空间内有毒有害气体浓度，并维持有限空间内氧含量合格的状态。根据分级标准和优化后的作业程序，作业现场必须配置通风设备的情况如下：

（1）作业前，评估检测结果为1级或2级，且准入检测结果为2级，即评估为是在2级作业环境中的作业。

（2）作业前，评估检测结果为1级或2级，且准入检测结果为3级，即初始环境为2级，但作业环境为3级。

3. 个体防护用品配置

个体防护用品作为保护作业者的最后一道防线，在保障作业者安全方面起到至关重要的作用。

在呼吸防护用品方面，根据分级标准和优化后的作业程序，在个体防护用品配置方面，建议即使在风险性较小的3级环境中作业，每名作业者也配备1个紧急逃生呼吸器，随作业者一同进入有限空间。一旦在作业过程中发生意外情况，例如由于误操作造成危险有害气体泄漏，或由于作业者身体不适，作业者可以使用紧急逃生呼吸器自主逃生。而对于在作业风险级别较高的2级环境中作业，要求每名作业者应配置1套正压隔绝式呼吸器，例如送风式长管呼吸器。

4. 应急救援设备

事故状态下，有限空间内环境十分危险，需要采取更为安全、稳妥的措施开展救援活动，才能在保证救援人员的安全的情况下将受困人员救出。应急救援设备设施的配置需要考虑以下几个问题：

（1）配置哪些应急救援设备设施。

（2）是否需要另行配置应急救援设备设施。

（3）是否需要在每个作业点配置1套应急救援设备设施。

一般而言，需要配备的救援设备包括：

（1）对现场实施警戒所需要使用的警戒设施。

（2）检测有限空间内环境所需要使用的气体检测报警仪。

（3）降低有限空间内有毒有害、易燃易爆气体浓度，提高氧气含量所需要使用的强制性通风设备。

（4）实施救援过程中提升受伤害人员和作业工具需要使用的救援三脚架等提升设备。

（5）救援人员保护自身安全需要配备的正压式空气呼吸器或高压送风式呼吸器、安全带、安全绳以及安全帽等个体防护用品。

表 3-5 列举了基于作业环境分级条件下防护设备设施配置方案。从所列设备清单可以看出，应急救援设备与作业中所使用的设备设施差异性不大，因此一旦进入事故状态，作业中所配防护设备设施只要符合应急救援设备设施配置要求，即可作为应急救援设备设施使用。此外，很多有限空间作业常常不止 1 个作业点，例如，常见的市政管线地下有限空间作业，常需要在沿线打开多个井盖进行作业，作业涉及面积较大。若在每一个作业点都设置应急救援设备，将大大提高企业的成本投入，而且事故是一种特殊的非正常状态，设置过多的应急救援设备也是一种资源的浪费。因此，标准设定以作业点为中心的 400m 范围内配置应急救援设备设施，以保障事故状态下可以就近获得应急救援设备，同时在一定程度上避免资源浪费。

表 3-5   基于作业环境分级条件下防护设备设施配置方案

设备设施种类及配置要求		作业			应急救援
		评估检测为 1 级或 2 级，且准入检测为 2 段	评估检测为 1 级或 2 级，且准入检测为 3 段	评估检测和准入检测均为 3 级	
安全警示设施	配置状态	●	●	●	●
	配置要求	地下有限空间地面出入口周边应至少配置：1. 1 套围挡设施。2. 1 套安全标志、警示标识或 1 个具有双向警示功能的安全告知牌	地下有限空间地面出入口周边应至少配置：1. 1 套围挡设施。2. 1 套安全标志、警示标识或 1 个具有双向警示功能的安全告知牌	地下有限空间地面出入口周边应至少配置：1. 1 套围挡设施。2. 1 套安全标志、警示标识或 1 个具有双向警示功能的安全告知牌	应至少配置 1 套围挡设施
气体检测报警仪	配置状态	●	●	●	○
	配置要求	1. 作业前，每个作业者进入有限空间的入口应配置 1 台泵吸式气体检测报警仪。2. 作业中，每个作业面应至少有 1 名作业者配置 1 台泵吸式或扩散式气体检测报警仪，监护者应配置 1 台泵吸式气体检测报警仪	1. 作业前，每个作业者进入有限空间的入口应配置 1 台泵吸式气体检测报警仪。2. 作业中，每个作业面应至少配置 1 台气体检测报警仪	1. 作业前，每个作业者进入有限空间的入口应配置 1 台泵吸式气体检测报警仪。2. 作业中，每个作业面应至少配置 1 台气体检测报警仪	宜配置 1 台泵吸式气体检测报警仪
通风设备	配置状态	●	●	○	●
	配置要求	应至少配置 1 台强制送风设备	应至少配置 1 台强制送风设备	宜配置 1 台强制送风设备	应至少配置 1 台强制送风设备
照明设备	配置状态	●	●	●	●
通信设备	配置状态	○	○	○	●

续表

设备设施种类及配置要求		作业			应急救援
		评估检测为1级或2级，且准入检测为2段	评估检测为1级或2级，且准入检测为3段	评估检测和准入检测均为3级	
三脚架	配置状态	○	○	○	●
	配置要求	每个有限空间出入口宜配置1套三脚架（含绞盘）	每个有限空间出入口宜配置1套三脚架（含绞盘）	每个有限空间出入口宜配置1套三脚架（含绞盘）	每个有限空间救援出入口应配置1套三脚架（含绞盘）
呼吸防护用品	配置状态	●	○	○	●
	配置要求	每名作业者应配置1套正压隔绝式呼吸器	每名作业者宜配置1套正压隔绝式逃生呼吸器	每名作业者宜配置1套正压隔绝式逃生呼吸器	每名教授者应配置1套正压式空气呼吸器或高压送风式呼吸器
安全带、安全绳	配置状态	●	●	○	●
	配置要求	每名作业者应配置1套全身式安全带、安全绳	每名作业者应配置1套全身式安全带、安全绳	每名作业者宜配置1套全身式安全带、安全绳	每名救援者应配置1套全身式安全带、安全绳
安全帽	配置状态	●	●	●	●
	配置要求	每名作业者应配置1个安全帽	每名作业者应配置1个安全帽	每名作业者应配置1个安全帽	每名救援者应配置1个安全帽

注 1. 配置状态中●表示应配置；○表示宜配置。
2. 本表所列防护设备设施的种类及数量是最低配置要求。
3. 发生地下有限空间事故后，作业配置的防护设备设施符合应急救援设备设施配置要求时，可作为应急救援设备设施使用。

第四节　电力有限空间的管理措施

一、需许可进入有限空间和无需许可进入有限空间

1. 有限空间管理的有效方法

实施有限空间管理的最有效方法是加强对进入有限空间作业的控制，采取作业许可证制度（Pemit），规定人员在进入有限空间前必须得到批准，取得进入有限空间许可证后才能进入有限空间，进行有关有限空间内的作业活动。

根据进入有限空间是否需要得到许可，可以将有限空间分为"需许可进入的有限空间"（Permit-Required Confined Space，PRCS）和"无需许可进入的有限空间"（Non-Permit- Confined Space，NPCS）。两者的区分标准，实质上还是基于对有限空间可能存在的危害及其风险水平的评估结果而确定的。

职业健康与安全管理体系中的危害辨识风险评价贯穿于整个生产活动的全过程。只有准确分析出各项生产活动的危害及风险水平，才能采取相应的安全控制措施以消除危害或者将风险水平降低到可以接受的水平。接下来的工作就是根据危害及风险的评估结果，对识别出来的有限空间进行准确分类，以确定是否需要实施许可证制度进行有限空间管理和控制。

2. 需许可进入的有限空间

（1）需许可进入的有限空间是指存在任何可能造成职业危害、人员伤亡的有限空间场所。它具有如下特点：

1）可能存在有害的或者潜在有害的气体。

2）可能存在容易导致进入人员被吞没的物料。

3）其间含有向内侧聚合延伸的墙，或者层面向下呈斜坡状伸入一狭小区域，可能导致人员陷入或窒息。

4）可能存在其他确认的可能导致严重危及人员安全和健康的危险，如缺少安全装置的机械或者暴露的带电导体。

（2）在实际工作中必须明确如下事项：

1）未接受专门培训及取得许可证的人员不得进入需许可进入的有限空间。

2）进入前应清楚、理解并遵守单位的相关控制程序。

3）进入前应明确一切物理性危害。

4）进入前和进入的过程中，根据需要测试及检测氧气、可燃气体、有毒物浓度和爆炸危害等。

5）按进入程序要求，使用防坠落、应急救援、气体监测、通风、照明及通信器材等措施。

6）始终保持与有限空间外界的监护人员的联系，可以通过口头、电话或对讲系统进行，这样可以确保监护人员和进入监督人员能够在紧急的情况下通知疏散和向相关应急救援人员示警。

3. 无需许可进入的有限空间

（1）无需许可进入的有限空间是指不存在任何可能造成职业危害、人员伤亡的有限空间场所。它具有如下特点：

1）不含有危害性气体，或者其他任何可能导致人员死亡或严重损害的危害。

2）或者能够确认该有限空间可能的危害仅仅是危害性气体，但可以只依靠持续的强制通风就已经完全足够保证人员的进入安全。

3）监测或检测的结果能够证实强制通风对危害气体控制是有效的。

（2）人员在进入 NPCS 的时候虽然不需要得到许可，但仍必须遵守其他的安全要求以防止发生意外。

4. PRCS 和 NPCS 之间的转化

无论是 PRCS，还是 NPCS，两者实质上都属于有限空间的范围，都具有有限空间的特点，区别仅在于前者当人员进入的时候危险性较大，因此，在实际的安全管理中，当需要进入这种有限空间的时候，就必须按照许可证制度的要求和程序进行控制。而对于NPCS，其危险性相对较小，能够通过简单的措施进行控制，可以不需要纳入许可证制度的管理范围。但应注意，PRCS与NPCS并非是一成不变的，两者在满足某些条件的情况下是可能相互转化的。

对于有限空间的分类管理，根据具体的有限空间采取不同层次的安全管理，本身就是安全管理体系风险评估活动的目的。重大危险源（如PRCS），需要采取特别的措施持续地加以控制，而对于风险较低的危险源，基于其危害性较低的原因，可以采取简单的或者常规性的措施加以控制。

二、需许可进入的有限空间

1. 警告标志

对于需许可进入的有限空间（PRCS），单位必须采取一种有效的和可靠的沟通方式，让所有相关甚至无关的人员清楚这是一个有限空间，进入存在危险，如确有必要进入，需要办理许可手续，取得许可证。

沟通可以通过安全警告标志来达到目的。另外，相应的培训也是必需的。

警告标志的张贴位置必须仔细考虑，不应张贴于角落或者其他不当位置。警告标志的最佳张贴位置应在该有限空间的入口处，标志本身也需醒目清楚，最好使用对比鲜明的安全色。对于室外的有限空间还应考虑外界不良气候环境的影响，必须有一定的耐久能力，抵抗外界环境的侵蚀，因此可能需要额外的保护。

警告标志的内容首先应能起到警示作用，提示人员此处"危险"，不得进入。然后表明其特性是"有限空间"，如果需要进入必须得到许可。图3-3所示为一个标准的PRCS警告标志。

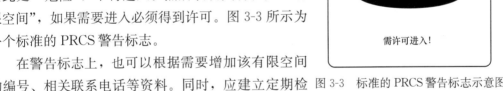

在警告标志上，也可以根据需要增加该有限空间的编号、相关联系电话等资料。同时，应建立定期检

图3-3　标准的PRCS警告标志示意图

查制度，确认这些警告标志是完整完好的。

对于可以确定人员根本就没有必要进入的有限空间，还可以采取其他方式进行控制，包括安装硬件防护栏，或者通过使用螺栓或锁具永久性关闭该有限空间。培训也是相当重要的，通过培训可以让人员清楚要求。

2. 建立控制程序

对处于单位的许可证制度管理之下的PRCS来说，还应针对不同有限空间建立起更有效的进入控制程序。原因是对于一个单位，往往不止存在一个PRCS，而各个PRCS又处在不同的位置，或者不同的工艺过程，或者其作用不同等，所以存在的危害可能就不同，需要采取不同的措施来控制风险。

三、有限空间进入许可证

有限空间进入许可证是单位准备的用于有限空间进入管理的文件，用于检查及确认为保证进入安全所必需的各项要求的实施情况。这种控制目前是很多单位所使用的作业许可证制度中的一项。有限空间进入许可证是一种工具，可以将进入作业程序化，并确定进入管理人员。同时，有限空间进入许可证向进入作业人员传达了危害和进入步骤，保存了进入人员的记录。

有限空间进入主管必须签发进入许可证，确保已达到可接受的进入条件及授权进入。进入许可证必须张贴在有限空间入口，以验证相关的要求是否已经满足。进入许可证的记录应根据不同单位的要求进行保存，一般应至少保存一年。

1. 何时张贴进入许可证

在以下情形之下需要张贴进入许可证：

（1）存在高危险气体环境的有限空间。

（2）需要执行能源隔离或锁定程序。

（3）存在吞没或卷入的危险。

2. 需要的信息

进入许可证必须确定：

（1）有限空间及需要执行的工作内容。

（2）进入有限空间的人员姓名。

（3）人员进入有限空间前和进入后需要采取的控制措施。

（4）进入许可证失效的时间。

（5）人员进入有限空间前管理人员的签名。

另外，进入许可证还包括以下额外的信息：

（1）空气监测结果，包括初始测试结果。

（2）锁定程序。

（3）通风设备和需要的通风量。

（4）需要的空气测试设备和必须监测的有害物。

3. 更新进入许可证

当进入许可证签发之后，仅允许进入管理人员、现场监护人员和监测人员可以更新许可证中的信息。监护人员可以更新进入有限空间人员的名单。测试人员可以更新测试的结果。有限空间进入许可证签署的管理人员可以更新：作业队伍的人员变化；排班变化；另一个管理人员接替进入许可证的管理。

如果工作环境的变化可能严重影响有限空间进入的安全，仅授权人员有权更改作业程序。有限空间进入管理人员可以更改许可证来反映这些变化。表 3-6 为有限空间进入许可证示例。

表 3-6　　　　　　　　　　　**电力有限空间进入许可证示例**

电力有限空间进入许可证

基本信息：

地点：

有限空间名字：

日期：　　　　　失效日期：　　　　　时间：上午/下午　　　　　失效时间：

注：本许可证仅适用于单个的作业队伍执行单次的有限空间进入，最长持续时间为 8h。所有相关文件在作业完成前应放置在作业现场。

空间描述：

进入原因：

授权人员：

进入人员	监护人员	承包商

需 要 的 器 材

通信联络工具：（　）无线对讲机　　（　）电话　　（　）视线监护　　（　）其他：

应急服务联系：（　）无线对讲机　　（　）电话　　（　）应急电话：

是否需要使用呼吸防护器材？　（　）是　（　）否

如果"是"，是否进入人员已经接受过有关呼吸防护的培训及相关测试？　（　）是　（　）否

是否需要其他的防护用品？　　（　）是　（　）否

（　）工作服　（　）防溅服　（　）皮手套　（　）化学品手套　（　）防护眼罩　（　）防护面具

（　）耳塞耳罩　（　）安全帽　（　）焊接手套（　）焊接眼镜　　（　）其他

可能存在何种危险能源？

（　）电能　　（　）机械能　　（　）水压　　（　）化学品　　（　）气压　　（　）热能

如何控制或消除这些危害？

_____

_____

是否还有其他可能的危害？

_____

_____

进入主管签名：　　　　　　日期：　　　　　　时间：

有 限 空 间 气 体 测 试

测试仪器：

上次校准日期：

测试项目	初测	2	3	4	5	6	7	8	9	10
氧气浓度（19.5%～23.5%）										
易燃气体（低于 10%LEL）										
一氧化碳										
硫化氢										

续表

有 毒 物												
化学品名称	MSDS	PEL	初测	2	3	4	5	6	7	8	9	10

其 他 要 求

项目	是	否	N/A
所有的警告标志、警戒围栏已经安装到位			
危害能源已经进行了镇定/标定			
制定了应急反应计划			
安装了救生绳及回收系统			
有限空间已经进行了通风			
相关的个人防护用品已经到位并且可正常使用			
灭火器			
其他			

许 可 证 中 止 或 取 消

许可进入主管：
签发日期及时间：

四、进入有限空间的准备工作

在进入有限空间之前，应对该空间进行评估，并完成相关的有限空间检查表及进入文件。建议在实施有限空间进入作业前，所有与进入相关的人员必须组织并参加一个进入前的准备会议，准备下列工作：

（1）确定有限空间可能存在的危险。

（2）确定有限空间的类别，是 PRCS 还是 NPCS，是否需要许可证。

（3）确定需要的安全防护器材。

（4）确定相应的应急救援方案及应急救援器材。

（5）确定有限空间的位置与性质、进入目的等。

（6）确定使用的通信联络方式。

（7）同时还应该确认进入人员、现场监护人员等。

五、建立有限空间进入程序

为使整个单位的有限空间的管理与进入控制系统化、程序化，实现有效的运转，建立有限空间进入程序是非常重要和必需的。程序中，应明确定义有限空间进入相关人员的职责与权限，提供单位的有限空间的清单及划分情况，以及有限空间危害识别与控制和书面的进入程序，包括有限空间进入许可证。图 3-4 为有限空间进入总流程，图 3-5 为有限空间实施进入流程。

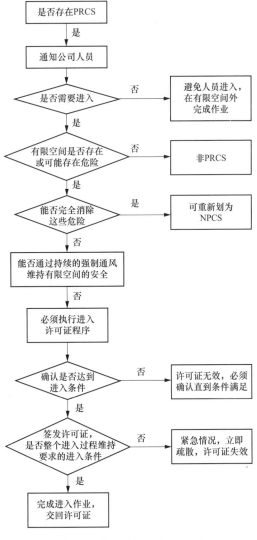

图 3-4　有限空间进入总流程

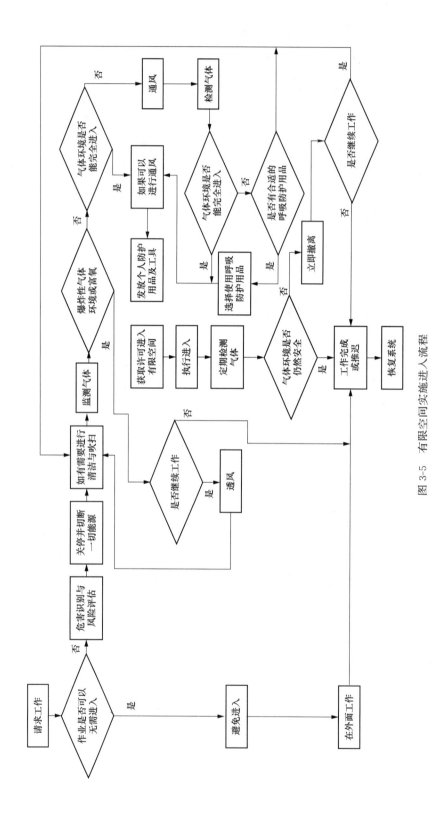

图 3-5 有限空间实施进入流程

六、不需许可进入的有限空间

对于不需许可进入的有限空间（NPCS），由于其危险性相对较小，所以无需许可证制度来进行控制。需要注意的是，虽然初始评估确认为 NPCS，但是在某些情况下可能会升级变为 PRCS。比如，某些进入工作，需要在有限空间内部从事一些操作，可能引入新的危害（如喷漆），这就需要进行重新评估，并可能变更为 PRCS。另外，如果设施本身发生变化，同样需要重新进行评估。

虽然进入 NPCS 不需许可证，但仍需要采取一定的预防措施。空间内的气体仍需进行测试，包括氧气浓度、可燃气体/蒸气浓度和可能存在的有毒物。持续的、强制性的通风也是需要的，而且在整个进入过程中以及在人员离开有限空间之前都必须进行持续通风。

七、 PRCS 与 NPCS 的转化

由于整个生产或生活过程是动态变化的，因此，PRCS 与 NPCS 在实际中也并非一成不变。实际上，在某些情况下，两者可能发生暂时性的变更。

1. PRCS 变更为 NPCS

（1）当满足以下条件时，需许可进入的有限空间可以不需要许可证即可进入：

1）可以确认，该空间仅仅存在或可能存在气体危害。

2）单独依靠持续的强制通风足以保证安全进入。

3）气体监测与检查的结果证明进入的环境是安全的。

（2）有限空间进入地点需进行检查，以消除一切安全隐患。

（3）内部的气体必须进行测试，并满足以下要求：

1）氧气含量在 19.5%～23.5% 之间。

2）蒸气浓度不超过 10% 的 LEL。

3）可能存在的有毒气体低于允许暴露限值。

（4）持续的强制通风必须保证是新鲜、洁净的，并且一直持续至人员离开有限空间。

（5）应定期监测有限空间内的气体，以确保持续的强制通风的有效性。

（6）虽然此时不需要使用许可证来进行控制，但仍需要有书面的记录，至少包括进入日期、进入地点及整个进入过程的气体测试数据。

表 3-7 所示为一个 PRCS 变更为 NPCS 的确认单，同时也可以当作 NPCS 进入前的检查表之用。

表 3-7   **PRCS 变更为 NPCS 的确认单格式**

PRCS 变更为 NPCS 的确认单
本单在此确认位于＿＿＿＿＿＿的编号为＿＿＿的有限空间＿＿＿＿＿＿，在满足以下条件满足后，可以由初始的 PRCS 变更为 NPCS： ☐ 所有相关的进入人员/监护人员都接受了单位的有限空间进入培训。 ☐ 除了可能的气体危害，其他所有危害控制如锁定/标定可以无需进入即可完成。

☐ 在移开有限空间开口隔板前，所有可能因开启而导致的不安全状况已经消除。

☐ 对所有的垂直开口，当打开后立即使用警戒护栏或临时盖板/栏杆防护起来以防止发生意外坠落。

☐ 进入前，完成了气体的测试，测试结果如下：

    1. 氧气浓度在 19.5%～23.5% 之间。

    2. 可燃气体/蒸气浓度小于 10%LEL。

    3. 可能存在的有毒物低于允许暴露限值，如 CO<50ppm，H_2S<20ppm。

☐ 如果无法达到以上要求，需使用持续的强制通风以确保处于以上可接受的气体范围。

确认人：   确认日期：

---

2. NPCS 变更为 PRCS

在某些情况下，由于进入有限空间所进行的作业可能导致严重的危害出现，此时，有限空间进入作业就需要按照 PRCS 的要求来进行。

第五节　电力有限空间安全进入程序规范示例

本节提供某单位制定的《电力有限空间进入安全程序规范》作为示例，供参考。

电力有限空间进入安全程序规范

1　目的

通过本规范确定公司有限空间进入的要求与程序，以确保公司人员在执行有限空间进入作业时的安全。

2　范围

本规范确定的有限空间进入的要求与程序，适用于所有需要执行有限空间作业的人员和应急救援人员。

3　定义

3.1　有限空间

有限空间指具有以下特点的区域：

3.1.1　具有合适的尺寸及形状使人员能够进出。

3.1.2　人员进出受限。

3.1.3　不是作为人员在其间连续作业的区域。

有限空间包括但不仅限于检修孔、锅炉、管道、下水道、电缆隧道、地窖等。

3.2　需许可进入的有限空间（PRCS）

具有以下其中之一或多个特征的有限空间：

3.2.1　可能存在有害的或者潜伏有害的气体，最常见的 3 种危险性气体环境是缺氧、可燃气体和蒸气、有毒气体和蒸气。

3.2.2　可能存在导致吞没的物料。

3.2.3　其间含有向内侧聚合延伸的墙，或者层面向下呈斜坡状伸入一狭小区域，可能导致人员陷入或窒息。

3.2.4　可能存在其他的危险物理性有害因素，如未设安全装置的机械或暴露的带电导体。进入这种有限空间必须得到许可。

3.3　不需许可进入的有限空间（NPCS）

当满足以下条件时，该有限空间可以被作为不需许可进入的有限空间：

3.3.1　不含有危害气体，或者其他任何可能导致人员死亡或严重损害的危害。

3.3.2　能够确认该有限空间唯一的可能的危害仅是危害气体，并且仅仅依靠连续的强制通风就已经完全、足够保证进入安全。

3.3.3　监测或检测的结果能够证实强制通风对危害气体的控制是有效的。

3.4　进入

指人员通过有限空间的开口的动作。有限空间内的工作活动以及进入人员的身体的任何部分穿过有限空间开口平面都属于进入。

3.5　进入许可证

指书面的授权允许进入需许可进入的有限空间。它确定了需许可进入的有限空间的各种因素，如明确进入的原因，识别所有的危害及指明进入主管等。

3.6　有限空间进入主管

指负责有限空间进入作业的，并确认需许可进入的有限空间达到允许进入条件的授权人员。负责对进入作业授权，总揽及终止进入作业。

3.7　授权进入人员

指接受了有限空间进入培训，并且取得了由进入主管签发的许可的人员，才可以进入需许可进入的有限空间。

3.8　现场监护人员

指值守在需许可进入的有限空间外面，负责监护进入有限空间的授权进入人员的整个作业过程。

3.9　危害气体环境

指由于以下一项或多项原因可能导致人员死亡、丧失功能、妨碍人员独立从有限空间进出，或者导致急性伤害的环境：

3.9.1　可燃性气体、蒸气或粉尘超过其爆炸下限（LEL）的 10%。

3.9.2　空气中氧气含量低于 19.5% 或高于 23.5%。

3.9.3　任何一种物质的浓度可能达到或超过相关法规要求的允许暴露限值。可通过化学品的化学物质安全数据清单（MSDS）了解所用的可能存在于有限空间中的物质。

3.9.4 任何其他瞬时危及生命或健康的气体环境。

3.10 隔离

指确保需许可进入的有限空间停止使用和达到完全避免危害能源和物料进入空间的过程，可通过锁定/标定所有能源，阻止或切断所有机械连接、隔板或盲板，移除部分管线、双层板等方式达到目的。

3.11 符合资格人员

指接受有限空间进入程序及如何使用有限空间相关设备（如空气监测和通风设备）培训的人员。

3.12 分层气体环境

指气体环境所含物质分层的情况。空气测试可能显示在不同的层次，其氧气浓度、爆炸性气体和有害污染物也会不同。

3.13 热工作业

指任何涉及燃烧、焊接或其他类似的会导致明火、火花式点火源产生的操作，如打磨、切割、高温加热等。

3.14 爆炸下限（LEL）

可燃物气体在与空气混合时能够发生爆炸的最低气体浓度。

3.15 允许暴露极限（PEL）

允许暴露浓度指以时间为权重（通常为 8h），绝大多数健康的人员能够长期暴露于某种化学品气体而不造成负面健康影响的平均暴露极限浓度或最高暴露极限浓度。

4 职责与权限

4.1 部门经理

4.1.1 必须确保所有部门的人员遵守有限空间进入程序。

4.1.2 必须确保按有限空间进入程序要求，仅接受过培训的人员方可执行有限空间进入作业。

4.1.3 确保定期审核有限空间进入程序的总体有效性。

4.2 主管

4.2.1 负责本班人员有限空间进入程序的准备及控制。

4.2.2 确保所有能源的隔离程序得到正确实施。

4.2.3 确保有限空间进入主管对空间作业进行检查以符合程序要求。

4.3 进入主管

4.3.1 清楚要进入的有限空间的危害，以及发生暴露的表现、症状、后果和有限空间进入控制程序。

4.3.2 在进入有限空间进行作业之前确保所有程序的相关要求得到执行。

4.3.3 当达到可接受的进入条件后，授权有限空间进入。

4.3.4 确保清点所有进入和撤出有限空间的人员。

4.3.5 如果情况变化，中止进入和取消进入许可。

4.3.6 确认相应的应急救援措施和启动的方式。

4.3.7 在有限空间进入的过程中，防止未经授权的人员进入或试图进入。

4.4 进入人员

4.4.1 清楚有限空间进入可能面对的危险，包括发生暴露的形式、迹象、症状及后果。

4.4.2 阅读并遵守进入许可证的要求。

4.4.3 使用程序明确要求的所有设备器材。

4.4.4 按程序要求，保持与现场监护人员必需的沟通，以确保监护人员能够警示进入人员进行撤离及监护进入人员的状况。

4.4.5 在以下任何时候警示监护人员：

4.4.5.1 进入人员确认任何暴露于危险状况的预警信号或现象。

4.4.5.2 进入人员察觉到禁止条件。

4.4.6 发生以下状况必须以最快速度撤离有限空间：

4.4.6.1 现场监护人员或进入主管要求出。

4.4.6.2 进入人员确认任何暴露于危险状况的预警信号或现象，或察觉到禁止条件，或者疏散警报被触发。

4.5 监护人员

4.5.1 清楚有限空间进入可能面对的危险，包括发生暴露的形式、迹象、症状及后果。

4.5.2 清楚授权人员发生危害性暴露时造成的行动上的影响。

4.5.3 确保持续准确地清点进入需许可进入的有限空间内的授权人员，保证所采用的方法能准确掌握在有限空间内的人员。

4.5.4 除非有另外的监护人员更换，在整个进入作业过程中值守在需许可进入的有限空间外。

4.5.5 保持与授权进入人员必需的联络，监护进入人员的状况，在必需的状况下警示进入人员立即撤离有限空间。

4.5.6 如果需要，触发现场应急救援程序，当无法自行采取救援时，寻求其他的救援和其他的应急救援服务。

4.5.7 不得从事任何其他的有可能妨碍其执行监护和保护进入人员职责的工作。

4.5.8 监护有限空间内外部的活动，以确定对授权人员继续停留在有限空间内作业仍然是安全的。

4.5.9 警告未授权人员远离，并要求可能进入有限空间的人员必须离开。

4.6 应急救援人员

4.6.1 掌握熟悉实际救援操作，包括救援程序、有限空间模拟人员救生等。

4.6.2 在救援可能需要进入需许可进入的有限空间时，救援人员必须按进入人员的要求进行培训。

4.6.3 所有的救援人员应接受基本紧急救护培训及心脏复苏和人工呼吸的培训。

4.6.4 为减少救援人员需要进入需许可进入的有限空间的机会，应尽可能使用救援系统，如救生挂索、绞轮等。

4.7 HSE 人员

4.7.1 制定及实施有限空间进入程序。

4.7.2 提供有限空间培训以使相关人员熟悉其有限空间危害及使用相关安全器材。

4.7.3 如果需要，评估及更新程序。

4.7.4 识别及评价公司可能的有限空间，并负责保存公司有限空间的清单。

4.7.5 确保有限空间进入程序的要求得到贯彻和实施。

4.7.6 确保所有的需许可进入的有限空间都张贴了安全警告标志。

5 基本要求

5.1 基本规则

5.1.1 公司必须负责进行评估，以判定是否存在需许可进入的有限空间，并完成有限空间清单。

5.1.2 在可行的情况下，所有的有限空间必须清楚、清晰地进行标明。在有限空间的每一开口处都必须安装安全警告标志。标志应包含以下文字或类似的文字："危险！""需许可方可进入的有限空间！""不得进入！"。无法永久张贴标志的空间，当需要执行进入作业时，必须张贴临时性的标志。

5.1.3 所有的有限空间，如果存在开口可能容易导致人员踏入（如地面开口等），必须进行完全隔离保护（如护栏等）。

5.1.4 如果必须，按公司锁定/标定程序的要求，切断并隔离所有的将要进行作业的有限空间的能源，

5.1.5 如果需要进行热工（动火）作业，还必须按公司热工（动火）作业程序的要求采取防护措施。压缩气瓶不得放入有限空间内。

5.1.6 不得在有限空间内或进出口附近吸烟。

5.1.7 进入需许可进入的有限空间之前必须进行气体检测。

5.1.8 有限空间内如果存在潮湿环境，需使用移动式电气设备时，必须使用漏电保护器或使用电池供电。

5.1.9 所有的有限空间进入需使用《有限空间进入许可证》进行记录。未获取有限空

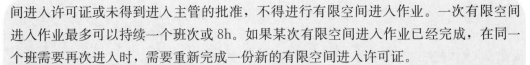

间进入许可证或未得到进入主管的批准，不得进行有限空间进入作业。一次有限空间进入作业最多可以持续一个班次或 8h。如果某次有限空间进入作业已经完成，在同一个班需要再次进入时，需要重新完成一份新的有限空间进入许可证。

5.2　有限空间人员

当需要进入需许可进入的有限空间时，以下人员是必需的。相关人员必须接受相应层次的培训。

5.2.1　进入主管。

5.2.2　监护人员。

5.2.3　进入人员。

注：现场监护人员如果进行适当的培训可以作为进入主管。

6　进入有限空间程序

6.1　有限空间进入许可证

6.1.1　在授权有限空间进入前，进入主管必须通过准备《有限空间进入许可证》记录执行有限空间进入所采取的安全措施。

6.1.2　进入开始前，许可证上确定的进入主管必须完成并签署许可证给授权进入人员。必须满足可接受的进入条件才可进行授权进入。

6.1.3　当所有的授权进入人员进入前完成的许可证必须准备到位，可以张贴悬挂于进入口处或采取其他能达到同样效果的方式，以便进入人员能够确认所有进入前的准备工作已经完成。

6.1.4　许可的持续时间不得超过完成指定任务所需时间或许可证上确认的工作时间。

6.1.5　在以下情况之下，进入主管必须中止进入作业和取消进入许可证：

6.1.5.1　进入许可证所对应的进入作业已经完成或者。

6.1.5.2　进入许可证不允许的某种状况发生在有限空间内或邻近区域。

6.1.6　取消的进入许可证必须保留至少一年，作为有限空间进入程序审核的依据。在整个有限空间进入作业过程中遇到的任何问题都必须在相应的许可上注明，以便进行适当的程序审核。

6.2　空气测试

6.2.1　有限空间内的气体需要进行测试，以确定是否存在危害性的气体污染物和/或缺乏氧气。直读式测试仪器、测试管、气体探测器和测爆型仪表等都是可以用于检测有限空间气体环境的监测设备。成功完成使用某种监测设备进行空气检测培训的人员必须进行空气测试。空气测试设备必须按照生产厂商的建议进行调试和校准。校准记录必须进行保存。

6.2.2　需要进行检测的最低参数要求是氧气含量、爆炸下限和可能存在的超过相关允许暴露水平的污染物。当进行气体危害测试时，应首先测试氧气含量，然后测试可燃气体或蒸气，最后测试有害气体或蒸气。初始测试读数必须记录于许可证上，并在整个作业过程中存放于工作现场。相关人员必须有能力清楚测试结果的意义。

6.2.3 气体测试程序。在进行空气测试前，应检查有限空间外部空气读数，以确保测试仪器处于良好状态，并且读数也在正常范围之内。将测试读数记录于许可证上。

6.2.3.1 进口位于有限空间上方的空气测试：

（1）由每一个入口，将仪器取样管放入有限空间的底部。此外，使用其他可用的开口，帮助进行气体测试。

（2）缓慢提升取样管，每隔 0.6m 的间隔作停留以确保气体分层。取样应缓慢进行，以适应由于取样管和取样管线长度而影响探测器的反应。

（3）将测试数据记录在有限空间进入许可证上。

6.2.3.2 进口位于有限空间侧面或底部的空气测试：

（1）从每一个入口，持仪器取样管放入有限空间的对面一侧。可使用竿子、棒子或其他器具帮助将取样管延伸至有限空间的对面一侧。

（2）缓慢测试有限空间内的所有区域。取样速度应适应由于取样管和取样管线长度而影响探测器的反应，将测试数据记录在有限空间进入许可证上。

6.2.3.3 在初始进入状态，所有通过入口处无法测试的区域都必须得到检测。使用取样管缓慢测试位于前方的所有区域，检查所有遗漏的区域。

6.2.4 如果有限空间不存在非气体危害，并且进入前的测试表明没有危害性的气体污染物和/或氧气不足，有限空间进入作业可以继续进行。

6.2.5 有限空间内的空气必须根据需要进行定期的测试，以确保未发生危害性气体的积聚。如果存在可能导致有限空间内空气发生变化的情况，在整个作业期间需要持续进行空气的监测。空气监测必须在有限空间内的实际工作地点进行。按进入主管建立的测试频率，将监测的数据记录在有限空间进入许可证上。

6.2.6 当达到任何气体监测仪预设的报警值时，作业人员必须立即离开需许可进入的有限空间，并通知公司 HSE 人员。经过一段时间适当的抽风，重新进行测试。除非测试表明危害性的气体环境已经消除，并且得到 HSE 人员的批准否则不得再次进入。

6.3 需许可进入程序

6.3.1 任何的需许可进入的有限空间需建立其相应的程序，以确保所有可能受到影响的人员的安全，包括但不局限于：

6.3.1.1 确定可接受的进入条件。

6.3.1.2 隔离该需许可进入的有限空间。

6.3.1.3 如果必要，对有限空间进行吹扫、冲洗或通风，以消除或控制有限空间内的空气危害。

6.3.1.4 如果必要，提供围栏、护栏等以保护进入人员不受到外部的危害。

6.3.1.5　在整个授权进入的期间，确认有限空间内的环境是可接受的。

6.3.2　需许可进入的有限空间需要应急救援器材。如果穿戴救生绳会造成更大的危害，则不需要穿戴救生绳。

6.4　变更进入程序

6.4.1　变更进入程序可以用于以下情况：

6.4.1.1　需许可进入的有限空间仅有的危害是确定的或潜在的危害性气体。

6.4.1.2　公司能够确保仅靠持续的强制通风足以保证有限空间安全进入。其浓度水平必须低于50％的允许暴露浓度值。

6.4.2　有限空间内的空气必须进行持续的监测，以确保强制通风可以防止危害性气体发生积聚。

6.4.3　使用变更程序执行需许可进入的有限空间的人员必须得到培训，负责验证在变更程序下可以安全进入有限空间的人员也需要得到培训。

6.4.4　现场监护人员和进入主管及应急救援设备在变更的进入程序执行中不再需要。

6.4.5　进入主管应通过包含日期、有限空间位置、任何支持性的取样数据及其签名的证明，以确定需许可进入的有限空间的气体危害已经被消除或控制，这是一个需要记录的基础。这个证明必须让所有相关的人员清楚。

6.5　需许可进入的有限空间的重新分类

6.5.1　已被确定为需许可进入的有限空间通过以下程序可以更改为不需许可进入的有限空间。

6.5.2　如果需许可进入的有限空间不产生实际或潜在存在的气体危害，或无需进入有限空间和不需使用强制通风即可消除有限空间内的所有危害，需许可进入的有限空间可以被重新更改确定为不需许可进入的有限空间。

6.5.3　如果需要进入需许可进入的有限空间才能消除危害，或者进行气体测试，这种进入作业必须按进入许可证的要求来完成。

6.5.4　如果重新分类有限空间，在工作进行的整个过程中，它可以被作为无需许可进入的有限空间对待。进入许可证、监护人员、进入主管及应急救援设备不再需要。

6.6　承包商

6.6.1　最低要求，承包商必须遵守本公司的有限空间进入程序规范。

6.6.2　公司将向承包商提供以下信息所有将要进入的需许可进入的有限空间、相关的危害及公司的有限空间进入程序的复印件。

6.6.3　承包商作业人员必须接受有限空间进入的培训。承包商必须提供需进入人员的培训证明资料。

6.6.4　此外，承包商人员还需要参加本公司有限空间进入程序的培训。承包商代表人员需向其他人员沟通传达程序本身的要求和他们可能遇到的有限空间内部和周围的危害。所有的培训必须记录并保存。

7 有限空间应急救援

7.1 当有限空间进入作业过程中发生任何类型的紧急事件时，进入人员必须以尽可能快的速度撤离有限空间。如果可行，受伤人员应优先使用自救器材。

7.2 如果需要外部的营救，现场监护人员必须立即通知应急救援组织，通知其需要有限空间应急救援服务、救援地点、有限空间类型和相关的危害。

8 培训

8.1 所有与有限空间进入作业活动有关的人员必须参加培训，包括其承担的职责。相关人员参加培训以获取必需的理解、知识和技能，以安全完成本程序规范指定的职责。

8.2 培训必须提供给可能被指定为进入主管、监护人员和进入人员的任何受影响人员。

8.2.1 在人员首次指定职责前。

8.2.2 工作职责发生变化。

8.2.3 在有限空间作业发生变化可能导致新的在之前培训中未涉及的危害的情况下。

8.2.4 公司管理层有理由相信，有限空间进入程序有偏差或者人员欠缺知识及执行程序不当的情况下。

8.2.5 如果需要，培训应让人员熟悉其职责及介绍新的或重新审定的程序。

8.3 培训内容

8.3.1 进入主管、进入人员和监护人员的职责。

8.3.2 公司的有限空间进入程序及其他与有限空间进入相关的程序。

8.3.3 有限空间的危害及后果。

8.8.4 使用气体监测设备。

8.8.5 使用通风器材。

8.8.6 应急反应及救援程序。

8.8.7 有限空间进入设备的正确使用、限制，包括个人保护用品。

8.8.8 其他。

9 文件

9.1 部门经理必须保护有限空间进入许可证至少一年，以便于有限空间进入程序审核。

9.2 培训记录文件也必须保存。培训记录应能显示参加人员的姓名、培训日期、培训级别（主管进入人员、监护人员）及提供培训的人员。

9.3 仪器的检查及校准必须按厂商的建议进行。部门经理必须保存相关记录，并应定期检查以确保完成。

10 参考文件

10.1 锁定/标定程序

10.2 热工作业许可程序

第四章 电力有限空间气体测试

第一节 需要进行气体测试的情况和检测设备

有限空间气体检测是保证作业安全的重要手段之一。作业人员进入有限空间前应对有限空间内的气体进行检测，以判断其气体环境是否安全。在作业过程中，还应对有限空间内气体环境实时监测，及时了解气体浓度变化，必要时采取相应防护措施确保作业安全。

一、需要进行气体测试的情况

在执行有限空间进入作业之前，必须按照相关有限空间进入程序的规定，由授权人员按正确的程序和设备操作要求，对有限空间内的气体环境进行测试，以判断其内部空间气体环境是否适合人员进入，禁止依靠个人的经验判断、主观臆测或感觉器官去判定气体环境是否是安全的。

在以下的任何情况下都需要进行气体测试：

（1）有限空间内的气体环境不能保证是安全的。

（2）确知的危害气体不能被清除。

（3）有限空间不能完全与可能发生的危害物料渗入隔离。

（4）作业过程中危害气体可能发生变化的情况。

二、常用的气体检测设备

针对有限空间的特点和安全作业要求，应采用现场气体快速检测方法对有限空间进行检测。常用的气体检测设备主要有两种：

（1）气体检测报警仪。

（2）气体检测管装置。

第二节　气体测试设备操作和气体测试程序

一、测试人员的资格

在有限空间进入程序中确定的负责进行气体监测的人员，必须经过相应的培训。其培训内容应包括：

（1）探测仪器的可靠性及限制。

（2）使用探测仪器的要求。

（3）厂家有关使用和保养仪器的指导。

（4）基本的取样技巧和方法。

（5）了解允许的有害物的暴露限值。

（6）特定的有害物的监测器。

二、探测仪器的选择和校准

1. 探测仪器的选择

在选择气体检测仪器的时候，往往需要根据有限空间存在的气体危害而定。比如，如果确认有限空间仅可能存在甲烷，则选择 LEL 检测仪往往就可以满足要求。但如果有限空间可能存在其他的危害气体（如硫化氢），则应该选择相应的复合型的气体检测仪。具体的选型，建议可以咨询专业厂家。

有毒气体检测仪器使用特殊的电化学品部件，以便进行测量成分（如一氧化碳、硫化氢、氯气、氨）。仪器是直接读数的，同时可以设计报警功能。有些测试仪器仅能测试单一气体，而有些仪器是复合型的，可以同时测试多种气体。这些仪器通常名为如 2-in-1、3-in-1 或者 4-in-1 的形式。选择适用于可能存在的气体的测试仪器是非常重要的。如果能够确定明确的有毒物，应选择使用有针对性的特定测试仪器。

对于爆炸性粉尘环境，一般是通过可视距离进行判断，如果可视距离约为 1.5m，即认为其浓度达到了 LEL。

选择探测器可考虑以下参数：

（1）精度、可靠性及其他特性。

（2）反应灵敏程序。

（3）远程感应能力，如远程感应探头或延伸式的取样管，以避免测试人员进入有限空间。

（4）连续监测能力，并能提供报警，以便用于进入之后有害气体浓度可能发生变化的空间。

（5）读取峰值的能力。

2. 采购气体检测仪器应考虑的事项

在得到专业意见，进行具体的选型过程中，还必须考虑以下事项，这些都可能对具体型号的选择带来影响。

（1）测试精度。

（2）操作的环境条件：远程监测的能力；操作温度；相对湿度。

（3）在爆炸性气体环境中的本质安全性。

（4）适合的探测气体。

（5）预热时间。

（6）反应时间。

（7）使用及维护性。

（8）供应商的服务与技术支持。

（9）探测器和电池的寿命。

（10）数据采集的能力。

3. 探测仪器的校准

探测仪器校准的目的在于将仪器设置在标准状态，以确保能准确地探测其有效探测浓度范围内的气体浓度。校准是通过对比仪器探测浓度与确定校准气体的浓度，将仪器进行调整以准确读数。

探测仪器的厂家有相关的指南，明确有关校准的要求及频率。

4. 影响检测仪器测试精度的常见原因

在进行有限空间气体测试时，准确的测试结果对于保证人员的安全进入非常关键。因此，必须对检测仪进行良好的维护保养与检修，应按照厂家的建议进行校准与损耗件的定期更换。以下列举了部分会影响测试精度的原因：

（1）电池电量不足，低电压。

（2）不当或未按要求定期进行校准。

（3）在远程监测管线中发生气体泄漏。

（4）探头老化。

（5）不正常的温度与湿度。

三、气体测试程序

1. 气体测试必须严格按照程序执行

探测仪器必须首先在外部洁净空气环境中进行测试。如果氧气浓度读数高于或低于20.9%，说明探测仪器的探头可能存在问题或者需要进行校准。在恢复正常之前不得在有限空间中使用该存在问题的探测仪，也不能实施有限空间进入作业。如果有限空间内的湿度较高，可参考厂家建议。某些物质也可能会对检测器中的传感器造成损坏或使其性能降低。

2. 气体测试应遵守的要求

气体测试应遵守下列要求，否则将可能影响气体测试的准确性。

（1）有限空间气体的测试必须由接受过相关培训的合格人员进行。

（2）所使用的探测仪器必须确保其按照厂家的指导定期进行校准、检查、测试及维护。

3. 气体测试记录保存

气体测试应保存相关测试记录，包括测试日期及时间、初始测试值、气体浓度。相关的检测数值必须立即张贴于有限空间入口。

四、测试时机和测试位置

1. 测试时机

在对有限空间内的气体环境进行测试时应选择恰当的时机：

（1）如果可能，在开放有限空间入口前。

（2）打开有限空间的时候立即进行。

（3）在初始进入有限空间之前。

（4）人员进入有限空间之后，选择合适的间隔时间持续进行测试。

（5）当人员退出有限空间 20min 之后再次进入前。

（6）在清洁和吹扫有限空间后。

（7）工作出现变更。

（8）工作过程中导致新污染物产生或者如果怀疑气体出现变化，或者安全控制措施可能失效，或无法保证安全气体环境时。

（9）危害物质意外释放到有限空间。

（10）如果进入人员发生任何受到污染物影响的症状，如头晕、头痛、咳嗽、鼻塞或眼睛刺痛灼热等。

（11）通风装置被关停。

2. 测试位置

测试位置必须进行正确选择，以确保对整个有限空间进行监测，否则可能因为某些区域或位置的漏测而未能发现存在的气体危害而导致意外：

（1）有限空间开口处，尤其在刚刚打开有限空间的时候。

（2）在有限空间中输入管线进入处。

（3）人员进行工作的位置。

（4）有限空间内的不同高度位置，以及在气体/蒸气可能积累的位置。

如图 4-1 所示为一个下水道的检修井示意，可以看到，不同的危害气体会积累在不同的位置。因此，测试位置的选择就非常重要，测试必须涉及有限空间的所有高度，因为不同的危害气体具有不同的密度。密度较大的气体可能停滞于空间底部，而密度较小的气体则会停滞于空间上方。气体本身也不会均匀地在有限空间内进行混合。进行空气检测时，应大约在水平和垂直高度上每隔 1.2m 左右的距离，包括任何的角落及低洼位置进行测试，以确保所有潜在的危害都能得到识别。测试过程中应保证足够的时间，以满足仪器的检测速度及探测器的反应时间。如图 4-2 所示为有限空间测试位置示意图。

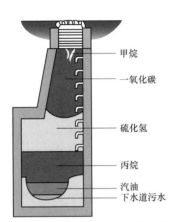

图 4-1　下水道的检修井中不同气体积聚的位置示意图　　　图 4-2　有限空间测试位置示意图

第三节　气体测试的顺序和测试要求

一、气体测试的正确顺序

1. 有限空间内气体环境检测的目的

通常，对于有限空间内的气体环境进行检测，主要目的是确认是否满足下列要求：

（1）氧气含量在 19.5%～23.5% 之间。

（2）可燃气体、蒸气浓度不超过 10% 的 LEL（爆炸下限）。

（3）可能存在的有毒气体浓度低于允许暴露限值。

有限空间气体测试的顺序是相当重要的。对于以上 3 项内容的检测，不可以根据需要灵活安排测试的顺序。

2. 有限空间内正确的气体测试顺序

（1）首先必须检测氧气浓度。因为大多数可燃气体和有毒气体测试器材是依赖氧气的，比如检测可燃气体的仪器一般使用催化燃烧式传感器，而催化燃烧式传感器要求至少在氧气浓度为 8%～10% 的环境下才能进行准确测量，在氧气浓度过低的环境中不能准确地检测可燃气体的浓度。此外，无论是缺氧还是富氧环境，对人员的安全与健康都是首要危险因素。

（2）其次测试可燃气体和蒸气。因为火灾和爆炸的威胁对有毒气体或蒸气的暴露危害来说更为迅速和致命。

（3）最后检测有毒气体。目前市场上有很多直读式的检测仪器提供复合气体的检测功能。

二、测试有限空间初始环境

有限空间内可能存在有爆炸性的气体、有毒有害气体或者氧气不足的情形。因此，在任何可能的情况下，在完全打开舱门或者开始进行通风前，都需进行空气测试。这样可以帮助确定有限空间内是否存在爆炸的可能，或者可以帮助防止在通风过程中将其间的有毒有害气体直接抽出到外界人员集聚的场地，导致意外发生。

如果在舱门或入口盖板下方附近探测到有爆炸性气体，要注意防止因为碰击产生火花而引致火灾、爆炸意外。同样，进行气体测试的人员也应小心开启入口，避免由于有限空间内的有毒气体溢出而伤害测试人员。因此，在危害识别阶段就应对该有限空间可能涉及的物料了解清楚。

进入前测试是指在作业人员进入有限空间之前所进行的气体测试。通常情况下，进入前测试往往不止进行一次。它应该在对有限空间进行通风前进行测试，同时应在人员实际实施进入操作前 20min 之内再次进行测试。测试的结果必须记录下来，并张贴于各有限空间进入地点（无论是连续测试仪器还是单次测试仪器）。通过测试，可以获取以下信息：

（1）空间内的气体环境及存在于其中的危害气体。

（2）危害气体的浓度。

（3）危害气体的存在位置。

（4）所需要的对空间进行通风的量。

之所以必须进行进入前测试是为了确保查清有限空间的初始气体环境是否适合人员的进入，保证人员的进入安全（进入前检查还应包括其他危害的检查）。在进行初始气体检测时不得进入有限空间内部，应尽最大可能，使用可以进行远程气体检测的器材。如果确实需要进入有限空间以获得进一步的验证，必须按照有限空间进入程序的要求进行。

三、连续测试

初始的气体测试确认人员可以安全进入，在人员进入有限空间实施作业后，现场监护人员还必须对有限空间进行连续监控，以确保内部作业人员的安全。这个监测必须持续进行到人员撤离有限空间为止。

气体探测仪能够提供连续的实时监控获取氧气浓度水平和易燃气体浓度。目前市场上的很多气体探测仪为复合型，还能同时监测其他可能存在的有害气体，如一氧化碳和硫化氢。当这些有害气体的浓度超过预设的安全值时，探测仪会发出警报。当探测仪发出警报时，所有的进入人员必须立即进行撤离，授权人员也必须立即确定报警的原因，在人员重新进入实施作业前采取措施降低其浓度。

一般情况下，如果一个有限空间中易燃气体的浓度达到了其爆炸下限的20%，相关人员则必须使用能进行连续实时监测的探测仪，如非必要，不建议在这个浓度情况下进入有限空间。

第四节 氧气浓度测试

一、测试有限空间空气应首先测试氧气浓度

通常情况下应该首先测试有限空间空气中的氧气浓度，因为缺氧往往造成严重的伤害乃至死亡。另外，氧气浓度不足可能影响到监测仪器对易燃气体的检测。但需要注意的是，许多氧气测试仪器会受到较高相对湿度的影响。当在潮湿的环境中测试氧气时，保持探头朝下，如果有水滴在探头上形成，应将其甩净。

在测试氧气浓度前，应在洁净的外界空气中进行氧气探测器测试。如果读数高于或低于20.9%，说明仪器的氧气传感器或者校准存在问题。在未恢复正常前，不要使用该氧气探测器进行有限空间气体检测。

二、人员进入有限空间前必须得以确定氧气浓度

在普通的大气环境中，氧气含量约为20.9%危害评估应明确是否接受氧气浓度低于20.9%。如果测试的结果表明氧气浓度低于20.9%且是预先估计到的，需采取相关程序中规定的控制措施继续进行。如果氧气浓度低于20.9%，且这个降低没有在危害评估中确认，必须由授权人员进行调查，以确保有限空间进入安全。确定是什么原因导致氧气浓度的变化非常重要，在人员进入前必须得以确定。例如，某些有毒有害气体即使浓度很低也可导致严重的伤害，虽然浓度低但仍会置换出少量的氧气，而导致氧气浓度的降低。

随着海拔的升高，空气中的氧气含量也会随之下降。但氧气监测仪检测到的氧气浓度读数并不会因海拔的变化而变化。在进行仪器的校准时需要注意这个问题，建议咨询仪器厂家获得相关的信息。

第五节 有限空间易燃气体、蒸气、粉尘测试

一、有限空间易燃气体、蒸气或粉尘测试的必要性

有限空间存在的易燃气体、蒸气或粉尘能够导致爆炸或燃烧。有限空间内常见的易

燃气体有甲烷、氢气、乙烷、丙烷。测试易燃气体并非测试有毒有害气体浓度。如果气体或蒸气既易燃又有毒，则必须用可以同时探测浓度和易燃性的探测器进行探测。

另外需要注意的是，在某些环境中，还需要测试粉尘（如煤尘和谷物尘粒）的浓度，因为粉尘在一定的浓度之下存在爆炸的可能性。

二、有限空间易燃气体、蒸气或粉尘测试的注意事项

大多数易燃易爆气体监测仪器的读数是在 $0 \sim 100\%$ 之间，一般的报警设定是 5% 或 10% 的 LEL/LFL，在许多仪器上的缺省值都设为 10% 的 LEL/LFL。在任何情况下，如果易燃气体的浓度达到或超过其爆炸下限的 20% 时，人员禁止进入有限空间。另外，如果探测到的易燃气体的浓度高于 1%，为确保安全，应禁止在有限空间内实施动火作业。

虽然部分可燃气体监测仪显示的浓度为可燃气体的体积百分比，但大多数可燃气体监测仪直接以百分比例的最低爆炸下限值表示其浓度。通常，检测可燃气体的浓度达到 LEL 的百分比比较容易使用。比如，甲烷的 LEL 的体积百分比是 5%，UEL 是 15%，当有限空间内的浓度达到 2.5%，则达到了 50% 的 LEL；当浓度达到 5% 的时候，则是 100% 的 LEL。

第六节　有限空间气体测试前注意事项

一、使用本质安全认证的仪器

用于工业场所、危险地点或其他可能存在易燃易爆气体环境中的仪器必须具有本质安全的认证。作为"本质安全"认证的仪器，已经通过合理的电路设计避免了在危险环境中发生引燃的危险。它通常包括了一个在电源装置中的保护设计，避免火花的发生和温度的增加，并包括防火罩等安全装置。

二、注意测试环境对测试仪器传感器及探头的影响

1. 传感器

某些可燃气体探测器是惠斯通桥型（Wheatstone bridge），一般使用催化燃烧式传感器。传感器使用的环境会对传感器造成很大的影响，尤其是某些物质可能会对传感器造成中毒或使其性能降低。这种类型的探测器很容易被硅类、含铅化合物（尤其是四乙基铅）、含硫化合物、含磷化合物等污染致中毒或者被硫化氢、卤代烃所抑制，导致灵敏度下降而出现错误的低读数和减少其使用寿命。

2. 探头

仪器探头的使用寿命有限（如氧气探头的使用寿命一般为一年），暴露于腐蚀性物质

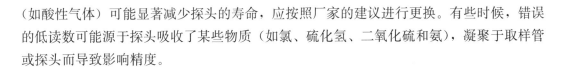

（如酸性气体）可能显著减少探头的寿命，应按照厂家的建议进行更换。有些时候，错误的低读数可能源于探头吸收了某些物质（如氯、硫化氢、二氧化硫和氨），凝聚于取样管或探头而导致影响精度。

三、不能混用气体测试仪器

进行有毒气体的测试，需注意仪器必须选用适用于该有限空间可能存在的有毒气体，不能使用可燃气体检测器进行有毒气体的检测，否则结果可能是致命的。硫化氢是一种在有限空间内可能存在的常见有毒气体，它的最低爆炸下限是 4.3％（或 43000ppm）。而对可燃气体进行测试的要求是保证气体环境的可燃气体浓度低于 10％的 LEL，以防止发生爆炸。同时，硫化氢的允许暴露限值是 10ppm，瞬时致死浓度为 300ppm。因此，如果进行可燃气体测试时，结果为 5％的 LEL，则表明没有爆炸的危险，并不会报警，但此时其浓度已经达到 2150ppm，已经超过了允许暴露限值和瞬时致死浓度。

四、其他要求

（1）某些有毒物质可能对电子管或检测管型的测试仪器反应不灵敏，在这种情况下，需要更专业的测试设备或者进行实验室的分析。

（2）仪器的电池维护也是非常重要的，通常使用的是镍镉电池或碱性电池，因此需要向制造商详细了解其容量、可能提供的检测时间。

（3）有些有限空间对气体检测仪有特殊的要求，如煤矿井下应使用符合国家防爆要求的仪器设备，因此，应根据有限空间的特殊要求，选择合适的检测仪器。

第七节　便携式气体检测报警仪

一、便携式气体检测报警仪组成

气体检测报警仪是用于检测和报警工作场所空气中氧气、可燃气和有毒有害气体浓度或含量的仪器，由探测器和报警控制器组成，当气体含量达到仪器设置的条件时可发出声光报警信号。常用的有固定式、移动式和便携式气体检测报警仪。便携式气体检测报警仪由于其体积小、易于携带、一次性可检测一种或多种有毒有害气体、快速显示数值、数据精确度高、可实现连续检测等优点，成为有限空间作业气体检测设备的首选。随着便携式气体检测报警仪的不断发展和应用，检测仪更为便捷、实用、经济，例如：体积越来越小，电池的使用时间越来越长，越来越多的检测仪配置了采样泵，传感器寿命延长，强大的数据记录、下载功能，操作更简单，界面更人性化以及价格下降等。

便携式气体检测报警仪一般由外壳、电源、采样器、气体传感器、电子线路、显示屏、报警显示器、计算机接口、必要的附件和配件几大部分组成，如图 4-3 所示。

1. 外壳

便携式气体检测报警仪的外壳除了保证安全防爆、防火、防水等基本要求外，还要求防止跌落、碰撞等物理因素对仪器的损坏。

2. 电源

目前大部分便携式仪器既可以使用充电电池，也可以使用碱性电池对仪器进行供电。各类锂电池，特别是充电式锂离子电池已经是各类便携式仪器首选的电源，它具有持续时间长、寿命长、多次充电等特点。但对于电化学传感器，由于其耗电量极低，干电池更为合适。

3. 气体传感器

气体传感器是便携式气体检测报警仪的核心

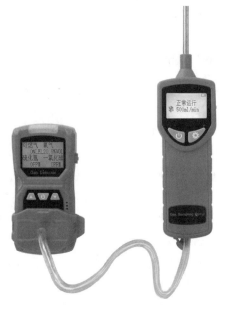

图 4-3　便携式气体检测报警仪

部件，是判别一台仪器性能好坏的重要指标之一。它是一种将被测的物理量或化学量转换成与之有确定对应关系的电量输出的装置。目前市场上普遍使用的传感器包括半导体型、催化燃烧型、电化学型离子化检测型、热导型、红外线吸收型、顺磁型等。

4. 电子线路

电子线路位于仪器内部，关系到报警仪器的性能和功能的优劣。

5. 显示屏

显示屏通常会显示电量、各传感器状态、检测的物质及其检测结果、仪器的故障情况等信息，是了解仪器能否正常使用和测定的有毒有害气体浓度的直接窗口。

6. 报警显示器

当检测报警仪检测到气体浓度超过预设报警值时会发出声音，报警显示器有闪光警示。

7. 计算机接口

一些检测报警仪设置有计算机接口，可利用该接口将检测仪器检测到的数据传输到计算机进行共享、存储和分析。

8. 必要的附件和配件

必要的附件和配件包括充电电池的充电器、保护皮套、携带夹、过滤器、中外文操作手册、快速操作指南等。

二、便携式气体检测报警仪工作原理

被测气体以扩散或泵吸的方式进入检测报警仪内，与传感器接触后发生物理、化学反应，并将产生的电压、电流、温度等信号转换成与被测气体浓度有确定对应关系的电量输出，经放大、转换、处理后，在显示屏以数字形式显示所测气体的浓度。当浓度达到预设报警值时，仪器自动发出声光报警。图 4-4 为便携式气体检测报警仪工作原理示意图。

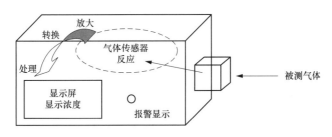

图 4-4　便携式气体检测报警仪工作原理示意图

三、便携式气体检测报警仪分类

1. 按检测对象分类

（1）可燃气体检测报警仪：一般采用催化燃烧式、红外式、热导型、半导体式传感器。

（2）有毒气体检测报警仪：一般采用电化学型、半导体型、光离子化式、火焰离子化式传感器。

（3）氧气检测报警仪：一般采用电化学传感器。

2. 按配置传感器的数量分类

（1）单一式检测报警仪：仪器上仅安装一个气体传感器，只能测量单一种类的气体，比如甲烷（可燃气体）检测报警仪、硫化氢检测报警仪等。

（2）复合式检测报警仪：将多种气体传感器安装在一台检测仪器中，可对多种气体同时检测。

3. 按采样方式分类

（1）扩散式检测报警仪：通过气体的自然扩散，使气体成分到达检测仪上的传感器而达到检测目的。

（2）泵吸式检测报警仪：通过使用一体化吸气泵或者外置吸气泵，将待测气体吸入检测仪器中进行检测。

四、便携式气体检测报警仪选用原则

1. 单一式与复合式

（1）单一式气体检测报警仪。

单一式气体检测报警仪仅安装一个气体传感器，只能检测某一种气体。如可燃气体检测仪、氧气检测仪、一氧化碳检测仪、化氢检测仪、氯气检测仪、氨气检测仪等。

该检测仪适用于有毒有害气体种类相对单一的环境，或作为一种辅助检测的手段。如果在复杂环境中使用，那么这类仪器往往与其他单一式气体检测报警仪或二合一、三合一等复合式气体检测报警仪配合使用。如硫化氢检测报警仪与氧气/可燃气体检测报警仪配合使用对污水井进行检测。

（2）复合式气体检测报警仪。

复合式气体检测报警仪通过在一台仪器中集成了多个传感器，实现"一机多测""同时读取多种数值"的功能。

此类检测仪适合用于对含有两种及以上有毒有害气体的复杂环境的检测，可提高检测效率，广泛应用在水、电、气、热、通信等有限空间气体检测或密闭设备气体快速检测等。如可检测氧气、可燃气、硫化氢和一氧化碳的五合一气体检测报警仪，可基本满足对污水井、化粪池、电力井、燃气井、使用氮气吹扫过的储罐等有限空间作业场所的检测工作。此外，一些复合式气体检测报警仪的传感器还可根据用户的实际需要进行选配，选择可检测常见有毒有害气体的传感器，可提高检测仪的实际利用率。

2. 泵吸式与扩散式

（1）泵吸式气体检测报警仪。

泵吸式气体检测报警仪是在仪器内安装或外置抽气泵，通过采气管将远距离的气体"吸入"检测仪器中进行检测，因此，其最大的特点就是能够使检测人员在有限空间外进行检测，最大程度保证生命安全。进入有限空间前的气体检测以及作业过程中，进入新作业面之前的气体检测，都应该使用泵吸式气体检测报警仪。泵吸式气体检测报警仪的一个重要部件就是采样泵，目前主要有三种类型，其特点比较见表4-1。

表4-1 不同形式采样泵的特点比较表

采样泵型式	优点	缺点
内置采样泵	与采样仪一体，携带方便，开机泵体即可工作	耗电量大
外置采样泵手动采样	无需电力供给，可实现检测仪在扩散式和泵吸式之间转换	采样速度慢，流量不稳定，影响检测结果的准确性
外置采样泵机械泵采样	1. 可实现检测仪在扩散式和泵吸式之间转换，还可更换不同流量的采样泵。2. 无污染传输，免维护，可以24h连续运转。3. 可以任意方向安装。4. 低能耗。5. 广泛用于便携仪器气体采样，移动、手持设备取样	价格偏高

使用泵吸式气体检测报警仪要注意以下三点：

1）为将有限空间内气体抽至检测仪内，采样泵的抽力必须满足仪器对流量的需求。

2）为保证检测结果准确有效，要为气体采集留有充分的时间。

3）在实际使用中要考虑到随着采气导管长度的增加而带来的吸附和吸收损失，即部

分被测气体被采样管材料吸附或吸收而造成浓度降低。

（2）扩散式气体检测报警仪。

扩散式气体检测报警仪主要依靠空气自然扩散将气体样品带入检测报警仪中与传感器接触反应。此种检测仪仅能检测仪器周围的气体，可以测量的检测范围局限于一个很小的区域，也就是靠近检测仪器的地方。其优点是将气体样本直接引入传感器，能够真实反映环境中气体的自然存在状态，其缺点是无法进行远距离采样。因此，此类检测报警仪适合作业人员随身携带进入有限空间，在作业过程中实时检测作业周边气体环境。此外，扩散式气体检测报警仪加装外置采样泵后可转变为泵吸式气体检测报警仪，可根据作业需要灵活转变。

在实际应用中，这两类气体检测报警仪往往相互配合、同时使用，从最大程度上保证作业人员生命安全。

五、便携式气体检测报警仪使用

每种检测报警仪器的说明书中都详细地介绍了操作、校正等步骤，使用者应认真阅读，严格按照操作说明书进行操作。一般来讲，便携式气体检测报警仪的操作过程应包括以下四个阶段。

1. 使用前检查

气体检测报警仪在被带到现场进行检测前，应对其进行必要的检查。

（1）选型。

根据作业环境需要选择单一、复合、扩散、泵吸等不同类型的气体检测报警仪。如果作业环境是易燃易爆环境，还要选用防爆型气体检测报警仪。所选择的气体检测报警仪可以检测的气体种类应包括氧气和作业环境中可能存在的有毒有害气体种类。

（2）外观检查。

检查仪器的外观是否完好、无破损，包括防爆外壳、显示屏、按键、进气口等。确认仪器是否经过计量部门计量，并在计量的有效期内。

（3）开机自检。

在办公室或远离作业环境等"洁净"空气中开机。绝大多数仪器开启后要经过一个"自检"的过程，在该过程中，还将确认电量、各传感器状态等。

1）检查仪器电量是否充足。

目前很多仪器在自检的过程中会自动对电量进行检查，有些仪器在电量不足时还会做出提示。若电量不满足使用需要的话，应及时充电、更换电池或启用另一台检测报警仪，但不能在易燃易爆环境中更换电池或者充电，以防止因摩擦形成静电火花，引发燃爆事故。

2）调零。

检测报警仪开机自检过程中，会对各传感器状态进行自检。正常情况下，显示可燃气体及有毒气体浓度的数字为"0"，氧气浓度数字为"20.9"，在最小分辨率上下波动，仪器可以继续使用；若仪器开机自检显示可燃气体及有毒气体浓度不为"0"或氧气浓度不为"20.9"，且数值波动较大，需要根据说明书提示的方法进行测试调零后才能使用。

气体检测报警仪长期使用或长期搁置后，仪器的"零点"标准可能发生改变，即表现为进入检测仪"调零"模式，仪器显示数值仍无法回到"零点"。此时，则要用已知浓度的标准气体（例如无任何有毒有害气体，氧气含量为 20.9％的标准气体）对检测仪进行标定，调节仪器使得到的稳定读数与标准气体浓度相同，然后移开标准气体，仪器显示值恢复到"0"，即完成了标定工作。

需要说明两点，一是当气体检测报警仪更换检测传感器后，除了需要一定的传感器活化时间外，还必须对仪器进行重新校准；二是在各类气体检测仪器第一次使用之前，一定要用标准气体对仪器进行一次检测，以保证仪器准确、有效。

（4）采气管和泵系统的检查。

对于泵吸式气体检测报警仪，使用前还要对采气系统进行检查。首先要检查一下采气管是否完好，有无被刺穿、割裂的地方，防止采气管的破损造成被测气体浓度稀释，检测结果受到影响。其次，很多加装机械泵的检测报警仪都有泵流量异常报警功能。检查时，堵住入口，如果没有气体泄漏，仪器会发出低流速警报。

2. 现场检测

携带合格的检测报警仪到达作业现场进行检测，使用泵吸式气体检测报警仪，将采气管一端与仪器进气口相连，另一端投入到有限空间内，使气体通过采气管进入到仪器中进行检测。使用扩散式气体检测报警仪，被测气体直接通过自然扩散方式进入到仪器中进行检测。被测气体与传感器接触发生相应的反应，产生电信号，转换成为数字信号显示，检测人员读取数值并进行记录。当检测气体浓度超过设定的预警或报警值时，检测报警仪会同时发出声光报警信号。

3. 关机

检测结束后，关闭仪器。需要注意的是，气体检测报警仪在关闭前应置于洁净空气中，待检测仪器内的气体全部反应掉，读数重新显示为设定的初始数值时才可关闭，否则会对下次使用产生影响。

六、便携式气体检测报警仪维护与保养

1. 定期检定

除按照厂家产品说明书上要求的校准外，使用单位应根据相关法律法规及标准规范要求定期将仪器送至专业计量检验机构进行检定，以保证仪器的正常使用。气体检测报警仪每年至少标定 1 次，如果对仪器的检测数据有怀疑或仪器更换了主要部件及修理后应及时送检。标定参数为零值、预警值、报警值，使用的被测气体的标准混合气体（或代用气体）应符合要求，其浓度的误差（不确定度）应小于被检仪器的检测误差标定，

并应做好记录，内容包括检定时间、标准气规格和检定点等。

2. 在检测报警仪传感器的寿命内使用

各类气体传感器都具有一定的使用年限，一般来讲，催化燃烧式可燃气体传感器的寿命较长，一般可以使用 3 年左右，红外和光离子化检测仪的寿命为 3 年或更长一些；电化学传感器的寿命相对短一些，一般在 1～2 年；氧气传感器的寿命最短，大概在 1 年左右。电化学传感器的寿命取决于其中电解液的干涸，所以如果长时间不用，将其放在较低温度的环境中可以延长一定的使用寿命。检测报警仪应在传感器的有效期内使用，一旦失效，及时更换。

3. 在检测报警仪的浓度测量范围内使用

各类气体检测报警仪都有其固定的检测范围，这也是传感器测量的线性范围。只有在其测定范围内使用，才能保证仪器准确地进行测定。检测时，检测值超出气体检测报警仪测量范围，应立即使气体检测报警仪脱离检测环境，在洁净空气中待气体检测报警仪指示回零后，方可进行下一次检测。在线性范围之外的检测，其准确度是无法保证的。此外，若长时间在测定范围以外进行检测，还可能对传感器造成永久性的破坏。

如可燃气体检测报警仪，如果不慎在超过可燃气体爆炸下限的环境中使用，就有可能彻底烧毁传感器。有毒气体检测报警仪长时间工作在较高浓度下，也会造成电解液饱和，造成永久性损坏。所以，一旦便携式气体检测报警仪在使用时发出超限信号（检测报警仪测得气体浓度超过仪器本身最大测量限度发出的报警信号），要立即离开现场，以保证人员的安全。表 4-2 所示为常见气体传感器的检测范围、分辨率、最高承受程度

表 4-2　　　　　　　常见气体传感器的检测范围，分辨率、最高承受检测程度

常见气体名称	传感器检测范围（μL/L）	传感器分辨率	传感器最高承受检测程度（ppm）
一氧化碳	0～500	1	1500
硫化氢	0～100	1	500
二氧化碳	0～20	0.1	150
一氧化氮	0～250	1	1000
氨气	0～50	1	200
氯化氢	0～100	1	100
氧气	0～10	0.1	30
挥发性有机化合物	0～5000	0.1	—

4. 清洗

必要时使用柔软而干净的布擦拭仪器外壳，切勿使用溶剂或清洁剂进行清洗。

目前市场上的气体检测报警仪种类繁多，在使用前要仔细阅读产品说明书，掌握仪器的技术指标、使用方法、维护保养等内容，确保正确使用。

七、便携式气体检测报警仪注意事项

1. 不同传感器检测时可能受到的干扰

一般而言，每种传感器都对应一种特定气体，但任何一种气体检测仪也不可能是绝对特效的。因此，在选择一种气体传感器时，都应当尽可能了解其他气体对该传感器的检测干扰，以保证它对于特定气体的准确检测。例如，一氧化碳传感器对氢气有很大的反应，所以当存在氢气时，就会对一氧化碳的测量造成困难。再如，氧气含量不足对使用催化燃烧式传感器测量可燃气浓度会有很大的影响，这也是一种干扰，因此，在测量可燃气的时候，一定要测量伴随的氧气含量。

2. 报警设置

便携式气体检测报警仪的重要用途是在危险情况下及时警示人员采取行动，立即离开危险场所或采取其他防护措施。对于仪器使用者来讲，一个适当的报警设定值是十分重要的。报警值要设定在有毒有害气体浓度的危险性不足以使作业人员失去自救能力的浓度之下，因为作业人员需要足够的时间和能力撤离到安全地带。例如，《密闭空间作业职业危害防护规范》（GBZ/T 205—2007）规定，可燃性气体的浓度超过爆炸下限的10%的环境就存在危险，可能引起死亡、失去知觉、丧失逃生及自救能力，因此，可燃气体报警值设为爆炸下限的10%，而预警值设为爆炸下限的5%。《工作场所有毒气体检测报警装置设置规范》（GBZ/T 223—2009）规定，检测报警仪的报警值设定可以采取分级设定的方式，包括设置预报、警报、高报3级，不同级别的报警信号要有明显差异，用人单位应根据有毒气体的毒性及现场情况，至少设定警报值和高报值两级，或者设定预报值和警报值两级。

作为警报设定的参考值包括短时间接触容许浓度（PC-STEL）、最大值（MAC）、时间加权平均容许浓度（PC-TWA）等。实际使用过程中，应依据相关有限空间作业安全技术规范以及检测气体的不同种类，分别设定气体检测报警仪的预警值和报警值。

（1）氧气检测应设定缺氧报警和富氧报警两级检测报警值，缺氧报警值应设定为19.5%，富氧报警值应设定为23.5%。

（2）可燃气体应设定预警值和报警值两级检测报警值。可燃气体预警值应为爆炸下限的5%，报警值应为爆炸下限的10%。

（3）有毒有害气体应设定预警值和报警值两级检测报警值。有毒有害气体预警值应为最高容许浓度或短时间接触容许浓度的30%，无最高容许浓度和短时间接触容许浓度的物质，应为时间加权平均容许浓度的30%。有毒有害气体报警值应为最高容许浓度或短时间接触容许浓度，无最高容许浓度和短时间接触容许浓度的物质，应为时间加权平均容许浓度。部分有毒有害气体的预警值和报警值参见表4-3。

表 4-3　　　　　　　　　　　部分有毒有害气体预警值和报警值

序号	气体名称	预警值		报警值	
		mg/m³	20℃，μL/L	mg/m³	20℃，μL/L
1	硫化氢	3	2	10	7
2	氯化氢	0.22	0.14	0.75	0.49
3	氰化氢	0.3	0.2	1	0.8
4	溴化氢	3	0.8	10	2.9
5	一氧化碳	9	7	30	25
6	一氧化氮	4.5	3.6	15	12
7	二氧化碳	5400	2950	18000	9836
8	二氧化氮	3	1.5	10	5.2
9	二氧化硫	3	1.3	10	4.4
10	二硫化碳	3	0.9	10	3.1
11	苯	3	0.9	10	3
12	甲苯	30	7.8	100	26
13	二甲苯	30	6.8	100	22
14	氨	9	12	30	42
15	氯	0.3	0.1	1	0.33
16	甲醛	0.15	0.12	0.5	0.4
17	乙酸	6	2.4	20	8
18	丙酮	135	55	450	185

另外，有限空间内气体浓度的变化可能很快，有时在很短时间内就会由安全转化为危险，在设置报警值时还需要考虑到以下几个因素：

（1）工作环境到安全地带的距离。

（2）引发警报时有毒有害气体浓度增加的速度。

（3）引发警报时有毒有害气体对作业人员的影响程度。

作业中气体检测报警仪达到预警值时，未佩戴正压隔绝式呼吸防护用品的作业人员应立即撤离有限空间。任何情况下气体检测报警仪达到报警值时，所有作业人员应立即撤离有限空间。

第八节　气体检测管装置

一、气体检测管装置组成和工作原理

1. 气体检测管装置组成

气体检测管装置是用于测定气体浓度并给出测定结果的一整套装置，包括气体检测管、采样器、预处理管及其他附件，如图 4-5 所示。

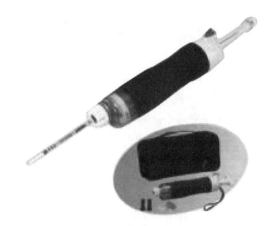

图 4-5　气体检测管装置

（1）气体检测管。

气体检测管是一种填充显色指示粉的细玻璃管，利用指示粉在化学反应中产生的颜色变化测定气体的浓度或种类，如图 4-6 所示。

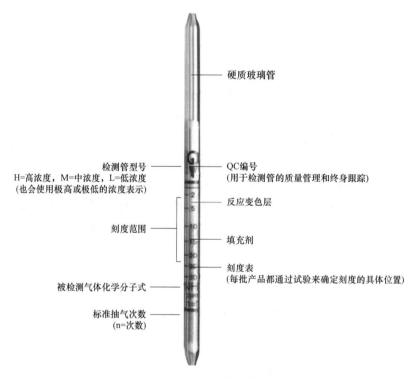

硬质玻璃管

检测管型号
H=高浓度，M=中浓度，L=低浓度
（也会使用极高或极低的浓度表示）

QC编号
（用于检测管的质量管理和终身跟踪）

反应变色层

刻度范围

填充剂

刻度表
（每批产品都通过试验来确定刻度的具体位置）

被检测气体化学分子式

标准抽气次数
（n=次数）

图 4-6　气体检测管

（2）采样器。采样器是指与气体检测管配套使用的手动或自动采样装置。

（3）预处理管。预处理管是用于对样品进行预处理的管子，如过滤管、氧化管、干燥管等。

（4）附件。附件是气体检测管装置中必要的组成部分，如检测管支架、采样导管、散热导管、浓度标准色阶、标尺和校正表等。

2. 气体检测管装置工作原理

气体检测管装置主要依靠气体检测管变色进行检测。气体检测管内填充有吸附了显色化学试剂的指示粉。当被测气体通过检测管时，有害物质与指示粉迅速发生化学反应，被测物质浓度的高低，将导致指示粉产生相应的颜色变化。根据指示粉颜色变化，对有害物质进行快速地定性和定量分析。

二、气体检测管装置分类和特点

1. 气体检测管的分类

气体检测管主要可以分为以下几种：

（1）比长式气体检测管：根据指示粉变色部分的长度确定被测组分的浓度值。

（2）比色式气体检测管：根据指示粉的变色色阶确定被测组分的浓度值。

（3）比容式气体检测管：根据产生一定变色长度或变色色阶的采样体积确定被测组分的浓度值。

（4）短时间型气体检测管：用于测定被测组分的瞬时浓度。

（5）长时间型气体检测管：用于测定被测组分的时间加权平均浓度。

（6）扩散型气体检测管：利用气体扩散原理采集样品的气体检测管装置。该类型装置不使用采样器。

2. 采样器的分类

采样器可以分为以下几种：

（1）真空式采样器：采样器用真空气体原理，使气体首先通过检测管后再被吸入采样中。

（2）注入式采样器：采样器采用活塞压气原理，将先吸入采样器内的气体压入检测管。

（3）囊式采样器：采样管采用压缩气囊原理，压缩具有弹簧的气囊达到压缩状态后，通过气囊性状恢复过程，使气体首先通过检测管后再被吸入采样器中。

3. 气体检测管装置的特点

气体检测管装置具有以下特点：

（1）操作简便，容易掌握。

（2）检测时间短，可在几分钟之内测出工作环境中有害物质的种类或浓度。

（3）灵敏度高，能够检出浓度为 ppm 级的常见有害气体。

（4）采气量小，一般采样体积在几十毫升至几升。

（5）应用范围广，能定性/定量测定无机和有机气体。

4. 气体检测管装置的局限性

气体检测管装置价格较为低廉，且具有操作简单、检测物质种类多、灵敏度高等特点，但不支持实时检测，且只能检测常见有害气体，不能检测氧含量和可燃气体浓度。因此，对于有限空间作业的用于气体检测的气体检测管装置只能在特定情况下，作为便携式气体检测报警仪的一种补充。

三、气体检测管装置的使用方法和注意事项

以比长式气体检测管配合真空采样器使用为例，介绍使用气体检测管装置进行气检测的方法和注意事项。

1. 使用前检查

检查检测管是否与被测气体种类相匹配，是否在有效期范围内。取出检测管，观察外观是否完好、有无破裂。

检查采样器的气密性是否良好。用一只完整的检测管堵住采样器进气口，一只手拉动采样器拉杆，使手柄上的红点与采样器后端盖上的红线相对，锁住采样器。停留数秒后解锁松手，拉杆立即弹回，证明采样器气密性良好，检查采气袋是否完好，并进行清洗。利用采气泵抽入有限空间内有毒有害气体前，使用惰性气体（无惰性气体时使用洁净空气代替）抽入采气袋，并将采气袋上的密封口封好，挤压，采气袋没有泄漏情况出现。如果采气袋完好，用惰性气体或洁净空气反复冲洗采气袋。

2. 使用步骤

（1）将检测管的两端封口在真空采样器的前端小切割孔上折断，如图 4-7（a）所示。

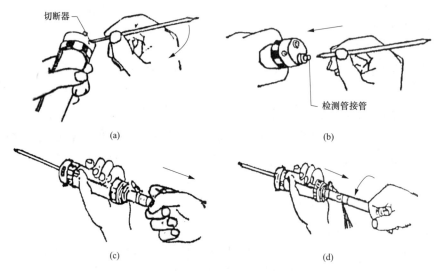

图 4-7 气体检测管装置的使用操作步骤

（a）操作步骤（1）；（b）操作步骤（2）；（c）操作步骤（3）；（d）操作步骤（4）

（2）把检测管插在采样器的进气口上（检测管上的进气箭头指向采样器）如图 4-7（b）所示。

（3）对准所测气体（泵入采气袋内的被测气体），转动采样器手柄，使手柄上的红点与采样器后端盖上的红线相对。如图 4-7（c）所示。

（4）拉开手柄到所需位置（100mL 或 50mL），由采样器上的卡销进行固定。等待 2～3min，当检测管变色的前端不再往前移动时，取下检测管，从检测管上即可读出所测气体的浓度，如图 4-7（d）所示。

当检测管要求的采气量大于 100mL 时，不用拔下检测管，直接再拉手柄取第二次气。同时，可用采样器后端的计数器累计采气次数。如果使用移动计数器，注意使计数器上的数字与红线相对。

（5）测量完毕，转动手柄使红点与红线错开，将手柄推回原位。读数时，注意检测管上标明的浓度单位及所读数值与实际浓度间的倍率关系。

在有限空间外进行检测时，利用采气泵通过采气管将有限空间内气体抽至采气袋中，按照操作步骤（1）～（4），使用气体检测管进行检测。

3. 气体检测管装置的使用注意事项

（1）检测管和采样器连接时，应注意检测管所标明的箭头指示方向。

（2）作业现场存在有干扰气体时，应使用相应的预处理管，并注意正确的连接方法。

（3）当现场温度超过检测管规定的使用温度范围时，应用温度校正表对测量值进行校准。

（4）对于双刻度检测管，应注意刻度值的正确读法。

（5）使用检测管时，要检查有效期。

（6）检测管应与相应的采样器配套使用。

（7）采样前，应对采样器的气密性进行检查。

第五章 电力有限空间作业程序与现场作业安全措施

第一节 电力有限空间作业程序

一、作业前准备

1. 填写审批单

（1）作业小组应在作业前结合当次作业的电力管道有限空间结构环境、检测结果（包含历史气体检测结果、水质检测结果、水中挥发性有机物检测结果等）和作业内容进行作业风险评估，辨识可能存在的危险有害因素，提出安全防护措施和应急救援措施，填写《电力管道有限空间作业审批单》。

（2）审批单应通过审批责任人审批同意后方可开展作业。

2. 作业小组基本要求

（1）作业小组人数应符合作业需要，并应至少指定 1 名作业负责人和 1 名专职监护者。

（2）作业小组应配备满足作业安全需要的检测设备、安全防护设备、个体防护用品、应急救援设备，并进行设备检查，发现问题应立即更换。

（3）作业负责人应向实施作业的全体人员进行安全交底，告知作业内容、主要危险有害因素、作业安全要求及应急处置方案等内容，并履行签字确认手续。

二、安全隔离

1. 作业前安全隔离要求

作业小组在作业前应使用围挡设施封闭作业区域，并在出入口周边显著位置设置符合 GB 2894《安全标志及其使用导则》要求的安全警示标志标识或安全告知牌。

2. 作业中安全隔离要求

（1）夜间实施作业，作业小组应在作业区域周边显著位置设置警示灯，地面作业人员应穿戴高可视警示服，高可视警示服应至少满足 GB 20653《防护服装 职业用高可视性警示服》规定的 1 级要求，使用的反光材料应符合 GB 20653《防护服装 职业用高可视性警示服》规定的 3 级要求。

（2）占用道路进行作业时，作业小组应符合当地道路交通管理部门关于道路作业的相关规定。

（3）存在可能危及安全的设备设施、物料及能源时，作业小组应采取封闭、封堵、切断能源等可靠的隔离（隔断）措施，并上锁挂牌或设专人看管，防止无关人员意外开启或移除隔离设施。

三、开启井盖

1. 井盖开启基本要求

（1）工作井井盖上有预留孔的，应在井盖开启前使用泵吸式气体检测报警仪检测井口处是否存在可燃性气体、蒸气，并检测其浓度。

（2）作业者应站在上风侧开启井盖，进行通风，通风时间不应少于 30min。

2. 防爆措施

存在以下任一情况的，开启时应采取相应的防爆措施：

（1）开井前检测结果显示存在可燃性气体、蒸气的。

（2）水质检测结果表明存在挥发性、可燃性物质的。

四、抽水与清淤

1. 抽水作业

电力管道有限空间水位深度大于 300mm 时，应进行抽水作业。

2. 清淤作业

电力管道有限空间中存在淤泥的，应进行清淤作业。

3. 抽水与清淤作业注意事项

进行抽水、清淤作业，确需进入有限空间内部时，应先进行有毒有害气体检测。

五、气体检测

1. 作业前对电力管道有限空间进行气体检测的基本要求

（1）气体检测设备应定期进行检定，检定合格后方可使用。

（2）作业小组应在作业前对电力管道有限空间进行气体检测，检测内容应至少包含氧气、可燃性气体、硫化氢、一氧化碳。当有限空间内气体环境复杂、作业单位不具备检测能力时，应委托具有相应检测能力的单位进行检测。

（3）检测点应设置在电力管道有限空间上、中、下不同高度，水平方向的检测由近至远，至少进行进出口近端点和远端点两点检测。

（4）气体检测结果应如实记录，内容应包括检测时间、检测位置、检测结果。检测人员应在记录上签字确认。

2. 气体检测结果应符合的基本要求

（1）氧气含量 19.5%～23.5%。

（2）可燃性气体、蒸气浓度低于爆炸下限的 10%。

（3）有毒有害气体、蒸气浓度不大于 GBZ 2.1《工作场所有害因素职业接触限值 第 1 部分：化学有害因素》规定的职业接触限值中待测物质的最低限值。

3. 应进行二次检测的情况

存在以下情况的，作业小组应进行二次检测：

（1）初次检测结果不符合上述"气体检测结果应符合的基本要求"。

（2）气体检测时间与作业者进入作业时间间隔 10min 以上。

4. 严禁盲目作业或救援

电力管道有限空间内气体浓度检测合格后方可作业，严禁盲目作业或救援。

六、机械通风

1. 需要机械通风的情况

当电力管道有限空间内气体环境未达到上述"气体检测结果应符合的基本要求"时，应进行机械通风，通风时间不应少于 20min。

2. 机械通风注意事项

（1）作业环境存在爆炸危险的，应使用防爆型通风设备。

（2）应向电力管道有限空间内输送清洁空气，严禁使用纯氧进行通风。

（3）采用移动式管道通风机时，风管出风口应放置在电力管道有限空间的中下部。

3. 电力隧道机械通风要求

（1）电力隧道作业宜设置"一送一排"通风系统。

（2）电力隧道设置固定机械通风系统的，机械通风风速不应大于 5m/s，隧道内换气不应小于 2 次/h，并且应在作业期间全程运行。

七、电气设备和照明安全

（1）进入含有易燃易爆气体、蒸气的电力管道有限空间作业，应使用符合 GB/T 3836.1《爆炸性环境 第 1 部分：设备 通用要求》要求的防爆型电气设备、照明用具、手持工具。

（2）进入有积水、结露的电力管道有限空间作业，手持工具、手持照明设备电压不应大于 12V。

八、个体防护

1. 配备呼吸防护用品

进入电力管道有限空间作业的作业者应按以下要求配备呼吸防护用品：

（1）气体检测结果显示有限空间内氧气含量合格，无有毒有害、易燃易爆气体，作

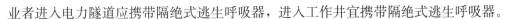

业者进入电力隧道应携带隔绝式逃生呼吸器，进入工作井宜携带隔绝式逃生呼吸器。

（2）气体检测结果显示有限空间内氧气含量合格，存在有毒有害、易燃易爆气体但浓度不超标，作业者应穿戴正压隔绝式呼吸防护用品，如长管呼吸器或正压式空气呼吸器。

（3）气体检测结果显示有限空间内氧气含量不合格，存在有毒有害、易燃易爆气体且浓度超标，作业者应穿戴正压式空气呼吸器。

2. 坠入防护措施

（1）作业者应穿戴全身式安全带、安全绳。安全绳应固定在三脚架等可靠挂点上，连接牢固。作业者在工作井内作业时，安全绳不应与作业者脱离。

（2）作业者使用安全带、安全绳时，应选用速差式自控器、缓冲器等防护用品配合。

3. 碰撞触电防护措施

作业者应穿戴带电绝缘性能的安全帽、电绝缘鞋、绝缘手套。涉水作业应穿着电绝缘靴。

4. 防化学品刺激或腐蚀措施

水质检测结果显示存在刺激或腐蚀性化学品的，防护用品应具备化学品防护功能。

九、作业及监护

1. 不应进入作业的情况

进入前气体检测结果显示有限空间内氧气含量不合格，或有毒有害、易燃易爆气体浓度超标时，不应进入作业。若必须作业，应全程机械通风，并依据个体防护的要求使用呼吸防护用品后，方可进入。

2. 进入作业的条件

作业负责人确认作业环境、安全防护措施、个体防护用品符合要求后，方可安排作业者进入作业。

3. 作业过程中的作业者保护措施

（1）作业过程中，作业者应携带便携式气体检测报警设备连续监测作业面气体浓度。

（2）作业者应遵守作业安全操作规程，正确使用安全防护设备与个体防护用品，并与监护者进行信息沟通。

4. 作业过程中的通风要求

作业过程中通风应符合以下要求：

（1）气体检测结果显示有限空间内氧气含量合格，无有毒有害、易燃易爆气体，应至少保持良好的自然通风。

（2）气体检测结果显示有限空间内氧气含量合格，存在有毒有害、易燃易爆气体但浓度不超标，应持续机械通风。

（3）电力管道有限空间内实施动火、涂装等可能产生危险有害物质的作业，应持续机械通风。

5. 地面应设置专职监护人

地面应设置专职监护人，作业过程应负责以下工作：

（1）应使用适当的通信设备或方式与作业者持续保持沟通和联系，掌握作业情况。

（2）应使用泵吸式气体检测报警仪实时检测电力管道作业区域气体环境。

（3）应在出现异常时发出撤离命令。

（4）应在出现事故时协助应急救援。

（5）应防止未经许可的人员进入作业区域。

6. 安排作业者轮换作业和休息

作业负责人应安排作业者轮换作业和休息，作业者不应长时间在有限空间内实施作业。

7. 作业者连续作业时间限制

作业者连续作业时间应符合：

（1）气体检测结果显示有限空间内氧气含量合格，无有毒有害、易燃易爆气体的，作业时间不应超过 2h。

（2）气体检测结果显示有限空间内氧气含量合格，存在有毒有害、易燃易爆气体但浓度不超标的，作业时间不应超过 1h。

（3）气体检测结果显示有限空间内氧气含量不合格，存在有毒有害、易燃易爆气体且浓度超标的，作业时间不应超过 0.5h。

8. 作业者应立即撤离有限空间的情况

作业期间发生下列情况之一时，作业者应立即撤离有限空间：

（1）作业者出现身体不适。

（2）安全防护设备或个体防护用品失效。

（3）气体检测报警仪报警。

（4）监护者或作业负责人下达撤离命令。

（5）其他可能危及作业安全的情况。

十、作业结束及清理

（1）监护人应清点人员及设备数量，确保有限空间内无人员和设备遗留后，关闭出入口。

（2）作业小组应在清理现场后，解除作业区域封闭措施并撤离现场。

第二节　电力有限空间作业危险特性与作业安全要求

一、有限空间作业环境异常复杂

电力有限空间现场作业环境情况异常复杂，主要体现在以下几个方面。

1. 有限空间狭小、通风不畅、不利于气体扩散

(1) 生产、储存、使用危险化学品或因生化反应（蛋白质腐败）、呼吸作用等，产生有毒有害气体，容易积聚，一段时间后，会形成较高浓度的有毒有害气体。

(2) 有些有毒有害气体是无味的，易使作业人员放松警惕，引发中毒、窒息事故。

(3) 有些毒气浓度高时对神经有麻痹作用（例如硫化氢），反而不能被嗅到。

2. 有限空间照明、通信不畅，给正常作业和应急救援带来困难

受限作业空间周围暗流渗透或突然涌入、建筑物坍塌或其他流动性固体（如泥沙等）流动等影响，作业使用的电器漏电，作业使用的机械，都会给有限空间作业人员带来潜在的危险。

二、有限空间作业危险性大，易发生事故

有限空间作业危险性大，易发生中毒、窒息事故，而且中毒、窒息往往发生在瞬间，有的有毒气体中毒后数分钟，甚至数秒钟就会致人死亡。

1. 中毒事故

(1) 硫化氢中毒。

硫化氢中毒是有限空间作业中常见的一种中毒事故，硫化氢是一种强烈的神经毒物。当它的浓度在 $0.4mg/m^3$ 时，人能明显嗅到硫化氢的臭味；当在 $70\sim150mg/m^3$ 时，吸入数分钟即发生嗅觉疲劳而闻不到臭味，浓度越高嗅觉疲劳越快，越容易使人丧失警惕；超过 $760mg/m^3$ 时，短时间内即可发生肺水肿、支气管炎、肺炎，可能造成生命危险；超过 $1000mg/m^3$ 时，可致人发生电击样死亡。

(2) 一氧化碳中毒。

一氧化碳中毒也是有限空间常见的一种中毒事故。一氧化碳在血中易与血红蛋白结合（相对于氧气），造成组织缺氧。轻度中毒者出现头痛、头晕、耳鸣、心悸、恶心、呕吐、无力等症状，血液碳氧血红蛋白浓度可高于 10%；中度中毒者除上述症状外，还有皮肤黏膜呈桃红色、脉快、烦躁、步态不稳、浅至中度昏迷，血液碳氧血红蛋白浓度可高于 30%；重度患者出现深度昏迷、瞳孔缩小、肌张力增强、频繁抽搐、大小便失禁、休克、肺水肿、严重心肌损害等症状。

2. 窒息事故

引起人体组织处于缺氧状态的过程称为窒息。有限空间的特点决定了其内部的氧气浓度不同于其他作业场所。不同浓度的氧气对人体的影响见表5-1。

表 5-1　　　　　　　　　不同浓度的氧气对人体的影响

浓度（V/V）	人体感觉和症状
19.5%～23.5%	正常活动，没有不适感觉
15%～19%	工作能力降低、感到费力

续表

浓度（V/V）	人体感觉和症状
12%～14%	呼吸急促、脉搏加快，协调能力和感知判断力降低
10%～12%	呼吸减弱，嘴唇变青
8%～10%	神志不清，昏厥，面色土灰，恶心和呕吐
6%～8%	≥8min：100%死亡 6～7min：50%可能死亡 4～5min：可能恢复
4%～6%	40s后昏迷、抽搐、呼吸停止，死亡

三、盲目施救造成伤亡扩大

有限空间作业事故中，要避免因为施救不当造成伤亡扩大。造成伤亡扩大的原因有很多，常见的因素有：

（1）有限空间作业单位和作业人员由于安全意识差、安全知识不足。

（2）没有制定有限空间安全作业制度或制度不完善，不严格执行安全措施，监护措施不到位、不落实。

（3）实施有限空间作业前未做危害辨识，未制定有针对性的应急处置预案，缺少必要的安全设施和应急救援器材、装备，或是虽然制定了应急救援预案但未进行培训和演练，作业和监护人员缺乏基本的应急常识和自救互救能力，导致事故状态下不能实施科学、有效的救援，使伤亡进一步扩大。

四、有限空间作业前的基本要求

1. 坚持"先检测、后监护、再进入"的原则

（1）有限空间作业应坚持"先检测后监护再进入"的原则。

在作业环境条件可能发生变化时，应对作业场所中危害因素进行持续或定时检测；作业人员工作面发生变化时，视为进入新的有限空间，应重新检测后再进入。

实施检测时，检测人员应处于安全环境，检测时要做好检测记录，包括检测时间、地点、气体种类和检测浓度等。

（2）对有限空间作业应确认无许可和许可性识别。

（3）先检测确认有限空间内有害物质浓度，未经许可的人员不得进入有限空间。

2. 办理《进入有限空间危作业审批表》

分析合格后编制施工方案，再办理《进入有限空间危作业审批表》，施工作业中涉及其他危险作业时，应办理相关审批手续，《进入有限空间危险作业审批表》格式见表5-2。《进入有限空间危险作业审批表》需要一式四份，监护人员、施工负责人、申请单位、安全管理部门各执一份，作业完成、人员撤离后应及时消除警戒。该审批表是进入有限空间作业的依据，不得涂改且要求安全管理部门存档时间至少一年。

表 5-2　　　　　　　　　　**进入有限空间危险作业审批表格式**

进入有限空间危险作业审批表							
编号							
所属单位						作业单位	
主要危险因素						设施名称	
作业内容						填报人员	
作业人员			浓度			监护人员	
采样分析数据	检测项目	氧含量	可燃气体浓度	有毒有害气体或粉尘浓度		检测人员	
	检测结果					检测时间	
作业开工时间							
序号	主要安全措施				确认安全措施符合要求（签名）		
					作业监护人	施工负责人	作业单位安全员
1	作业人员作业安全教育						
2	连续测定的仪器和人员						
3	测定用仪器准确可靠性						
4	呼吸器、梯子、绳缆等抢救器具通风排气情况						
5	氧气浓度、有害气体检测结果照明设施						
6	个人防护用品及防毒用具						
7	通风设备						
8	其他补充措施						
9	作业人员作业安全教育						
10	连续测定的仪器和人员						
施工负责人意见： 签名：　　　时间：				安全部门负责人意见： 签名：　　　时间：			
作业完工确认	现场完工确认负责人： 　　　签名：　　　时间：						

3. 有限空间作业前的注意事项

（1）作业前 30min，应再次对有限空间有害物质浓度采样分析，合格后方可进入有限空间。

（2）应选用合格、有效的气体和测爆仪等检测设备。

（3）对由于防爆、防氧化不能采用通风换气措施或受作业环境限制不易充分通风换气的场所，作业人员必须配备并使用空气呼吸器或软管面具等隔离式呼吸保护器具。严禁使用过滤式面具。

（4）检测人员应装备准确、可靠的分析仪器，按照规定的检测程序，针对作业危害因素制定检测方案和检测应急措施。

（5）建立健全通信系统，保证作业人员能与监护人进行有效的安全、报警、撤离等双向信息交流。

（6）配备齐全的应急救援装备，如全面罩正压式空气呼吸器或长管面具等隔离式呼吸保护器具、应急通信报警器材、安全绳救生索和安全梯等。

五、有限空间作业中的基本要求

1. 遵章守纪

（1）所有有关人员均应遵守有限空间作业的职责和安全操作规程，正确使用有限空间作业安全设施与个人防护用品。

（2）加强通风。尽量利用所有人孔、手孔、料孔、风门、烟门进行自然通风为主，必要时应采取机械强制通风；机械通风可设置岗位局部排风，辅以全面排风。当操作岗位不固定时，则可采用移动式局部排风或全面排风。

2. 安全措施

（1）存在可燃性气体的作业场所，所有的电气设备设施及照明应符合 GB/T 3836.1《爆炸性环境 第 1 部分：设备 通用要求》中的有关规定。不允许使用明火照明和非防爆设备。

（2）机械设备的运动、活动部件都应采用封闭式屏蔽，各种传动装置应设置防护装置，且机械设备上的局部照明均应使用安全电压。

（3）有限空间的坑、井、洼、沟或人孔、通道出入门口应设置防护栏、盖和警告标志，夜间应设警示红灯，如图 5-1 所示。

（4）当作业人员在与输送管道连接的封闭、半封闭设备（如油罐、反应塔、储罐、锅炉等）内部作业时，应严密关闭阀门，装好盲板，设置"禁止启动"等警告信息。

3. 以人为本

（1）当工作面的作业人员意识到身体出现异常症状时，应及时向监护者报告或自行撤离有限空间，不得强行作业。

（2）一旦发生事故，应查明原因，立即采取有效、正确的措施进行急救，并应防止因施救不当造成事故扩大。

4. 作业配合

在有限空间内作业时，还应该进行作业配合。作业配合是指确保作业活动中的危害不会影响到邻近的从事其他作业人员的安全与健康。比如，某位人员在有限空间内从事焊接过程中产生的烟雾，如未能在源头进行有效控制，就有可能成为旁边的或邻近作业人员的一个危害。在实际安排作业活动时，应提前进行规划，避免作业过程中交叉作业

(a)

(b)

(c)

(d)

图 5-1　有限空间防护措施

（a）防护栏；（b）公示牌；（c）警告牌；（d）隔离锥和警戒线

所造成的危害。在工作过程中，对工作区域进行警戒，如竖立警戒栏，限制作业时间、确保人员及邻近作业人员之间的随时沟通，可能有助于预防一些常见的意外。

六、有限空间作业后的基本要求

1. 清理现场

当完成有限空间作业后，要认真清理有限空间作业现场，不遗留作业工具和材料。应在监护者确认进入有限空间的作业者全部退出作业场所，清点人数无误，物资、工具无遗漏后，方可关闭有限空间盖板、人孔、洞口等入口，如图 5-2 所示。然后清理有限空间外部作业环境。上述环节工作完成之后，方可撤离现场。

2. 事故报告

有限空间发生事故后，应按有关规定向所在区县政府、安全生产监督管理部门和相关行业监管部门报告。

图 5-2 关闭有限空间出入口盖板

第三节 火电厂化学车间有限空间作业安全要求

一、化学车间有限空间作业实施作业证管理

发电厂化学车间工作人员要经常进入塔、釜、槽、罐、料仓、地坑或其他闭塞场所内进行作业，尤其在运维检修中，更是不可避免地进入这些设备或设施内进行工作。但这些设备或设施内可能存在残存的有毒有害物质和易燃易爆物质，也可能存在令人窒息的物质，在施工中可能发生着火、爆炸、中毒和窒息事故。此外，有些设备或设施内有各种传动装置和电气照明系统，如果检修前没有彻底分离和切断电源，或者由于电气系统的误动作，会发生搅伤、触电事故。因此，进入有限空间作业前必须办理《有限空间安全作业证》（以下简称《作业证》）。

二、有限空间作业安全要求

1. 安全隔绝

安全隔绝包括以下内容：

（1）有限空间与其他系统连通的可能危及安全作业的管道应采取有效隔离措施。

（2）管道安全隔绝可采用插入盲板或拆除一段管道进行隔绝，不能用水封或关闭阀门等代替盲板或拆除管道。

（3）与有限空间相连通的可能危及安全作业的孔、洞应进行严密的封堵。

（4）有限空间带有搅拌器等用电设备时，应在停机后切断电源，上锁并加挂警示牌。

2. 清洗或置换

有限空间作业前，应根据有限空间盛装（过）的物料的特性，对有限空间进行清洗或置换，并达到下列要求：

（1）氧含量一般为 18%～21%，在富氧环境下不得大于 23.5%。

（2）有毒气体（物质）浓度应符合 GBZ 2.1《工作场所有害因素职业接触限值　第 1 部分：化学有害因素》和 GBZ 2.2—2007《工作场所有害因素职业接触限值　第 2 部分：物理因素》的规定。

（3）可燃气体浓度：当被测气体或蒸气的爆炸下限大于等于 4% 时，其被测浓度不大于 0.5%（体积百分数）；当被测气体或蒸气的爆炸下限小于 4% 时，其被测浓度不大于 0.2%（体积百分数）。

3. 通风换气

通风换气是有效消除或降低有限空间内有毒有害气体浓度，提高氧含量，保证有限空间作业安全的重要措施。无论气体检测合格与否，对有限空间作业场所进行通风换气都是必须做到的。尤其当出现有限空间环境中可能发生有毒有害气体突然涌出，或作业中产生有毒有害物质，以及大量消耗氧气等情况时，更应加强通风换气。

（1）在确定有限空间范围后，应首先打开有限空间的门、窗、通风口、出入口、人孔、盖板等进行自然通风，如图 5-3（a）所示。有限空间的许多场所处于低洼处或密闭环境，仅靠自然通风很难有效置换有毒有害气体，此时必须进行强制性机械通风，以迅速排除限定范围有限空间内有毒有害气体，如图 5-3（b）所示；选择合适的通风方式和角度，保证充分通风。

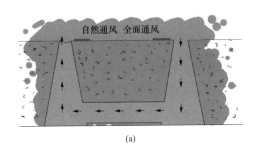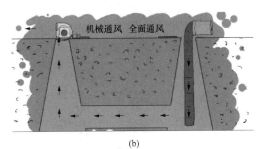

（a）　　　　　　　　　　　　　　　　（b）

图 5-3　对有限空间进行通风换气示意图

（a）自然通风；（b）机械通风

（2）在使用风机强制通风时，必须确认有限空间是否属于易燃易爆环境中，若检测结果显示属于易燃易爆环境中，则必须使用防爆型通风机，否则，易发生火灾爆炸事故。

（3）通风时应考虑足够的通风量或通风时间，有效降低有限空间内有毒有害气体浓度，满足安全呼吸要求。

（4）在进行通风换气时，应采取合理、有效的措施减少或消除通风死角，无论有限空间仅有一个出入口，还是有多个出入口，将风机放置在出入口处都是不合适的。因为，这种通风方式往往仅在有限空间出入口附近，或几个出入口之间形成空气循环，而对于有限空间底部（远离出入口的地方）积聚的有毒有害气体往往不能被有效置换，通风效果不佳。应在风机风口处接一段通风软管，直接放在有限空间下部进行通风换气，加强新鲜空气在整个有限空间内的流动。对一些有限空间中因设计原因或自身设备遮挡后形成的"死角"，可以设置挡板或改变吹风方向。

（5）即使检测合格，在有限空间作业过程中，工作环境气体浓度也有可能发生变化，甚至出现有毒有害气体浓度超标或突然缺氧的情况，例如，作业中搅动、清理有限空间内污泥、积水、杂物等时，被包裹或溶于其中的有毒有害物质会自然释放出来，又如涂刷、切割等作业中，一些有毒有害物质会持续产生并积聚。因此，在作业期间，应保持作业面上有持续新风输送。

（6）通风换气时要注意确保空气源新鲜。

（7）禁止使用纯氧进行通风。

（8）通风设备，如图 5-4 所示。

图 5-4　有限空间机械通风设备

4. 监测

（1）作业前 30min 内，应对有限空间进行气体采样分析，分析合格后方可进入。

（2）分析仪器应在校验有效期内，使用前应保证其处于正常工作状态。

（3）采样点应有代表性，容积较大的有限空间，应取上、中、下各部位取样。

（4）作业中应定时监测，至少每 2h 监测一次，如监测分析结果有明显变化，则应加大监测频率；作业中断超过 30min 应重新进行监测分析，对可能释放有害物质的有限空间，应连续监测，情况异常时应立即停止作业，撤离人员，经对现场处理，并取样分析合格后方可恢复作业。

（5）涂刷具有挥发性溶剂的材料时，应做连续分析，并采取强制通风措施。

（6）采样人员深入或探入有限空间采样时，应采取个体防护措施中规定的防护措施。

5. 个体防护措施

有限空间经满洗或置换不能达到要求时，应采用相应的防护措施方可作业。

（1）在缺氧或有毒的有限空间作业时，应佩戴隔离式防护面具，必要时作业人员应拴带救生绳。

（2）在易燃易爆的有空间作业时，应穿防静电工作服、工作鞋，使用防爆型低压灯具及不发生火花的工具。

（3）在有酸碱等腐蚀性介质的有限空间作业时，应穿戴好防酸碱工作服、工作鞋、手套等护品。

（4）在产生噪声的有限空间作业时，应配耳塞或耳罩等护具。

6. 照明及用电安全

（1）有限空间照明电压应小于等于 36V，在潮湿容器、狭小容器内作业电压应小于等于 12V。

（2）使用超过安全电压的手持电动工具作业或进行电焊作业时，应配备剩余电流动作保护装置（漏电保护器），在潮湿容器中，作业人员应站在绝缘板上，同时保证金属容器接地可靠。

（3）临时用电应办理用电手续，按 GB/T 13869《用电安全导则》的规定架设和拆除。

7. 安全监护

有限空间作业，在有限空间外应设有专人监护，监护者应熟悉作业区域的环境和工艺情况，具备判断和处理异常情况的能力，掌握急救知识。监护者应履行的安全职责如下：

（1）作业者进入有限空间前，监护者应对采用的安全防护措施有效性进行检查，确认作业者个人防护用品选用正确、有效。当发现安全防护措施落实不到位时，有权禁止作业者进入有限空间。

（2）进入有限空间前，监护人应会同作业人员检查安全措施，统一联系信号。

（3）作业期间，监护者应防止无关人员进入作业区域。

（4）监护者要在有限空间外跟踪有限空间内作业者的作业过程，掌握检测数据，适时与作业者进行有效的作业、报警、撤离等信息沟通。

（5）在风险较大的有限空间作业，应增设监护人员，并随时保持与有限空间作业人员的联络。

（6）发生紧急情况时向作业者发出撤离警告，出现作业者中毒、缺氧窒息等紧急情况，应立即启动应急预案。在具备救援条件的情况下积极实施紧急救援工作，必要时立即寻求社会专业的救援队伍，禁止盲目施救行为。

（7）监护者对作业全过程进行监护，工作期间严禁擅离职守。监护者应掌握有限空间作业人员的人数和身份，对人员和工器具进行清点。

8. 其他安全要求

（1）在有限空间作业时，应在有限空间外设置安全警示标志。

（2）有限空间出入口应保持畅通。

（3）多工种、多层交叉作业，应采取互相之间避免伤害的措施。

（4）作业人员不得带与工作无关的物品进入有限空间，作业中不得抛掷材料、工器具等物品。

（5）有限空间外应备有空气呼吸器（氧气呼吸器）、消防材和清水等相应的应急用品。

（6）严禁作业人员在有毒、窒息环境下摘下防毒面具。

（7）难度大、劳动强度大、时间长的有限空间作业应采取轮换作业法。

（8）在有限空间进行高处作业，应按 AQ 3025《化学品生产单位高处作业安全规范》的规定进行，应搭设安全梯或安全平台。

（9）在有限空间进行动火作业应按 AQ 3022《化学品生产单位动火作业安全规范》的规定进行。

（10）作业前后应清点作业人员和作业工器具。作业人员离开有限空间作业点时，应将作业工器具带出。

（11）作业结束后，由有限空间所在单位和作业单位共同检查有限空间内外，确认无问题后方可封闭有限空间。

第四节　有限空间动火（热工）作业安全措施

一、动火作业

1. 动火作业的概念

动火作业也称为热工作业，是指电焊、气焊（割）、钻孔、打磨和其他明火作业，以及电气工程中使用非本质安全型电气设备等易产生高温或火花，足以点燃工作场所或邻近区域内的可燃气体、易燃物、易燃液体或易燃易爆蒸发气体的危险工作，其主要风险在于可燃气体与点火源同时出现。电力行业动火作业，是指生产过程中直接或间接产生明火或爆炸的作业，包括以下作业：

（1）使用焊接、切割工具进行焊接、切割、加热烘烤作业。

（2）利用金属进行的打磨作业。

（3）利用明火进行的作业。

（4）使用红外线及其他产生热源能导致易燃易爆物品、有毒有害物质产生化学变化的作业。

（5）使用遇水或空气中的水蒸气产生爆炸的固体物质的作业。

有限空间中常见的动火作业有电焊、气焊/割、打磨、加热烘烤作业等。

2. 在有限空间内实施焊接作业的注意事项

（1）使用符合安全要求的焊接设备，不允许采用简单无绝缘外壳的焊钳。

（2）要在作业点设置监护者，随时注意焊工的安全动态，发现危险征兆，应立即切断电源，进行抢救。

（3）使用的手持照明灯应采用 12V 安全电压导线，应完好无损，灯具开关不漏电，灯泡应有金属网防护。

（4）进行焊接作业的人员应戴绝缘手套（或附加绝缘层），并且所戴手套要经耐 5000V 试验合格后方能使用。

二、动火作业的安全控制措施

进行动火作业时，应从管理、人员、设备、环境等几方面进行安全控制，包括：

（1）实施动火作业时，除需要有限空间作业审批许可外，还需要动火证。

（2）作业采取轮换工作制，且场外必须有人监护。监护人员应在作业前检查作业现场、作业设备、工具的安全性，检测可燃气体的含量等，并对作业全过程实施监护遇紧急情况时，应迅速发出呼救信号。

（3）在所有有限空间内部不容许残留可燃物质且有限空间内可燃气体浓度应符合规定，方可作业。

（4）在有限空间内或邻近处进行涂装作业和动火作业时，一般先进行动火作业，后进行涂装作业，严禁同时进行两种作业。

（5）工作前应注意检查气体管路是否漏气。在焊接、切割操作间时应注意切断气源，并把焊、割炬放在空气流通较好的地方，以免焊炬泄漏出乙炔形成易燃易爆混合气，导致燃烧爆炸事故发生。焊接施工前后均应对作业现场及周围环境进行认真检查，确认没有可能引起火灾、爆炸隐患后，方可进行作业。

（6）带进有限空间的用于气割、焊接作业的氧气管、乙炔管、割炬（割刀）及焊枪等物品必须随作业人员离开而带出有限空间，不允许留在有限空间内。

（7）在已涂覆底漆（含车间底漆）的工作面上进行动火作业时，必须保持足够通风，随时排除有害物质。

（8）在有限空间内施焊，由于通风不良，焊工更易受金属烟尘、有毒气体、高频电磁场、射线、电弧辐射和噪声等危害。因此，工作时必须有进出风口，口外设置通风设备，两人轮流施焊，必要时采用个人防护措施，如佩戴防尘口罩、通风帽，使用经过处理的压缩空气供气。对噪声的防护可采用护耳器、隔声耳罩或隔声耳塞。

（9）在仅有顶部出入口的有限空间进行动火作业的人员，除佩戴个人防护用品外，还必须腰系救生索，以便在必要时由外部监护者拉出。

三、容器、管道内焊补（动火）作业的一般要求

（1）必须同时持有有限空间作业许可证和动火证方可进入有限空间内进行焊补（动火）作业，并应采取轮换工作制及监护措施。

（2）在有限空间进行焊补（动火）作业时，场外必须有人监护，遇有紧急情况，应立即发出呼救信号。

（3）在仅有顶部出入口的有限空间进行焊补（动火）作业的人员，除佩戴个人防护用品外，还必须腰系救生索，以便在必要时由外部监护人员拉出有限空间。

（4）在所有管道和容器内部不容许残留可燃物质，且必须对现场的可燃性气体浓度进行检测，有限空间空气中可燃性气体浓度应低于可燃烧极限或爆炸极限下限的1‰，对船舶的货油舱、燃油舱和滑油舱的检修、拆修，以及油箱、油罐的检修，有限空间空气中可燃性气体浓度应低于燃烧极限下限或爆炸极限下限的1‰，达到要求时方可作业。

（5）在有限空间内或有限空间邻近处需进行涂装作业和焊补（动火）作业时，一般先进行焊补（动火）作业，后进行涂装作业，严禁同时进行两种作业。

（6）带进有限空间的用于气割，焊接作业的氧气管、乙炔管、割炬（割刀）及焊枪等物必须随作业人员离开面带出有限空间，不允许留在有限空间内。

（7）在已涂覆底漆（含车间底漆）的工作面上进行焊补（动火）作业时，必须保持足够通风，随时排除有害物质。

（8）在有限空间进行焊接（动火）作业时，必须合理组织气流量和通风量，选择有效的吸尘装置，以降低窒息气体的浓度及排除烟雾与粉尘。

（9）在潮湿情况下，电焊作业人员不准接触二次回路的导电体，作业点附近地面上应铺垫良好的绝缘体。

（10）电焊作业人员应按GB/T 39800《个体防护装备配备规范》的规定着装，必须保持与被焊件之间良好绝缘状态。

四、置换焊补燃料容器时应采取的安全措施

1. 固定动火区

为使焊补工作集中，便于加强管理，厂里和车间内可划定固定动火区。凡可拆卸并有条件移动到固定动火区焊补的物件，必须移至固定动火区内焊补，从而减少在有防爆要求的车间或厂房内的动火工作。固定动火区必须符合下列要求：

（1）无可燃气管道和设备，并且周围距易燃易爆设备管道10m以上。

（2）室内的固定动火区与有防爆要求的生产现场要隔开，不能有门窗、地沟等串通。

（3）生产中的设备在正常放空或一旦发生事故时，可燃气体或蒸气不能扩散到动火区。

（4）要常备足够数量的灭火工具和设备。

（5）固定动火区内禁止使用或存放各种易燃物质。

（6）作业区周围要划定界限，悬挂防火安全标志

2. 实施可靠的隔绝措施

生产过程中检修，要先停止待检修设备或管道的工作流程，然后采取可靠的隔绝措施，使要检修、焊补的设备与其他设备（特别是正进行生产的设备）完全隔绝，以保证可燃物料不能扩散到焊补危险区。可靠的隔绝方法是安装盲板或拆除一段连接的管线。盲板的材料、规格和加工精度等技术条件一定要符合国家标准，不可滥用，并正确装配，必须保证盲板有足够的强度，能承受管道的工作压力，同时严密不漏在盲板与阀门之间应加设放空管或压力表，并派专人看守。拆除管路时，应在生产系统或存有物料的一侧上好堵板，堵板同样要符合国家标准的安全技术条件。同时，还应注意常压敞口设备的空间隔绝，保证火星不能与容器口逸散出来的可燃物接触对。有些须进行短时间焊补检修的生产设备，可用水封法临时切断气源，但必须有专人在现场看守，水封溢流管的溢流情况，防止水封失效。总之，必须做好隔绝工作，否则不得进行动火焊补。

3. 实行彻底置换

做好隔绝工作之后，设备内必须排尽物料，并把容器及管道内的可燃性或有毒性介质彻底置换。在置换过程中要不断地取样分析，直至容器管道内的可燃、有毒物质含量符合动火安全要求。常用的置换介质有氮气、水蒸气或水等。置换的方法要视被置换介质与置换介质的比重而定，当置换介质比被置换介质比重大时，应由容器或管道的最低点送进置换介质，由最高点向外排放。以气体为置换介质时，介质需用量一般为被置换介质容积的3倍以上。某些被置换的可燃气体有滞留的性质，或者同置换气体的比重相差不大，此时应注意置换得不彻底或两者相互混合。因此，置换的彻底性不能仅看置换介质的用量，而要以气体成分的化验分析结果为准。以水为置换介质时，将设备管道灌满即可。

4. 正确清洗容器

容器及管道置换处理后，其内外都必须仔细清洗。因为有些燃易爆介质会被吸附在设备及管道内壁的积垢上，或外面的保温材料中，液体可燃物会附着在容器及管道的内壁上。如不彻底清洗，由于温度和压力变化的影响，可燃物会慢慢释放出来，使本来合格的动火条件变成了不合格，从而导致火灾爆炸事故的发生。应用热水蒸煮、酸洗、碱洗或用溶剂清洗设备，使设备及管道内壁上的结垢物等软化溶解而除去。采用何种方法清洗应根据具体情况确定，碱洗就是用氢氧化钠（烧碱）水溶液进行清洗，其清洗过程是：先在容器中加入所需数量的清水，然后把定量的碱片分批逐渐加，同时缓慢搅动，待全部碱片加入溶解后，方可通入水蒸气煮沸；蒸气管的末端必须伸至液体的底部，以防通入水蒸气后有碱液泡沫溅出。禁止先放碱片后加清水（尤其是热水），因为烧碱溶解

时会产生大量的热,涌出容器管道时会灼伤操作者。对于用清洗法不能除尽的垢物,由操作人员穿戴防护用品,进入设备内部用不发火的工具铲除,如用木质、黄铜(含铜70%以下)或铝质的刀、刷等,也可用水力、风动和电动机械喷砂等方法清除。置换和清洗必须注意不能留死角。

5. 气体分析和监视

动火分析就是对设备和管道以及周围环境的气体进行取样分析。动火分析不但能保证开始动火时符合动火条件,而且可以掌握焊补过程中动火条件的变化情况。在置换作业过程中和动火作前,应不断从容器及管道内外的不同部位取气体样品进行分析,检查易燃易爆气体及有毒有害气体的含量。检查合格后,应尽快实施焊补,动火前半小时内分析数据是有效的,超过半小时应重新取样分析,取样要注意取样的代表性,以使数据准确可靠。焊补开始后每隔一定时间仍需对作业现场环境进行分析,分析的时间间隔则根据现场情况来确定。若有关气体含量超过规定要求,应立即停止焊补,再次清洗并取样分析,直到合格,方可继续动火。

气体分析的合格要求是:

(1) 可燃气体或可燃蒸气的含量:爆炸下限大于4%的,浓度应小于0.5%;爆炸下限小于4%,浓度则应小于0.2%。

(2) 有毒有害气体的含量应符合工业企业设计卫生标准的规定。

(3) 操作者需进入内部进行焊补的设备及管道,氧气含量应为18%~21%。

6. 严禁焊补未开孔洞的密封容器

焊补前应打开容器的人孔、手孔、清洁孔及料孔等,并应保持良好的通风。在容器及管道内需采用气焊或气割时,焊、割炬的点火与熄火应在容器外部进行,以防过多的乙炔气聚集在容器及管道内。

7. 安全组织措施

(1) 必须按照规定的要求和程序办理动火审批手续。制定安全措施,明确领导者的责任。承担焊补工作的焊工应经专门培训,经考核取得相应的资格证书。

(2) 焊补工作前必须制定详细的切实可行的方案。

(3) 在禁火区内动火作业以及在容器与管道内进行焊补作业时,必须设监护人。

(4) 进入容器或管道进行焊补作业时必须严格执行有关安全用电的规定,采取必要的防护措施。

五、带压不置换焊补燃料容器时应采取的安全措施

1. 严格控制含氧量

目前,有的部门规定氢气、一氧化碳,乙炔和发生炉煤气等的极限含氧量以不超过1%作为安全值,它具有一定的安全系数,在常温常压情况下氢气的极限含氧量约为5.2%,但考虑到高压、高温条件的不同,以及仪表和检测的误差,所以规定为1%。带

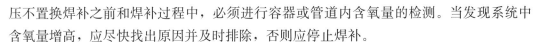

压不置换焊补之前和焊补过程中，必须进行容器或管道内含氧量的检测。当发现系统中含氧量增高，应尽快找出原因并及时排除，否则应停止焊补。

2. 正压操作

在焊补的全过程中，容器及管道必须连续保持稳定正压，这是带压不置换动火安全的关键。一旦出现负压，空气进入正在焊补的容器或管道中，就容易发生爆炸。压力的大小，以不猛烈喷火为宜，一般控制在 0.015～0.049MPa（10～500mm 水柱）为宜。压力太大，气流速度增大，造成猛烈喷火，给焊接操作造成困难，甚至使熔孔扩大，造成事故；压力太小，容易造成压力波动，焊补时会使空气渗入容器或管道，形成爆炸性混合气体。

3. 严格控制工作点周围可燃气体的含量

无论是在室内还是在室外进行带压不置换焊补作业，周围滞留空间可燃气体的含量以小于 0.5％为宜，分析气体的取样部位应根据气体性质及房屋结构特点等正确选择，以保证检测结果的正确性和可靠性。

室内焊补时，应打开门窗进行自然通风，必要时，还应采取机械通风，以防止爆炸性混合气体的积聚。

4. 焊补操作的安全要求

（1）焊工在操作过程中，应避开点燃的火焰，防止烧伤。

（2）焊接规范应按规定的工艺预先调节好，焊接电流过大或操作不当，在介质压力的作用下容易引起烧穿，以致造成事故。

（3）遇周围条件有变化，如系统内压力急剧下降或含氧量超过安全值等，都要立即停止焊补，待查明原因采取对策后，才能续焊补。

（4）在焊补过程中，如果发生猛烈喷火现象时，应立即采取消防措施。在火未熄灭前，不得切断可燃气气源，也不得降低或消除容器或管道的压力，以防容器或管道吸入空气而形成爆炸性混合气体。

第五节　缺氧危险作业安全要求

缺氧危险作业可分为一般缺氧危险作业和特殊缺氧危险作业。

一般缺氧危险作业是指在作业场所中的单纯缺氧危险作业；特殊缺氧危险作业是指在作业场所中同时存在或可能产生其他有害气体的缺氧危险作业。

一、一般缺氧危险作业要求与安全防护措施

1. 作业前

（1）当从事具有缺氧危险的作业时，按照先检测后作业的原则，在作业开始前，必

须准确测定作业场空气中的氧含量，并记录下列各项：

　　1）测定日期。

　　2）测定时间。

　　3）测定地点。

　　4）测定方法和仪器。

　　5）测定时的现场条件。

　　6）测定次数。

　　7）测定结果。

　　8）测定人员和记录人员。

　　在准确测定氧含量前，严禁进入该作业场所。

　　（2）根据测定结果采取相应措施，并记录所采取措施的要点及效果。

　　2. 作业中

　　在作业进行中，应监测作业场所空气中氧含量的变化，并随时采取必要措施。在氧含量可能发生变化的作业中，应保持必要的测定次数或连续监测。

　　3. 主要防护措施

　　（1）监测人员必须装备准确、可靠的分析仪器，并应定期标定、维护，仪器的标定和维护应符合相关国家标准的要求。

　　（2）在已确定为缺氧作业环境的作业场所，必须采取充分的通风换气措施，使该环境空气中氧含量在作业过程中始终保持在19.5％以上，严禁用纯氧进行通风换气。

　　（3）作业人员必须配备并使用空气呼吸器或软管面具等隔离式呼吸保护器具，严禁使用过滤式面具。

　　（4）当存在因缺氧而坠落的危险时，作业人员必须使用安全带（绳），并在适当位置可靠地安装必要的安全绳网设备。

　　（5）在每次作业前，必须仔细检查呼吸器具和安全带（绳），发现异常应立即更换，严禁勉强使用。

　　（6）在作业人员进入缺氧作业场所前和离开时，应准确清点人数。

　　（7）在存在缺氧危险作业时，必须安排监护人员。监护人员应密切监视作业状况，不得离岗。发现异常情况，应及时采取有效的措施。

　　（8）作业人员与监护人员应事先规定明确的联络信号，并保持有效联络。

　　（9）如果作业现场的缺氧危险可能影响附近作业场所人员的安全时，应及时通知这些作业场所。

　　（10）严禁无关人员进入缺氧作业场所，并应在醒目处做好标志。

二、特殊缺氧危险作业要求与安全防护措施

　　一般缺氧危险作业要求与安全防护措施适用于特殊缺氧危险作业，除此以外，特殊

缺氧危险作业还应满足以下要求：

（1）当作业场所空气中同时存在有害气体时，必须在测定氧含量的同时测定有害气体的含量，并根据测定结果采取相应的措施。在作业场所的空气质量达到标准后，方可作业。

（2）在进行钻探、挖掘隧道等作业时，必须用试钻等方法进行预测调查。发现有硫化氢、二氧化碳或甲烷等有害气体逸出时，应先确定处理方法，调整作业方案再进行作业，防止作业人员因上述气体逸出而患缺氧中毒综合征。

（3）在密闭容器内使用氩、二氧化碳或氮气进行焊接作业时，必须在作业过程中通风换气，使氧含量保持在 19.5％以上。

（4）在通风条件差的作业场所，配置二氧化碳灭火器时，应将灭火器放置牢固，禁止随便启动，防止二氧化碳意外泄出。在放置灭火器的位置，应设立明显的标志。

（5）当作业人员在特殊场所内部作业时，如果供作业人员出入的门或窗不能很容易地从内部打开而又无通信、报警装置时，严禁关闭门或窗。

（6）当作业人员在与输送管道连接的密闭设备内部作业时，必须严密关闭阀门，或者装好盲板，输送有害物质的管道的阀门应有人看守或在醒目处设立禁止启动的标志。

（7）当作业人员在密闭设备内作业时，一般应打开出入口的门或盖。如果设备与正在抽气或已经处于负压状态的管路相通时，严禁关闭出入口的门或盖。

（8）在地下进行压气作业时，应防止缺氧空气泄至作业场所如与作业场所相通的空间中存在缺氧空气应直接排出，防止缺氧空气进入作业场所。

第六节　有限空间涂装作业安全要求

一、有限空间涂装作业基本要求

在有限空间内实施防水施工、涂刷防腐材料等涂装作业是一类常见的作业形式，如对电缆隧道内电缆支架刷防锈漆等，由于涂装作业中所使用的涂料会挥发出有毒有害、易燃易爆气体，容易引发有限空间中毒、燃爆等危险，作业过程中应遵守以下基本要求：

（1）进入有限空间实施涂装作业前，应在设备外敞面设置警戒区、警戒线、警戒标志。专职安全员应在警戒区定时巡回检查、监护作业过程，任何人员未经许可不得入内。

（2）进行涂装作业时，无论是否存在可燃性气体或粉尘，严禁携带能产生烟气、明火、电火花的器具或火种进入设备内，或将火种或可燃物落入设备内。

（3）设置灭火器材，专职安全员应定期检查，以保持有效状态。

（4）进行涂装作业时，场外必须有人监护，遇有紧急情况，应立即发出呼救信号。

（5）在仅有顶部出入口的设备内进行涂装作业的人员，除佩戴个人防护用品外，必须腰系救生索，以便在必要时由外部监护者拉出设备。

（6）在有限空间进行涂装作业时，应避免各物体间的相互摩擦撞击、剥离。不得在喷漆场所穿脱呼吸防护用品、衣服、帽子、手套和鞋袜等。

（7）涂装作业完毕后，剩余的涂料、溶剂等物品必须全部清理出设备作业区，并存放到指定的安全地点。

（8）涂装作业完毕后，必须继续通风并至少保持到涂层实干后方可停止。在停止通风 10min 后，最少每隔 1h 检测可燃性气体浓度 1 次，直到符合规定，方可拆除警戒区。

二、有限空间涂装作业安全措施

1. 作业前准备

（1）作业人员必须持有有限空间作业许可证，检测或验证有限空间及有害物质浓度后才能进入有限空间

（2）应备有检测仪器，并设置相应的通风设备，按 GB 39800《个体防护装备配备规范》的规定发放个人防护用具。

（3）将通入有限空间内的工艺管道断开，严禁堵塞通向有限空间外大气的阀门。

（4）有限空间必须牢固，防止侧翻、滚动及坠落。在容器制造时，因工艺要求有限空间必须转动时，应限制最高转速。

（5）必须将有限空间内液体、固体沉积物及时清除处理，或采用其他适当介质进行清洗、置换，且保持足够的通风量，将危险有害的气体排出有限空间，同时降温，直至达到安全作业环境。

（6）有限空间外敞面周围应有便于采取急救措施的通道和消防通道，通道较深的有限空间必须设置有效的联络方法。

（7）在有限空间内高处作业时必须设置脚手架，并固定牢固，作业人员必须佩戴安全带和安全帽。

（8）涂装前处理作业应符合 GB 7692《涂装作业安全规程　涂漆前处理工艺安全及其通风净化》的有关规定。

2. 作业安全与卫生

（1）必须对空气中含氧量进行现场监测，在常压条件下，有限空间的空气中含氧量应为 19%～23%，若空气中含氧量低于 19%，应有报警信号。

（2）必须对现场的可燃性气体浓度进行监测，有限空间空气中可燃性气体浓度应低于可燃烧极限或爆炸极限下限的 10%，对船油箱、油罐的检修，有限空间空气中可燃性气体浓度应低于可燃烧极限下限或爆炸极限下限的 1%。

（3）当必须进入缺氧的有限空间作业时，应符合 GB 8958《缺氧危险作业安全规程》的规定。凡进行作业时，均必须采取机械通风，避免出现急性中毒。

（4）根据作业环境和有害物质的情况，应按 GB/T 39800《个体防护装备配备规范》的规定分别采用头部、眼睛、皮肤及呼吸系统的有效防护用具。在有条件的情况下，可选用国外已大量采用的个人呼吸系统或用遥控机器人作业。

（5）进入有限空间从事涂装作业的人员要严格按照 GB/T 39800《个体防护装备配备规范》的规定着装，所发放个人防护用具应符合 GB/T 39800《个体防护装备配备规范》的规定，个人防护用具应由单位集中保管，定期检查，保证其性能有效。

（6）在有限空间进行涂装作业时，应避免各物体间的相互摩擦、撞击、剥离，在喷漆场所不准脱衣服、帽子、手套和鞋等。

（7）涂装工艺安全应符合 GB 6514《涂装作业安全规程　涂漆工艺安全及其通风净化》的有关规定。

3．电气设备与照明安全

（1）严禁在有限空间内使用明火照明。

（2）作业区内所有的电气设备、照明设施，应符合 GB/T 3836.2《爆炸性环境　第2部分：由隔爆外壳"d"保护的设备》的规定，实现电气整体防爆。

（3）应采用防爆型照明灯具，电压应符合 GB/T 3805《特低电压（ELV）限值》的规定，照度应符合 GB 50034《建筑照明设计标准》的规定。

（4）引入有限空间的照明线路必须悬吊架设固定，避开作业空间；照明灯具不许用电线悬吊，照明线路应无接头。

（5）临时照明灯具或手提式照明灯具，除应符合上述（3）中规定外，灯具与线的连接应采用安全可靠绝缘的重型移动式通用橡胶套电缆线，露出金属部分必须完好连接地线。

（6）潮湿储罐、部分装有液体的储罐和锅炉有水的一侧，必须使用电池、特低电压（12V）或附有接地保险装置的照明系统。

4．机械设备安全

（1）在有限空间内进行作业时，必须将有限空间内具有转动部分的机器设备或转动装置的电源切断，并设置警示牌。

（2）若设备的动力源不能控制，应将转动部分与其他机器联动设备断开。

（3）喷漆高压软管必须无破损，所有软管不得扭结，不准用软管拖、拉设备，软管的金属接头须用绝缘胶带妥善包扎，以避免软管拖动时与钢板摩擦产生火花。

（4）高压喷漆机的接头线，必须完好连接地线，卡紧装置必须可靠。

5．通风

（1）有限空间必须设置机械通风，使之符合"作业安全与卫生"中（1）、（2）的规定。严禁使用纯氧进行通风换气。

（2）有限空间的吸风口应放置在下部。当存在与空气密度相同或小于空气密度的污染物时，还应在顶部增设吸风口。

6. 涂装作业的警戒区

（1）在有限空间外敞面，根据具体要求应设置警戒区、警戒线、警戒标志。其设置要求，应分别符合 GB 50016《建筑设计防火规范》、GB/T 2893《图形符号 安全色和安全标志》（全部）和 GB 2894《安全标志及其使用导则》的规定。未经许可，不得入内。严禁火种或可燃物落入有限空间。

（2）警戒区内应按 GB 50140《建筑灭火器配置设计规范》设置灭火器材，专职安全员应定期检查，以保持有效状态；专职安全员和消防员应在警戒区定时巡回检查、监护安全生产。

（3）涂装作业完毕后，必须继续通风并至少保持到涂层实干后方可停止。在停止通风 10min 后，最少每隔 1h 检测可燃性气体浓度一次，直到符合"作业安全与卫生"中（2）的规定，方可拆除警戒区。

（4）在有限空间进行涂装作业时，场外必须有人监护，遇有紧急情况，应立即发出呼救信号。

（5）在仅有顶部出入口的有限空间内进行涂装作业的人员，除佩戴个人防护用品外，还必须腰系救生索，以便在必要时由外部监护人员拉出有限空间。

（6）涂装作业完毕后，剩余的涂料、溶剂等物，必须全部清理出有限空间，并存放到指定的安全地点。

（7）在有限空间进行涂装作业时，不论是否存在可燃性气体或粉尘，都应严禁携带能产生烟气、明火、电火花的器具或火种进入有限空间。

第七节　有限空间燃气热力电缆通信作业安全措施

一、燃气管道有限空间作业

燃气管道泄漏或误操作可能导致有限空间内积聚天然气，容易引发缺氧窒息和燃爆事故，因此，在燃气井、小室、管线内作业时要特别注意，并采取如下安全措施：

（1）打开燃气井盖前应检测可燃气体浓度，存在可燃性气体时，应采取相应的防爆措施。

（2）进入燃气井、小室、管线作业必须使用防爆设备和工具，作业者应穿着防静电服装、防静电鞋。

（3）作业负责人应根据作业现场情况，让作业者进行轮换作业或休息。

二、地下热力管网有限空间作业

地下热力管网中流动有高温的水或蒸气，管网高温、高湿、高压运行，自然通风不良，作业环境较为恶劣，容易造成窒息、中暑、烫伤、高处坠落等事故的发生。从事地下热力管网作业时应注意并采取如下安全措施：

1. 身体要求

从事地下热力管网作业的人员不得有以下职业禁忌证：

（1）Ⅱ期及Ⅲ期高血压。

（2）活动性消化性溃疡。

（3）慢性肾炎。

（4）未控制的甲亢。

（5）糖尿病。

（6）大面积皮肤疤痕。

2. 安全要求

（1）发现热力管道地下有限空间内发生蒸气泄漏等危险情况时，须立即打开相邻的井盖，关闭上下游阀门，并采取通风、降温等措施，确保没有危险时，方可进入。

（2）待热力管网内温度至少下降到40℃以下，作业者方可进入作业。作业时间不得超过30min，且作业过程中需要全程通风。

（3）作业者应系安全带和安全绳，同时在小室进口管沟进口小室和出口小室预设救生索。

（4）工作现场还应配备高温防护服、呼吸器等护具，根据实际情况进行使用。

三、电缆隧道等有限空间作业

为防止在电力井、电力隧道等地下有限空间作业时发生窒息、触电、中毒等事故，作业时应注意并采取如下措施：

（1）在下水道、煤气管线、潮湿地、垃圾堆或有腐蚀物等附近挖坑时，应设监护人。

（2）变电站、开闭站、配电室、沟道进行电缆工作时，应事先与运行单位取得联系，并不得触动无关的设备。

（3）电缆隧道应有充足的照明，并有防火、防水、通风的措施。电缆井内工作时，禁止只打开一只井盖（单眼井除外）。

（4）在通风条件不良的电缆隧（沟）道内进行长距离巡视或维护时，工作人员应携带便携式有害气体测试仪及自救呼吸器。

（5）进入使用六氟化硫作为绝缘气的配电装置低位区或电缆沟进行工作，应先检测氧气含量（不得低于19.5%）和六化硫气体含量是否合格。

（6）主控制室与使用六氟化硫作为绝缘气的配电装置室之间要采取气密性隔离措施。使用六氟化硫作为绝缘气的配电装置室与其下方电缆层、电缆隧道相通的孔洞都应封堵。使用六氟化硫作为绝缘气的配电装置室及下方电缆层隧道的门上，应设置"注意通风"的标志。

（7）每次工作时间不宜过长，应由作业负责人视现场情况安排轮换作业或休息。

四、通信/广电有限空间作业

通信/广电有限空间作业的注意事项和安全措施如下：

（1）人（手）孔内有积水时，必须使用绝缘性能良好的水泵先抽干积水后再作业。遇有长流水的人（手）孔，应定时抽水。在使用发电机时，发电机排气管不得靠近人（手）孔口，应放在人（手）孔出入口下风口方向。

（2）严禁在人（手）孔内预热，点燃喷灯。使用中的喷灯不可直接对人，环境应保持通风良好，并进行持续检测。

（3）在人（手）孔内需要照明时，必须使用行灯或带有空气开关的防爆灯。

（4）上、下人孔时必须使用梯子，放置牢固，严禁把梯子搭在孔内线缆上，严禁作业者蹬踏线缆或线缆托架。

（5）人（手）孔内工作时，必须有两人及以上才能下井开展作业。

五、照明及用电安全措施

1. 照明安全措施

（1）有限空间照明电压应小于等于36V，在潮湿容器、狭小容器内作业电压应小于等于12V。

（2）使用超过安全电压的手持电动工具作业或进行电焊作业时，应配备剩余电流动作保护装置（漏电保护器）。在潮湿容器中，作业人员应站在绝缘板上，同时保证金属容器接地可靠。

（3）临时用电应办理用电手续，按 GB/T 13869《用电安全导则》的规定架设和拆除。

2. 手持式电动工具作业安全措施

在有限空间内使用手持式电动工具，需要特别注意：

（1）一般场所（空气湿度小于75%）可选用Ⅰ类或Ⅱ类手持式电动工具。

1）金属外壳与 PE 线的连接点不应少于两处。

2）漏电保护应符合潮湿场所对漏电保护的要求。

（2）在潮湿场所或技术构架上操作时，必须选用Ⅱ类或由安全隔离变压器供电的Ⅲ类手持式电动工具。严禁使用Ⅰ类手持式电动工具。使用金属外壳Ⅱ类手持式电动工具时，其金属外壳可与 PE 线相连接，并设漏电保护。

（3）狭窄场所（锅炉、金属容器、地沟、管道内等）作业时，必须选用由安全隔离变压器供电的Ⅲ类手持式电动工具。

（4）除一般场所外，在潮湿场所、金属构架上及狭窄场所使用Ⅱ、Ⅲ类手持式电动工具时，其开关箱和控制箱应设在作业场所以外，并有人监护。

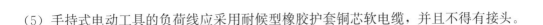

（5）手持式电动工具的负荷线应采用耐候型橡胶护套铜芯软电缆，并且不得有接头。

第八节　有限空间作业电焊安全措施

一、电焊作业可能发生的事故类型和危害

电焊又称电弧焊，是指通过焊接设备产生的电弧热效应，促使被焊金属的截面局部加热熔化达到液态，使原来分离的金属结合成牢固的、不可拆卸的接头的工艺方法。根据焊接工艺的不同，电焊可分为自动焊、半自动焊和手工焊。自动焊和半自动焊主要用于大型机械设备制造，其设备多安装在厂房里，作业场所比较固定；而手工焊，由于不受作业地点条件的限制，具有良好的灵活性特点，目前用于有限空间中的焊接作业基本上都是手工焊。由于工作场所差别很大，伴随着电、光、热及明火的产生，电焊作业中存在着各种各样的危害。

1. 触电事故

（1）焊接过程中，因焊工要经常更换焊条和调节焊接电流，操作中要直接接触电极和极板，而焊接电源通常是 220V/380V，当电气安全保护装置存在故障、劳动保护用品不合格、操作者违章作业时，就可能引起触电事故。如果在金属容器内、管道上或潮湿的场所焊接，触电的危险性更大。

（2）焊机空载时，二次绕组电压一般在 60～90V，由于电压不高，易被电焊工忽视，但其电压超过规定安全电压 36V，仍有一定的危险性。假定焊机空载电压为 70V，人在高温、潮湿环境中作业，此时人体电阻 R 约为 1600Ω，若焊工手接触钳口，通过人体电流 $I=U/R=70V/1600\Omega\approx44mA$，在该电流作用下，焊工手会发生痉挛，易造成触电事故。

（3）因焊接作业大多在露天，焊机、焊把线及电源线容易处在高温、潮湿和粉尘环境中，如若焊机超负荷运行，易使电源线、电气线路绝缘老化，绝缘性能降低，易导致漏电事故。

2. 火灾爆炸事故

由于焊接过程中会产生电弧或明火，在有易燃物品的场所作业时，极易引发火灾。特别是在易燃易爆装置区（包括坑、沟、槽等），储存过易燃易爆介质的容器、塔、罐和管道上施焊时危险性更大。

3. 易致人灼伤事故

因焊接过程中会产生电弧、金属熔渣，如果焊工焊接时没有穿戴好电焊专用的防护工作服、手套和皮鞋，尤其是在高处进行焊接时，因电焊火花飞溅，若没有采取防护隔离措施，易造成焊工自身或作业面下方施工人员皮肤灼伤。

4. 易引起电光性眼炎

由于焊接时产生强烈火的可见光和大量不可见的紫外线，对人的眼睛有很强的刺激伤害，长时间直接照射会引起眼睛疼痛、畏光、流泪、怕风等，易导致眼睛结膜和角膜发炎（俗称电光性眼炎）。

5. 具有光辐射作用

焊接中产生的电弧光含有红外线、紫外线和可见光，对人体具有辐射作用。红外线具有热辐射作用，在高温环境中焊接时易导致作业人员中暑；紫外线具有光化学作用，对人的皮肤有伤害，同时，长时间照射外露的皮肤还会使皮肤脱皮；可见光长时间照射，会引起眼睛视力下降。

6. 易产生有害的气体和烟尘

由于焊接过程中产生的电弧温度达到 4200℃ 以上，焊条芯、药皮和金属焊件融熔后要发生气化、蒸发和凝结现象，会产生大量的锰铬氧化物及有害烟尘；同时，电弧光的高温和强烈的辐射作用，还会使周围空气产生臭氧、氮氧化物等有毒气体。长时间在通风条件不良的情况下从事电焊作业，这些有毒的气体和烟尘被人体吸入，对人的身体健康有一定的影响。

7. 易引起高处坠落

因施工需要，电焊工要经常登高焊接作业，如果防高处坠落措施没有做好，脚手架搭设不规范，没有经过验收就使用；上下交叉作业采取防物体打击隔离措施；焊工个人安全防护意识不强，登高作业时不戴安全帽、不系安全带，一旦遇到行走不慎、意外物体打击作用等原因，有可能造成高处坠落事故的发生。

8. 易引起中毒、窒息

电焊工进入金属容器、设备、管道、塔、储罐等封闭或半封闭场所施焊，如果储运或生产过有毒有害介质及惰性气体等，一旦工作管理不善，防护措施不到位，极易造成作业人员中毒或缺氧窒息。

二、电焊作业安全措施

1. 防触电措施

总的原则是，采取绝缘、屏蔽、隔绝、漏电保护和个人防护等安全措施，避免人体触及带电体。具体方法有：

（1）提高电焊设备及线路的绝缘性能。使用的电焊设备及电源电缆必须是合格品，其电气绝缘性能与所使用的电压等级、周围环境及运行条件要相适应；焊机应安排专人进行日常维护和保养，防止日晒雨淋，以免焊机电气绝缘性能降低。

（2）当焊机发生故障要检修、移动工作地点、改变接头或更换保险装置时，操作前都必须要先切断电源。

（3）在给焊机安装电源时不要忘记同时安装漏电保护器，以确保人一旦触电会自动断电。在潮湿或金属容器、设备、构件上焊接时，必须选用额定动作电流不大于 15mA、额定动作时间小于 0.1s 的漏电保护器。

（4）对焊机壳体和二次绕组引出线的端头应采取良好的保护接地或接零措施。当电源为三相三线制或单相制系统时，应安装保护接地线，其电阻值不超过 4Ω；当电源为三相四线制中性点接地系统时，应安装保护中性线。

（5）加强作业人员用电安全知识及自我防护意识教育，要求焊工作业时必须穿绝缘鞋、戴专用绝缘手套。禁止雨天露天施焊；在特别潮湿的场所焊接，人必须站在干燥的木板或橡胶绝缘片上。

（6）禁止利用金属结构、管道、轨道和其他金属连接作导线用。在金属容器或特别潮湿的场所焊接，行灯电源必须使用 12V 以下安全电压。

2. 防火灾爆炸措施

（1）在易燃易爆场所进行焊接作业，焊接前必须按规定事先办理动火作业许可证，经有关部门审批同意后方可作业，严格做到"三不动火"。

（2）正式焊接前，检查作业下方及周围是否有易燃易爆物，作业面是否有诸如油漆类防腐物质，如果有，应事先做好妥善处理。对在临近运行的生产装置区、油罐区内焊接作业，必须砌筑防火墙；如有高处焊接作业，还应使用石棉板或铁板予以隔离，防止火星飞溅。

（3）如在生产、储运过易燃易爆介质的容器、设备或管道上施焊，焊接前必须检查与其连通的设备、管道是否关闭或用盲板封堵隔断，并按规定对其进行吹扫、清洗、置换、取样化验，经分析合格后方可施焊。

3. 防灼伤措施

（1）焊工焊接时必须正确穿戴好焊工专用防护工作服、绝缘手套和绝缘鞋。使用大电流焊接时，焊钳应配有防护罩。

（2）对刚焊接的部位应及时用石棉板等进行覆盖，防止脚、身体直接触及，造成烫伤。

（3）高处焊接时，更换的焊条头应集中堆放，不要乱扔，以免烫伤下方作业人员。

（4）在清理焊渣时，应戴防护镜；高处进行仰焊或横焊时，由于火星飞溅严重，应采取隔离防护措施。

4. 预防电光性眼炎措施

根据焊接电流的大小，应适时选用合适的面罩护目镜滤光片，配合焊工作业的其他人员在焊接时应佩戴有色防护眼镜。

5. 预防辐射措施

焊接时，焊工及周围作业人员应穿戴好劳保用品。禁止不戴电焊面罩、不戴有色镜直接观察电弧光；尽可能减少皮肤外露，夏天禁止穿短裤和短褂从事电焊作业；有条件的，可对外露的皮肤涂抹紫外线防护膏。

6. 防有害气体及烟尘措施

（1）合理设计焊接工艺，尽量采用单面焊双面成型工艺，减少在金属容器里焊接的作业量。

（2）如在空间狭小或密闭的容器里焊接作业，必须采取强制通风措施，降低作业空间有害气体及烟尘的浓度。

（3）尽可能采用自动焊、半自动焊代替手工焊，减少焊接人员接触有害气体及烟尘的机会。

（4）采用低尘、低毒焊条，减少作业空间中有害烟尘含量。

（5）焊接时，焊工及周围其他人员应佩戴防尘毒口罩，减少烟尘吸入体内。

7. 防高处坠落措施

焊工必须做到定期体检，凡有高血压、心脏病、癫痫病等病史人员，禁止登高焊接。焊工登高作业时，必须正确系挂安全带，戴好安全帽。焊接前，应对登高作业点及周围环境进行检查，查看立足点是否稳定、牢靠，以及脚手架等安全防护设施是否符合安全要求，必要时应在作业下方及周围拉设安全网。涉及上下交叉作业时，应采取隔离防护措施。

8. 防中毒、窒息措施

（1）凡在储运或生产过有毒有害介质、惰性气体的容器、设备、管道、塔、罐等封闭或半封闭场所施焊，作业前，必须切断与其连通的所有工艺设备，同时要对其进行清洗、吹扫、置换，并按规定办理进设备作业许可证，经取样分析合格后，方可进入作业。

（2）正常情况下应做到每 4h 分析一次，如条件发生变化，应随时取样分析；同时，现场还应配备适量的空（氧）气呼吸器，以备紧急情况下使用。

（3）作业过程应用专人安全监护，焊工应定时轮换作业。对密闭性较强而易缺氧的作业设备，采用强制通风的办法予以补氧（禁止直接通氧气），防止缺氧窒息。

第九节　排水管网有限空间作业安全措施

一、进入排水管网作业前安全准备工作

近年来，随着排水管网养护管理科技手段的不断进步，部分管道检查、维护等作业可以实现采用手持式电视检查设备、车载式闭路电视检查设备、管道联合疏通车等机械设备开展作业，但是由于许多区域排水管道内部结构复杂、机械手段存在局限性等原因，有限空间作业还不能完全采用机械手段代替人工作业。因此，排水管道的调查、养护等工作仍然离不开人工作业。

在进入污水井、排水管道、积水井、化粪池等地下有限空间从事施工、检查或养护

等作业时，相关人员应遵守以下程序：

（1）认真填写《有限空间作业审批表》，经批准后方可实施作业。

（2）作业前应查清作业区域内管径、井深水深及附近管道的情况。

（3）下井作业前，必须在井周围设置明显隔离区域，夜间应加设闪烁警示灯。若在厂区内交通干道上作业占用一个车道时，应按《占道作业交通安全设施设置技术要求》（DB11/T 854—2023）在来车方向设置安全标志，并派专人指挥交通，夜间工作人员必须穿戴反光标志服装。

（4）作业前由作业负责人明确作业相关人员各自任务，并根据工作任务进行安全交底，交底内容应具有针对性。新参加工作的人员、实习人员和临时参加作业的人员可随同参加工作，但不得分配单独作业的任务。

（5）作业人员应采用风机强制通风或自然通风，机械通风应按管道内平均风速小于0.8m/s选择通风设备，自然通风时间至少30min以上，作业过程中持续通风。

（6）下井前进行气体检测时，应先搅动作业井内泥水，使气体充分释放出来，从而准确测定井内气体实际浓度。井下的空气含氧量应不得低于19.5%，有毒有害物质含量低于我国职业卫生标准规定的限值。

（7）如气体检测仪出现报警，则需要延长通风时间，直至检测合格后方可下井作业。若因工作需要或紧急情况必须立即下井作业时，必须经单位领导批准后佩戴正压式空气呼吸器或长管式呼吸器下井。

（8）作业者必须穿戴好劳动防护用品，并检查所使用的仪器、工具是否正常。

（9）下井前必须检查踏步是否牢固。当踏步腐蚀严重、损坏时，作业者应使用安全梯或三脚架下井。下井作业期间，作业者必须系好安全带、安全绳（或三脚架缆绳），安全绳（或三脚架缆绳）的另一端在井外固定。

（10）下井作业者禁止携带手机等非防爆类电子产品或打火机等火源，可以携带防爆类照明、通信设备。可燃气超标时，严禁使用非防爆相机拍照。

（11）应设置专人呼应和监护。作业者进入管道内部时携带防爆通信设备，随时与监护者保持沟通，若信号中断，必须立即返地面。

（12）对于污水管道、合流管道和化粪池等地下有限空间，作业者进入时，必须穿戴供压缩空气的正压式呼吸防护用品，严禁使用过滤式防毒面具；对于缺氧或所含有毒有害气体浓度超过容许值的雨水管道，作业者也应穿戴供压缩空气的正压式防护用品进入。

（13）佩戴隔离式防护用品下井作业时，呼吸器必须有用有备，无备用呼吸器时，严禁下井作业。

（14）对作业者需要进入管内进行检查、维护作业的管道，其管径不得小于0.8m，水流流速不得大于0.5m/s，水深不得大于0.5m，充满度不得大于50%，否则作业者应采取封堵、导流等措施降低作业面水位，只有符合条件时方可进入管道。一般使用盲板或充气管塞封堵。排水管道封堵时，应先封堵上游管口，采取水泵导流，再封堵下游管口，防止水流倒流，从而为开展有限空间作业限定安全的作业操作环境。拆除封堵时，应先拆除下游管堵，再拆除上游管堵。使用盲板封堵时，要求盲板必须完好，不得有沙眼和裂缝，且盲板强度能足够承受排水管道内水流的压力。使用充气管塞封堵时，要求封堵前将放置管塞的管段清理干净，防止管段内突起尖锐物体刺破或擦坏管塞，管塞充气压力不得超过最大试验压力。

二、进入排水管网作业中的安全措施

（1）作业过程中，必须有不少于两人在井上监护，并随时与井下作业者保持联络。监护检测必须在作业全过程连续进行，一旦出现报警，应提示作业者立即撤离。监护期间监护者严禁擅离职守，严禁任何人员独自一人进入有限空间作业。

（2）上下传递作业工具和提升杂物时，应用绳索系牢，严禁抛扔，同时下方作业者应躲避，防止坠物伤人。

（3）井内水泵运行时严禁人员下井，防止触电。

（4）作业者每次进入井下连续作业时间不得超过 1h。

（5）作业者须随时掌握呼吸器气压值，判断作业时间和行进距离，保证预留足够的空气返回；作业者听到空气呼吸器的报警音后，必须立即撤离。

（6）当作业者在管道内部作业时失去与井上监护人的沟通，出现信号中断时，必须立即返回地面。

（7）当发现潜在危险因素时，现场负责人必须立即停止作业，让作业者迅速撤离现场。

（8）作业现场应配备必备的应急装备、器具，以便在非常情况下抢救井下作业者。

（9）发生事故时，严格执行相关应急预案，严禁盲目施救，防止导致事故扩大。

（10）作业完成后盖好井盖，清理好现场后方可离开。

第六章　电力有限空间现场作业防护设备设施配置

第一节　电力有限空间现场作业防护设备设施配置基本要求

电力有限空间作业常用的个人防护用品有防护服装，如防伤鞋、帽、带、防护服、手套等；防护面罩和眼镜；防音器（耳塞）皮肤防护剂等。如电力有限空间检测到有害气体，则必须佩戴呼吸防护器，如隔离式呼吸防护器、过滤式呼吸防护器等。凡在坠落高度基准面 2m 以上（含 2m）有可能坠落的高处进行的作业，都称为高处作业。有限空间作业中常涉及高处作业，当坠落最低高度在 2m 左右时，就有造成人身伤（亡）的可能。为防止作业人员在有限空间作业过程中发生坠落伤害，配备防坠落用具是十分必要的防护措施。

一、总体要求

（1）防护设备设施应符合相应产品的国家标准或行业标准要求；对于无国家标准和行业标准规定的设备设施，应通过相关法定检验机构型式检验合格。

（2）地下有限空间内为易燃易爆环境的，应配备符合 GB/T 3836.1《爆炸性环境 第 1 部分：设备　通用要求》规定的防爆型电气设备。

（3）地下有限空间管理单位和作业单位应对防护设备设施进行如下管理：

1）应建立防护设备设施登记、清查、使用、保管等安全管理制度。

2）应设专人负责防护设备设施的维护、保养、计量、检定和更换等工作，发现设备设施影响安全使用时，应及时修复或更换。

3）防护设备设施技术资料、说明书、维修记录和计量检定报告应存档保存，并易于查阅。

（4）表 6-1～表 6-8 所列防护设备设施的种类及数量是最低配置要求。

（5）发生地下有限空间作业事故后，作业配置的防护设备设施符合应急救援设备设施配置要求时，可作为应急救援设备设施使用。

二、作业防护设备要求

（1）气体检测报警仪、通风设备照明设备、通信设备、三脚架等作业防护设备配置种类及数量应符合表 6-1～表 6-5 的要求。

（2）气体检测报警仪技术指标应符合 GB 12358《作业场所环境气体检测报警仪　通用技术要求》的要求，应至少能检测氧气、可燃气、硫化氢、一氧化碳。

（3）送风设备应配有可将新鲜空气送入地下有限空间的风管，风管长度应能确保送入地下有限空间底部。

（4）手持照明设备电压应不大于 24V，在积水、结露的地下有限空间作业，手持照明电压应不大于 12V。

三、个体防护用品要求

（1）呼吸防护用品、全身式安全带、安全绳、安全帽等个体防护用品配置种类和数量应符合表 6-6～表 6-8 的要求。

（2）作业现场应有与安全绳、速差式自控器、绞盘绳索等连接的安全、牢固的挂点。

（3）应按照 GB 39800《个体防护装备配备规范》的要求，为作业者配置防护鞋、防护服、防护眼镜、护听器等个体防护用品，并满足以下要求：

1）易燃易爆环境，应配置防静电服、防静电鞋，全身式安全带金属件应经过防爆处理。

2）涉水作业环境，应配置防水服、防水胶鞋。

3）当地下有限空间作业场所噪声大于 85dB（A）时，应配置耳塞或耳罩。

四、应急救援设备设施

（1）作业点 400m 范围内应配置应急救援设备设施。

（2）应急救援设备设施配置种类及数量应符合表 6-1 的要求。

表 6-1　　　电力有限空间现场作业防护设备设施配置要求：气体检测报警仪

设备设施种类及配置要求	作业评估检测为 1 级或 2 级，且准入检测为 2 级	作业评估检测为 1 级或 2 级，且准入检测为 3 级	作业评估检测和准入检测均为 3 级	应急救援
配置状态	应配置	应配置	应配置	宜配置
配置要求	1. 作业前，每个作业者进入有限空间的入口应配置 1 台泵吸式气体检测报警仪。2. 作业中，每个作业面应至少有 1 名作业者，配置 1 台泵吸式或扩散式气体检测报警仪，监护者应配置 1 台泵吸式气体检测报警仪	1. 作业前，每个作业者进入有限空间的入口应配置 1 台泵吸式气体检测报警仪。2. 作业中，每个作业面应至少配置 1 台气体检测报警仪	1. 作业前，每个作业者进入有限空间的入口应配置 1 台泵吸式气体检测报警仪。2. 作业中，每个作业面应至少配置 1 台气体检测报警仪	宜配置 1 台泵吸式气体检测报警仪

表 6-2 电力有限空间现场作业防护设备设施配置要求：通风设备

设备设施种类及配置要求	作业 评估检测为 1 级或 2 级，且准入检测为 2 级	作业 评估检测为 1 级或 2 级，且准入检测为 3 级	作业 评估检测和准入检测均为 3 级	应急救援
配置状态	应配置	应配置	宜配置	应配置
配置要求	应至少配置 1 台强制送风设备	应至少配置 1 台强制送风设备	宜配置 1 台强制送风设备	应至少配置 1 台强制送风设备

表 6-3 电力有限空间现场作业防护设备设施配置要求：照明设备

设备设施种类及配置要求	作业 评估检测为 1 级或 2 级，且准入检测为 2 级	作业 评估检测为 1 级或 2 级，且准入检测为 3 级	作业 评估检测和准入检测均为 3 级	应急救援
配置状态	应配置	应配置	宜配置	应配置

表 6-4 电力有限空间现场作业防护设备设施配置要求：通信设备

设备设施种类及配置要求	作业 评估检测为 1 级或 2 级，且准入检测为 2 级	作业 评估检测为 1 级或 2 级，且准入检测为 3 级	作业 评估检测和准入检测均为 3 级	应急救援
配置状态	宜配置	宜配置	宜配置	应配置

表 6-5 电力有限空间现场作业防护设备设施配置要求：三脚架

设备设施种类及配置要求	作业 评估检测为 1 级或 2 级，且准入检测为 2 级	作业 评估检测为 1 级或 2 级，且准入检测为 3 级	作业 评估检测和准入检测均为 3 级	应急救援
配置状态	宜配置	宜配置	宜配置	应配置
配置要求	每个有限空间出入口宜配置 1 套三脚架（含绞盘）	每个有限空间出入口宜配置 1 套三脚架（含绞盘）	每个有限空间出入口宜配置 1 套三脚架（含绞盘）	每个有限空间出入口应配置 1 套三脚架（含绞盘）

表 6-6 电力有限空间现场作业防护设备设施配置要求：呼吸防护用品

设备设施种类及配置要求	作业 评估检测为 1 级或 2 级，且准入检测为 2 级	作业 评估检测为 1 级或 2 级，且准入检测为 3 级	作业 评估检测和准入检测均为 3 级	应急救援
配置状态	应配置	宜配置	宜配置	应配置
配置要求	每名作业者应配置 1 套正压隔绝式呼吸器	每名作业者宜配置 1 套正压隔绝式逃生呼吸器	每名作业者宜配置 1 套正压隔绝式逃生呼吸器	每名救援者应配置 1 套正压式空气呼吸器或高压送风式呼吸器

表 6-7 　　　　　　　电力有限空间现场作业防护设备设施配置要求：安全带、安全绳

设备设施种类及配置要求	作业 评估检测为 1 级或 2 级，且准入检测为 2 级	作业 评估检测为 1 级或 2 级，且准入检测为 3 级	作业 评估检测和准入检测均为 3 级	应急救援
配置状态	应配置	应配置	宜配置	应配置
配置要求	每名作业者应配置 1 套全身式安全带、安全绳	每名作业者应配置 1 套全身式安全带、安全绳	每名作业者宜配置 1 套全身式安全带、安全绳	每名救援者应配置 1 套全身式安全带、安全绳

表 6-8 　　　　　　　　　电力有限空间现场作业防护设备设施配置要求：安全帽

设备设施种类及配置要求	作业 评估检测为 1 级或 2 级，且准入检测为 2 级	作业 评估检测为 1 级或 2 级，且准入检测为 3 级	作业 评估检测和准入检测均为 3 级	应急救援
配置状态	应配置	应配置	宜配置	应配置
配置要求	每名作业者应配置 1 顶安全帽	每名作业者应配置 1 顶安全帽	每名作业者应配置 1 顶安全帽	每名救援者应配置 1 顶安全帽

第二节　个人安全防护用具

一、安全帽

1. 安全帽的作用和构造

安全帽是防冲击时的主要使用的防护用品，主要用来避免或减轻在作业场所发生的高处坠落物、飞溅物体等意外撞击对作业人员头部造成的伤害。安全帽由帽壳、帽衬和下颏带、附件等部分组成，如图 6-1 所示。

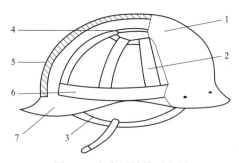

图 6-1 安全帽结构示意图

1—幅体；2—幅分条；3—系带；4—幅体顶带；5—吸收冲击力内村；6—环形带；7—帽沿

安全帽的帽壳与帽衬之间有 25～50mm 的间隙，当物体打击安全帽时，帽壳不因受力变形而直接影响到头顶部，且通过帽衬缓冲减少的力可达 2/3 以上，起到缓冲减震的

作用。国外生物实验证明，人体颈椎骨和成人头盖骨在承受小于 4900N 的冲击力时，不会危及生命，超过此限值，颈椎就会受到伤害，轻者引起瘫痪，重者危及生命。

安全帽要起到安全防护的作用，必须能吸收冲击过程的大部分能量，才能使最终作用在人体上的冲击力小于 4900N。

正确使用安全防护用品对避免人身受到伤害至关重要，有时虽然不能完全避免伤害，但可以减轻伤害程度。在有限空间作业时必须戴安全帽，其相关要求如下：

（1）安全帽必须戴正，帽檐在前，系好下带。

（2）如帽内安全带贴于头盔，必须将安全带调整至有 1～2cm 的安全缓冲空间后才准使用。

（3）不能将普通钢盔或棉帽当安全帽。

（4）安全帽褪色、开裂或受过重击时禁止使用。

（5）安全帽存放应避免高温、日晒、潮湿等。

2. 选择安全帽时的注意事项

在选择安全帽时应注意：

（1）应使用质检部门检验合格的产品。

（2）根据安全帽的性能、尺寸、使用环境等条件，选择适宜的品种。如在易燃易爆环境中作业，应选择有抗静电性能的安全帽；如有限空间光线相对较暗，应选择颜色明亮的安全帽，以便于被发现。

3. 使用安全帽及保养时的注意事项

在使用安全帽及保养时应注意：

（1）佩戴前，应检查安全帽各配件有无破损、装配是否牢固、帽衬调节部分是否卡紧、插口是否牢靠、绳带是否系紧等。若帽衬与帽壳之间的距离不在 25～50mm 之间，应用顶绳调节到规定的范围，确信各部件完好后方可使用。

（2）根据使用者头的大小，将帽箍长度调节到适宜位置（松紧适度）。高处作业者佩戴的安全帽，要有下颏带和后颈箍并应拴牢，以防帽子滑落与脱掉。

（3）安全帽在使用时受到较大冲击后，无论是否发现帽壳有明显的断裂纹或变形，都应停止使用，更换受损的安全帽。一般安全帽使用期限不超过 3 年。

（4）安全帽不应储存在有酸碱、高温（50℃以上）、阳光直射、潮湿等处，避免重物挤压或尖物碰刺。

（5）帽壳与帽衬可用冷水、温水（低于 50℃）洗涤。不可放在暖气片上烘烤，以防帽壳变形。

二、防护服

1. 防护服的用途和分类

防护服是替代或穿在个人衣服外，用于防止一种或多种危害的衣服，是安全作业的重要防护部分，是用于隔离人体与外部环境的一个屏蔽。根据外部有害物质性质的不同，防护服的防护性能、材料、结构等也会有所不同。我国防护服按用途分为：

（1）一般作业工作服，用棉布或化纤织物制作，适于没有特殊要求的一般作业场所使用。

（2）特殊作业工作服，包括隔热服、防辐射服、防寒服、防酸服、抗油拒水防化学污染服、防 X 射线服、防微波服、中子辐射防护服、紫外线防护服、屏蔽服、防静电服、阻燃服、焊接服、防磁服、防尘服、防水服、医用防护服、高可视性警示服、消防服等。

作业时，必须按用途不同正确选用：

（1）在易燃易爆的管道、容器等有限空间内作业时，必须穿防静电工作服，不准在易燃易爆场所穿脱工作服。

（2）所有内衣都应用衣物柔顺剂浸泡，以减少静电产生。

（3）防静电服上禁止附加或佩戴任何金属物件。

（4）阻燃防护服用于救火、防火现场，它能减缓火焰蔓延，使衣物炭化形成隔离层，以保护人体安全健康；防火服用于现场火灾高温环境中操作和灭火，此时，必须佩戴空气呼吸器，并且时间不能太长，一般在 3min 以内。

如图 6-2 所示为一种防护服示意。

2. 选用防护服时的注意事项

选用防护服时应注意：

（1）必须选用符合国家标准并具有《产品合格证》的防护服。

（2）根据有限空间危险有害因素进行选择。例如，在有硫化氢、氨气等强刺激性气体的作业环境中

图 6-2 防护服

作业时，应穿着防毒服；在易燃易爆场所作业时，不准穿化纤防护服，应穿着防静电防护服等。表 6-9 列举了几种有限空间作业常见的作业环境及选择的防护服种类。

表 6-9 　　　　　　有限空间作业常见的作业环境及选择的防护服种类

序号	作业环境类型	可以使用的防护用品	建议使用的防护用品
1	存在易燃易爆气体/蒸气或可燃性粉尘	化学品防护服、阻燃防护服、防静电服、棉布工作服	防尘服、阻燃防护服
2	存在有毒气体/蒸气	化学品防护服	
3	存在一般污物	一般防护服、化学品防护服	防油服
4	存在腐性物质	防酸（碱）服	
5	涉水	防水服	

3. 化学品防护服使用、保养注意事项

化学品防护服使用、保养注意事项如下：

（1）使用前应检查化学品防护服的完整性及与之配套装备的匹配性，在确认完好后方可使用。

（2）进入化学污染环境前，应先穿好化学品防护服；在污染环境中的作业人员，不得脱卸化学品防护服及装备。

（3）化学品防护服被化学物质持续污染时，应在规定的防护性能（标准透过时间）内更换。有限次数使用的化学品防护服已被污染时，应弃用。

（4）脱除化学品防护服时，宜使内面翻外，减少污染物的扩散，且宜最后脱除呼防护用品。

（5）由于许多抗油拒水防护服及化学品防护服的面料采用的是后整理技术，即在表面加入了整理剂，一般须经高温才能发挥作用，因此，在穿用这类服装时，要根据制造商提供的说明书经高温处理后再穿用。

（6）穿用化学品防护服时应避免接触锐器，防止受到机械损伤。

（7）严格按照产品使用与维护说明书的要求进行维护，修理后的化学品防护服应满足相关标准的技术性能要求。

（8）受污染的化学品防护服应及时洗消，以免影响化学品防护服的防护性能。

（9）化学品防护服应储存在避光、温度适宜、通风合适的环境中，应与化学物质隔离储存。

（10）已使用过的化学品防护服应与未使用的化学品防护服分开储存。

4. 静电工作服使用、保养注意事项

静电工作服使用、保养注意事项如下：

（1）凡是在正常情况下，爆炸性气体混合物连续、短时间、频繁地出现或长时间存在的场所及爆炸性气体混合物有可能出现的场所，可燃物的最小点燃能量在 0.25mJ 以下时，应穿防静电服。

（2）由于摩擦会产生静电，因此，在火灾爆炸危险场所禁止穿、脱防静电服。

（3）为了防止尖端放电，在火灾爆炸危险场所禁止在防静电服上附加或佩戴任何金属物件。

（4）对于导电型的防护服，为了保持良好的电气连结性，外层服装应完全遮盖住内层服装。分体式上衣应足以盖住裤腰，弯腰时不应露出裤腰，同时应保证服装与接地体的良好连接。

（5）在火灾爆炸危险场所穿用防静电服时，必须与 GB 21148《足部防护 安全鞋》中规定的防静电鞋配套穿用。

（6）防静电服应保持清洁，保持防静电性能，使用后用软毛刷、软布蘸中性洗涤剂刷洗，不可损伤服装材料纤维。

（7）穿用一段时间后，应对防静电服进行检验，若防静电性能不能符合标准要求，则不能再以防静电服使用。

5. 防水服使用、保养注意事项

防水服使用、保养注意事项如下：

（1）防水服的用料主要是橡胶，使用时应严禁接触各种油类（包括机油、汽油等）有机溶剂、酸、碱等物质。

（2）洗后不可暴晒、火烤，应晾干。

（3）存放时应尽量避免折叠、挤压，要远离热源，通风干燥，如需折叠，可撒滑石粉，避免黏合。

（4）使用中应避免与锐利物质接触，以免影响防水效果。

三、防护手套

1. 手套的防护功能

在作业过程中，作业人员手部接触到机械设备或有腐蚀性、毒害性的化学物质，可能会造成伤害，为防止此类伤害，作业过程中应佩戴合格、有效的手部防护用品。常见防护手套的种类有：绝缘手套、耐酸碱手套、焊工手套、橡胶耐油手套、防水手套、防毒手套、防机械伤害手套、防静电手套、防振手套、防寒手套、耐火阻燃手套、电热手套、防切割手套等。

根据操作对象或环境不同，作业人员应佩戴相应的防护手套。

（1）普通操作应佩戴防机械伤手套，可用帆布、绒布、粗纱手套，以防螺纹、尖锐物体、毛刺、工具咬痕等伤手。

（2）冬季应佩戴防寒棉手套；对导热油、三甘醇等高温部位操作，应使用棉手套。

（3）使用甲醇时，必须佩戴防毒乳胶或橡胶手套。

（4）加电解液或打开电瓶盖，要使用耐酸碱手套，注意防止电解液溅到衣物上或身体其他裸露部位。

（5）焊割作业应佩戴焊工手套，以防焊渣、熔渣等烧坏衣袖、烫伤手臂。

（6）备用耐火阻燃手套，用于救火减灾。

（7）接触设备运转部件，禁止佩戴手套。

（8）手套，特别是被凝析油、汽油、柴油等轻质油品浸湿的手套，使用完毕应及时清洗油污；禁止戴此类手套抽烟、点火、烤火等，以防点燃手套。

有限空间常使用的是耐酸碱手套、绝缘手套及防静电手套。

2. 使用、保养防护手套注意事项

使用、保养防护手套的过程中应注意：

（1）根据作业环境需要选择合适的防护手套，并定期更换。

（2）使用前要进行检查，看有无破损、是否被磨蚀。对于防化手套，可以使用充气

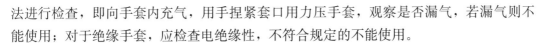

法进行检查，即向手套内充气，用手捏紧套口用力压手套，观察是否漏气，若漏气则不能使用；对于绝缘手套，应检查电绝缘性，不符合规定的不能使用。

（3）摘取手套一定要注意方法，防止将手套上沾染的有害物质接触到皮肤和衣服上，造成二次污染。

（4）橡胶、塑料等防护手套用后应冲洗干净，晾干保存时避免高温，并在手套上撒上滑石粉，以防粘连。

（5）带电绝缘手套要用低浓度的中性洗涤剂清洗。

（6）橡胶绝缘手套必须保存在没有阳光、湿气、臭氧、热气、灰尘、油、药品的地方，要选择较暗的阴凉场所进行保管。

四、防护鞋

1. 防护鞋的功能和分类

为防止作业人员足部受到物体的砸伤、刺割、灼烫、冻伤、化学性酸碱灼伤及触电等伤害，作业人员应穿着有针对性的防护鞋（靴），主要有：防刺穿鞋、防砸鞋、电绝缘鞋、防静电鞋、导电鞋、耐化学品的工业用橡胶靴、耐化学品的工业用塑料模压靴、耐油防护鞋、耐寒防护鞋、耐热防护鞋等。

有限空间作业中，需根据作业环境选择防护鞋，例如：在酸、碱腐蚀性物质的环境中作业，需穿着耐酸碱的胶靴；在有易燃易爆气体的环境中作业，需穿着防静电鞋等。

2. 使用、保养防护鞋注意事项

使用、保养防护鞋时应注意：

（1）使用前要检查防护鞋是否完好，自行检查鞋底、鞋帮处有无开裂，出现破损后不得再使用。对于绝缘鞋，应检查电绝缘性，不符合规定的不能使用。

（2）对非化学防护鞋，在使用中应避免接触到腐蚀性化学物质，一旦接触后应及时清除。

（3）防护鞋应定期进行更换。

（4）使用后清洁干净，放置于通风干燥处，避免阳光直射、雨淋及受潮，不得与酸、碱、油及腐蚀性物品存放在一起。

五、防护眼镜

防护眼镜是防止化学飞溅物、有毒气体和烟雾、金属飞屑、电磁辐射、激光等对眼睛伤害的防护用品。防护眼镜有安全护目镜和遮光护目镜。安全护目镜主要防有害物质对眼睛的伤害，如防冲击眼镜、防化学眼镜；遮光护目镜主要防有害辐射线对眼睛的伤害，如焊接护目镜。

在有限空间内进行冲刷和修补、切割等作业时，沙粒或金属碎屑等异物进入眼内或冲击面部，焊接作业时的焊接弧光，都可能引起眼部的伤害；清洗反应釜等作业时，其中的酸碱液体、腐蚀性烟雾进入眼中或冲击到面部皮肤，可能引起角膜或面部皮肤的烧伤。为防止有毒刺激性气体、化学性液体对眼睛的伤害，需佩戴封闭性护目镜或安全防护面罩。

六、听力护具

听力护具可用于防止噪声对人听力造成损害。耳塞因其体积小、便于佩戴、易洗涤、价格低等因素而被广泛采用在有限空间内进行某些钳工操作，如锯割、削、打磨等要佩戴耳塞，在大量气体长时间放空时也应佩戴耳塞。耳塞对正常谈话基本无影响。在噪声环境中还有助于听讲，耳塞最好穿线连在一起使用。

第三节 电力有限空间防坠落用具

一、安全带

1. 安全带分类

安全带分两类，一类是汽车上乘客用的，另一类是凡距坠落高度基准面 2m 及其以上作业使用，其原理是在带子被快速拉动时锁紧机构动作，从而防止坠落和碰撞。

（1）下井作业时必须系好合格的安全带，安全带不能过长，根据可能触碰的物体至工作面的相对高度选择安全带长短。

（2）安全带应高挂低用，注意防止摆动，禁止在竖直管线上或突出物较短易滑脱的地方悬挂。

（3）安全带不够长，需重新找位置悬挂时，首先要保证脚下不滑或身体重心不至于悬空，然后松开安全带，更换悬挂位置。

（4）缓冲器速差式装置和自锁钩可串联使用，但禁止打结使用；不准将自锁钩直接挂在安全绳上使用，应直接挂在连接环上。

（5）安全带各部件不得任意拆卸。

2. 全身式安全带

全身式安全带由织带、带扣及其他金属部件等组合而成，与挂点等固定装置配合使用。其主要作用是防止高处作业人员发生坠落或发生坠落后将作业人员安全悬挂，是一种可在坠落时保持坠落者正常体位，防止坠落者从安全带内滑脱，还能将冲击力平均分散到整个躯干部分，减少对坠落者下背部伤害的安全带，如图 6-3 所示。有马甲式、交叉式等。

图 6-3　全身式安全带部件组成

图 6-3 中：

1—背部 D 形环：安全带上用于坠落制动的基本挂点；

2—D 形环延长带：与背部的 D 形环相连，使 D 形环与绳子的连接更容易，这样用户就可以完全确定挂钩是否完全挂好；

3—肩部 D 形环：带有撑杆或 Y 形缓冲减震带的肩部 D 形环，用于在有限空间内的救援或逃生；

4—胸带：用于连接两个肩带，通过一个连接扣环使身体固定在安全带内；

5—腰带：扣环式或扣眼式，用户可根据需要和偏好选择腿上的松紧程度；

6—软垫：柔软、稳当，在工作定位时有助于支撑身体下部；

7——体的腰带：有助于工作定位和存放工具；

8—下骨盆带：位于臀部以下，有助于工作定位和在下坠时分担受力；

9—侧面 D 形环：位于侧臀部或紧挨其上部位，用于工作定位和限位；

10—胸部 D 形环：胸前交叉安全带的 D 形环或圆环，用于爬梯或援救时的定位；

11—侧肋环：加固的带环，用于救援和降落。

3. 自锁器

自锁器是附着在刚性或柔性导轨上，可随使用者的移动沿导轨滑动，由坠落动作引发制动作用的部件，又称导向式防坠器、抓绳器等。

在攀爬时，自锁器可依据使用者速度随着使用者向上移动，一旦发生坠落可瞬时锁止，最大限度地降低坠落给人体带来的冲击力，从而保护作业人员生命安全。自锁器携带方便，安装使用也很便利，拆卸时则需要两个以上的动作才可打开，安全可靠。

4. 速差自控器

速差自控器是安装在挂点上，装有可伸缩长度的绳（带、钢丝绳）串联在系带和挂点之间，在坠落发生时因速度变化引发制动作用的产品，又称速差器、收放式防坠器等。按安全绳的材料及形式不同，可分为织带速差器、纤维绳索速差器和钢丝绳速差器三类。按功能差异，可分为带有整体救援装置和不带整体救援装置两类。

速差器的标记由产品特征、产品性能两部分组成，如表 6-10 所示。

表 6-10　　　　　　　　速　差　器　的　标　记

项目	标记
产品特征	以字母 Z 代表织带速差器，以字母 X 代表纤维绳索速差器，以字母 G 代表钢丝绳速差器，以字母 J 代表速差器带有整体救援装置，以阿拉伯数字代表安全绳最大伸展长度
产品性能	以字母 J 代表基本性能，以字母 G 代表高温性能，以字母 D 代表低温性能，以字母 S 代表浸水性能，以字母 F 代表抗粉尘性能，以字母 Y 代表抗油污性能
示例：Z-J-3 GJ-GFY-10	Z-J-3 表示具备基本性能的织带速差器，安全绳最大伸展长度为 3m； GJ-GFY-10 表示带有整体救援装置的钢丝绳速差器，同时具备高温、抗粉尘性能和抗油污性能，安全绳最大伸展长度为 10m

与其他坠落防护用品相比，速差器具有以下特点：

（1）由于速差器的安全绳在正常使用时是随人体上下而自由伸缩，所以可以大大减少被安全绳绊倒的危险。

（2）速差器是利用物体下坠速度差进行自控，安全绳在内部机构作用下处半紧张状态，使操作人员无牵挂感。万一失足坠落安全绳拉出速度明显加快时，速差器内部锁止系统即自动锁止，锁止距离小，反应速度快，最大限度地使坠落者接近工作平台，方便救援；同时，也有效降低了可能由于下坠摇摆幅度过大而撞击其他物体从而导致的事故。

（3）速差器的安全绳伸缩长度可达到 30m 甚至更长，这意味着使用者将获得更大的活动空间，有效减少了因防护用品本身长度限制给作业带来的不便，安全绳在不使用的状态下，将自动缩回壳体内，起到保护安全绳的作用，使速差器寿命更长、可靠性更高。

二、安全绳

下井作业，尤其是进入有毒害气体的空间内作业，必须系好安全绳。且绳子不能太长，绳头系于身上或突出的物体上，禁止系到竖直的管线上，注意防止滑脱。

安全绳是在安全带中连接系带与挂点的绳。一般与缓冲器配合使用，起扩大或限制佩戴者活动范围、吸收冲击能量的作用。

安全绳按作业类别分为围杆作业用安全绳、区域限制用安全绳和坠落悬挂用安全绳；按材料类别分为织带式安全绳、纤维绳式安全绳、钢丝绳式安全绳和链式安全绳。

三、缓冲器

缓冲器是串联在系带和挂点之间，发生坠落时吸收部分冲击能量、降低冲击力的部件，如图 6-4 所示。

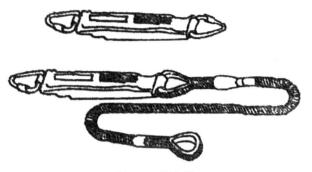

图 6-4　缓冲器

缓冲器按自由坠落距离和制动力不同，分为Ⅰ型缓冲器和Ⅱ型缓冲器，如表 6-11 所示。

表 6-11　　　　　　　　　　　　　　缓 冲 器 分 类 表

缓冲器类型	Ⅰ型	Ⅱ型
自由坠落距离（m）	≤1.8	≤4
制动力（kN）	≤4	≤6

四、连接器

连接器是指可以将两种或两种以上元件连接在一起，具有常闭活门的环状零件连接器，一般用于将系带和绳或绳和挂点连接在一起，如图 6-5 所示。

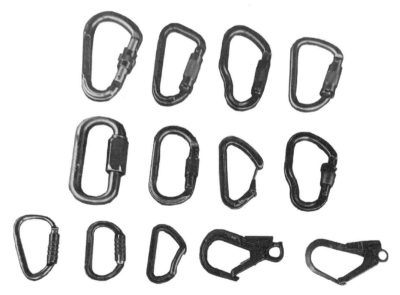

图 6-5　各种形式的连接器

《坠落防护　连接器》（GB/T 23469—2009）规定了连接器的一般要求、技术性能、测试方法及标识。连接器按照功能可以分为以下几类：

（1）自动关闭连接器：有自动关闭活门的连接器。

（2）基本连接器：用作系统组件的自动关闭连接器，亦称为 B 型连接器。

（3）多用连接器：可置于一定直径轴上，用于系统组件的基本连接器或螺纹连接器，亦称为 M 型连接器。

（4）绳端连接器：系统中只能按预定方向使用的连接器，亦称为 T 型连接器（具有一个连接环眼，用于固定安全绳）。

（5）挂点连接器：能自动关闭，与特定类型挂点直接连在一起的连接器，亦称为 A 型连接器（挂点的类型为螺栓、管道、横梁等）。

（6）螺纹连接器：用于长期或永久地连接，螺纹关闭时活门部分可以承担受力，亦称为 Q 型连接器。

（7）旋转连接器：连接器本体同连接环眼可以相对旋转的 T 型连接器，亦称为 S 型连接器（S 型连接器用于类似速差器等安全绳较长的场合）。

（8）缆用连接器：用于同索（缆）连接的 B 型连接器，亦称为 K 型连接器〔K 型连接器一般可以在索（缆）上一定距离内滑动〕。

五、三脚架

三脚架主要应用于竖向有限空间需要防坠或提升装置，但没有可靠挂点的场所。作为临时设置的挂点，作业或救援时，三脚架与绞盘、速差自控器安全绳、安全带等配合使用，如图 6-6 所示。

图 6-6　三脚架

六、防坠落用具的选择、使用与维护

1. 防坠落用具的选择

（1）首先对安全带进行外观检查，看是否有碰伤、断裂及存在影响安全带技术性能的缺陷，检查带零部件是否有异常情况。

（2）对防坠落用具重要尺寸及质量进行检查，包括规格、安全绳长度、腰带宽度等。

（3）检查安全带上必须具有的标记，如：制造厂名商标、生产日期、许可证编号、LA 标识和说明书中应有的功能标记等。

（4）检查防坠落用具是否有质量保证书或检验报告，并检查其有效性，即出具报告的单位是否是法定单位，盖章是否有效（复印无效），检测有效期检测结果及结论等。

（5）安全带属特种劳动防护用品，因此，应到有生产许可证厂家或有特种防护用品定点经营证的商店购买。

（6）选择的安全带应适应特定的工作环境，并具有相应的检测报告。

（7）选择安全带时一定要选择适合使用者身材的安全带，这样可以避免因安全带过小或过大而给工作造成的不便和安全隐患。

2. 安全带的正确穿戴

安全带的正确穿戴对于坠落防护的效果十分重要，现以全身式安全带为例，其正确穿戴步骤为：

（1）握住安全带的背部 D 形环、抖动安全带，使所有的编织带回到原位。

（2）如果胸带、腿带和/或腰带被扣住的话，那么这时则需要松开编织带并解开带扣。

（3）把肩带套到肩膀上，让 D 形环处于后背两肩中间的位置。

（4）从两腿之间拉出腿带，扣好带扣。按同样方法扣好第二根腿带。如果有腰带的话，要先扣好腿带再扣腰带。

（5）扣好胸带并将其固定在胸部中间的位置。拉紧肩带，将多余的肩带穿过带夹来防止松脱。

（6）都扣好以后，收紧所有带子，让安全带尽量贴紧身体，但又不会影响活动，将多余的带子穿到带夹中防止松脱。

3. 挂点的选择

选择挂点时应考虑以下因素：

（1）挂点的强度。挂点至少应承受 22kN 的力（大约 2t），一般情况下，搭建合适的脚手架、建筑物预埋的金属挂点、金属材质的电力及通信塔架均可作为挂点，但水管、窗框等则不适合作为挂点，如果不能确定挂点的强度，应请工程人员进行核实和测试。

（2）挂点的位置。挂点应尽量在作业点的正上方，如果不行，最大摆动幅度不应大于 $45°$，而且应确保在摆动情况下不会碰到侧面的障碍物，如图 6-7 所示，以免造成伤害；挂点的高度应能避免作业人员坠落后不触及其他障碍物，以免造成二次伤害；如使用的是水平柔性导轨，则在确定安全空间的大小时，应充分考虑发生坠落时导轨的变形。

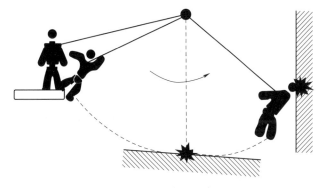

图 6-7　挂点位置示意图

4. 安全带使用注意事项

（1）使用安全带前应检查各部位是否完好无损，安全绳和系带有无撕裂、开线、霉变，金属配件是否有裂纹、腐蚀现象，弹簧弹跳性是否良好，以及其他影响安全带性能的缺陷。如发现存在影响安全带强度和使用功能的缺陷，则应立即更换。

（2）安全带应拴挂于牢固的构件或物体上，应防止挂点摆动或碰撞。

（3）使用坠落悬挂安全带时，挂点应位于工作平面上方。

（4）使用安全带时，安全绳与系带不能打结使用。

（5）高处作业时，如安全带无固定挂点，应将安全带挂在刚性轨道或具有足够强度的柔性轨道上，禁止将安全带挂在移动或带尖锐角的或不牢固的物件上。

（6）使用中，安全绳的护套应保持完好，若发现护套损坏或脱落，必须加上新套后再使用。

（7）安全绳（含未打开的缓冲器）不应超过2m，不应擅自将安全绳接长使用，如果需要使用2m以上的安全绳，应采用自锁器或速差自控器。

（8）使用中，不应随意拆除安全带各部件，不得私自更换零部件。

（9）使用连接器时，受力点不应在连接器的活门位置。

（10）安全带应在制造商规定的期限内使用，一般不应超过5年，如发生坠落事故，或有影响性能的损伤，则应立即更换。

（11）超过使用期限的安全带，如有必要继续使用，则应每半年抽样检验一次，合格后方可继续使用。

（12）如安全带的使用环境特别恶劣，或使用频率格外频繁，则应相应缩短其使用期限。

5. 安全带的维护与保管

（1）安全带只需用清水冲洗和中性洗涤即可，洗后挂在阴凉通风处晾干。

（2）如果安全带沾有污渍应予以清理，避免安全隐患。

（3）安全带不使用时，应由专人保管。存放时，不应接触高温、明火、强酸、强碱或尖锐物体，不应存放在潮湿的地方。

（4）储存时，应对安全带定期进行外观检查，发现异常必须立即更换，检查频次应根据安全带的使用频率确定。

6. 三脚架的安装与使用

三脚架在使用前要对设备各组成部分（速差器、绞盘、安全绳）的外观进行目测检查，检查连接挂钩和锁紧螺栓的状况、速差器的制动功能。检查必须由使用该设备的人员进行。一旦发现有缺陷，不要使用该设备。

（1）取出三脚架，解开捆扎带，并直立放置。

（2）移动三脚架至需施救的井口上（底脚平面着地），将三支柱适当分开角度，底脚防滑平面着地，用定位链穿过三个底脚的穿孔。调整长度适当后，拉紧并相互勾挂在一起，防止三支柱向外滑移。必要时，可用钢钎穿过底脚插孔，砸入地下定位底脚。

（3）拔下内外柱固定插销，分别将内柱从外柱内拉出。根据需要选择出长度后，将内外柱插销孔对正，插入插销，并用卡簧插入插销卡簧孔止退。

（4）将防坠制动器从支柱内侧卡在三脚架任一个内柱上（面对制动器的支柱，制动器摇把在支柱右侧），并使定位孔与内柱上定位孔对正，将安装架上配备的插销插入孔内固定。

（5）逆时针摇动纹盘手柄，同时拉出盘绞绳，并将绞绳上的定滑轮挂于架头上的吊耳上（正对着固定纹盘支柱的一个）。

7. 三脚架使用注意事项

（1）安装前必须检查三脚架安装是否稳定、牢固，保证定位链限位有效，纹盘安装正确。

（2）在负载情况下停止升降时，操作者必须握住摇把手柄，不得松手。

（3）无负载放长绳时，必须一人逆时针摇动手柄，一人抽拉绞绳；不放长绞绳时，请勿随意逆时针转动手柄。

（4）使用中绞绳松弛时，绝不允许绞绳折成死结，否则将损毁绞绳，再次使用时将发生事故。

（5）卷回绞绳时，尤其在绞绳放出较长时，应适当加载，并尽量使绞绳在卷筒上排列有序，以免再次使用受力时绞绳相互挤压受损。

（6）必须经常检查设备，各零件齐全有效，无松脱、老化、异响；绞绳无断股、死结情况；发现异常，必须及时检修排除。

8. 三脚架维护和保养

三脚架使用后，要存放在干燥、通风、室温和远离阳光的地方。如果作业中沾染上了污物，应用温水和家用肥皂进行清洗，不推荐使用含酸或碱性的溶剂。清洗后必须风干，而且要远离火源和热源。

9. 其他

（1）严禁作业人员随意蹬踩电缆或电缆托架、槽盒等附属设施上下管井，见图 6-8。

（2）作业过程中不动无关设备，不抛扔工具，见图 6-9。

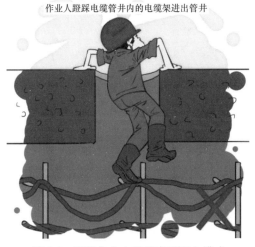

图 6-8　严禁作业人员随意蹬踩电缆或
电缆托架、槽盒等附属设施上下管井

图 6-9　不得抛扔工器具

第四节　电力有限空间作业安全防护设备

一、通风设备

吸附在电力有限空间清理物中的有毒有害物质，在搅拌、翻动中会被解析释放出来，

如污水井中翻动污泥时大量硫化氢释放；或进行作业过程中产生有毒有害物质，如涂刷油漆、电焊等自身会散发出有毒有害物质。因此，在有限空间作业中，应配备通风机对作业场所进行通风换气，使作业场所的空气始终处于良好状态。对存在易燃易爆可能的场所，所使用的通风机应采用防爆风机，如图 6-10 所示，以保证安全。

图 6-10　防爆风机

选择风机时，必须确保能够提供作业场所所需的气流量。这个气流必须能够克服整个系统的阻力，包括通过抽风罩支管、弯管机连接处的压损。过长的风管、风管内部表面粗糙、弯管等都会增大气体流动的阻力，对风机风量的要求就会更高。同时，在使用前还需检查风管是否有破损，风机叶片是否完好，电线是否有裸露，插头是否有松动，风机是否能正常运转；使用过程中，风机应该放置在洁净的气体环境中，以防止捕集到的腐蚀性气体或蒸气，或者任何会造成磨损的粉尘对风机造成损害。风机还应尽量远离有限空间的出入口。目前没有一个统一的关于换气次数的标准，可以参考一般工业上普遍接受的每 3min 换气一次（20 次/h）的换气率，作为能够提供有效通风的标准。

二、小型移动发电设备

在有限空间作业过程中，经常需要临时性的通风、排水、供电、照明等，这些设备往往是由小型移动发电设备（见图 6-11）保障供电，作为现场电源供应。

1. 小型移动式发电机使用前的检查

（1）检查油箱中的机油是否充足，若机油不足，则发电机不能正常启动；若机油过量，发电机也不能正常工作。

（2）检查油路开关和输油管路是否有漏油、渗

图 6-11　小型移动式发电机

油现象。

（3）检查各部分接线是否探露，插头有无松动，接地线是否良好。

2．小型移动式发电机使用中的注意事项

（1）使用前，必须将底架停放在平稳的基础上，运转时不准移动，且不得使用帆布等物遮盖。

（2）发电机外壳应有可靠接地，并应加装剩余电流动作保护器，防止工作人员发生触电。

（3）启动前需断开输出开关，将发电机空载启动，运转平稳后再接电源带负载。

（4）运行中的发电机应密切注意发动机声音，观察各种仪表指示是否在正常范围内，检查运转部分是否正常，发电机温升是否过高。

（5）应在通风良好的场所使用，禁止在有限空间内使用，见图 6-12。

图 6-12　禁止在有限空间使用汽油发电机

三、便携式安全电压防爆照明设备

有限空间作业环境常常是在容器、管道、井坑等光线黑暗的场所，因此，应携带照明灯具才能进入作业。这些场所潮湿且可能存在易燃易爆物质，所以，照明灯具的安全性显得十分重要。按照有关规定，在这些场所使用的照明灯具应用 24V 以下的安全电压；在潮湿容器、狭小容器内作业，应用 12V 以下的安全电压；在有可能存在易燃易爆物质的作业场所，还必须配备达到防爆等级的照明器具，如防爆手电筒、防爆照明灯，如图 6-13 所示。

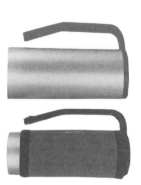

图 6-13　便携式防爆工作灯

四、通信设备

在有限空间作业，有时往往监护者与作业者因距离或转角而无法直接面对，监护者无法了解和掌握作业者情况，因此，必须配备必要的通信器材，与作业者保持定时联系。

考虑到有毒有害危险场所可能具有易燃易爆的特性，所以，所配置的通信器材也应该选用防爆型的，如防爆电话、防爆对讲机等，如图 6-14 所示。

五、安全梯

安全梯是用于作业者上下地下井、坑、管道、容器等的通行器具，也是事故状态下逃生的通行器具。根据作业场所的具体情况，应配备相适应的安全梯。有限空间作业，一般利用直梯、折梯或软梯。安全梯从制作材质上分为竹制的、木制的、金属制的和绳木混合制的；从梯子的形式上分为移动直梯、移动折梯、移动软梯，如图 6-15 所示。

图 6-14　防爆对讲机

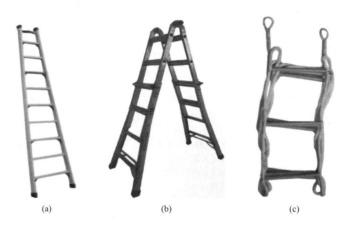

(a)　　　　　　　(b)　　　　　　　(c)

图 6-15　安全梯的三种形式

(a) 移动直梯；(b) 移动折梯；(c) 移动软梯

使用安全梯时应注意如下事项：

（1）使用前必须对梯子进行安全检查。首先检查竹、木、绳、金属类梯子的材质是否发霉、虫蛀、腐烂、腐蚀等；其次检查梯子是否有损坏、缺档、磨损等情况，对不符合安全要求的梯子应停止使用；有缺陷的应修复后使用。对于折梯，还应检查连接件、铰链和撑杆，检查固定梯子工作角度的装置是否完好，如不完好，应修复后使用。

（2）使用时，梯子应加以固定，避免接触油蜡等易打滑的材料，防止滑倒；也可设专人扶挡。

（3）在梯子上作业时，应设专人安全监护。梯子上有人作业时不准移动梯子。

（4）除非专门设计为多人使用，否则梯子上只允许 1 人在上面作业。

（5）折梯的上部第二踏板为最高安全站立高度，应涂红色标志。梯子上第一踏板不得站立或超越。

第七章 个人呼吸防护用品

第一节 呼吸防护用品的分类和选择

一、呼吸防护方法

呼吸防护方法分为净气法和供气法两种，呼吸防护用品可分为过滤式和隔绝式两大类，见表 7-1。

表 7-1   与呼吸防护方法对应的呼吸防护用品分类

呼吸防护方法对应的呼吸防护用品	分类
1. 净气法又称净化法，是使吸入的气体经过滤料去除污染物质获得较清洁的空气供佩戴者使用的方法。滤料的特性与污染物的成分和物理状态有关。这类呼吸防护用品只能对所用滤料相适应的特定污染物起防护作用，不能对所有污染物起防护作用，更不能用于缺氧环境。 2. 净气法对应过滤式呼吸器	1. 送风过滤式。 2. 自吸过滤式： 　1）半面罩； 　2）全面罩
1. 供气法提供一个独立于作业环境的呼吸气源，通过空气导管、软管或佩戴者自身携带的供气（空气或氧气）装置向佩戴者输送呼吸的气体。 2. 供气法对应隔绝式呼吸器	1. 携气式： 　1）正压式； 　2）负压式。 2. 供气式： 　1）正压式； 　2）负压式

1. 过滤式呼吸器

过滤式呼吸器是指依靠过滤元件将空气污染物过滤掉后用于呼吸的呼吸器。使用者呼吸的空气来自污染环境，最常见的是自吸过滤式防颗粒物呼吸器或防毒面具，自吸过滤式呼吸器是靠使用者自主呼吸克服过滤元件阻力，吸气时面罩内压力低于环境压力，属于负压呼吸器，具有明显的呼吸阻力；动力送风式过滤式呼吸器是靠机械动力或电力克服阻力，将过滤后的空气送到面罩内呼吸，送风量可以大于一定劳动强度下人的呼吸量，吸气过程中面罩内压力可维持高于环境压力，属于正压式呼吸器。

过滤式呼吸器主要由过滤元件和面罩两部分组成，有些还在过滤元件与面罩之间加呼吸管连接。过滤元件的作用是过滤空气中的污染物，如果选择不当，呼吸器就不能起作用。过滤元件主要有防颗粒物类、防气体类和蒸气类，以及防颗粒物、气体和蒸气组合类，每种过滤元件都有各自的适用范围。面罩的作用是将佩戴者的呼吸器官与污染空气隔离。面罩有半面罩和全面罩两种，半面可罩住口、鼻部分，有的也包括下巴；全面罩可罩住整个面部区域，包括眼睛。

过滤式呼吸器不能产生氧气，因此，不能在缺氧环境中使用。此外，过滤元件的容量有限，防毒滤料的防护时间会随有害物浓度升高而缩短，防尘滤料会因粉尘的累积而增加阻力，因此需要定期更换。

2. 隔绝式呼吸器

隔绝式呼吸器是将佩戴者的呼吸器官完全与污染环境隔绝，呼吸的气体来自污染环境之外。其中，长管呼吸器是依靠一根长长的空气导管，将污染环境以外的洁净空气输送给佩戴者呼吸。对于自主呼吸，或送风量低于佩戴者呼吸量的设计，佩戴者吸气时面罩内呈负压，属于自吸式或负压式长管呼吸器。对于靠气泵或高压空气源输送空气的设计，在一定劳动强度下能保持面罩内压力高于环境压力，属于正压式长管呼吸器。携气式呼吸器佩戴者呼吸的空气来自其自身携带的气瓶，高压气体经减压后输送到全面罩内供给人员呼吸，而能够维持呼吸面罩内的正压。隔绝式呼吸器不靠过滤元件净化空气中的污染物，因此适用于各类空气污染物存在的环境。其使用时间也与污染物质浓度无关，主要取决于气源装置。例如，使用风机作为供气装置的送风式长管呼吸器，其使用间只由风机的运转时间决定，一般情况下能够保证长时间使用；使用气瓶作为供气装置的供气式携气式呼吸器，其使用时间则由气瓶容量和使用者呼吸量确定，一般较为有限电动送风式长管呼吸器在正常运行的情况下，虽然使用时间不受限制，但长长的空气导管会限制使用者的活动范围，且有意外弯折、断裂导致供气中断的风险。相比而言，正压式空气呼吸器在使用时活动范围较大，安全性较高，但设备较重，需要良好的体力，此外进入狭小空间也会受到一定限制。

二、呼吸防护用品的主要类型和选择一般原则

1. 呼吸防护用品的主要类型

呼吸防护用品是指防御缺氧空气和空气污染物进入呼吸道的防护用品，其主要类型如图 7-1 所示，并汇总对照呼吸防护用品的种类及功能如表 7-2 所示。

2. 呼吸防护用品选择的一般原则

（1）在没有防护的情况下，任何人不应暴露在能够或可能危害健康的空气环境中。

（2）应根据国家的有关职业卫生标准对作业中的空气环境进行评价，识别有害环境性质，判定危害程度。

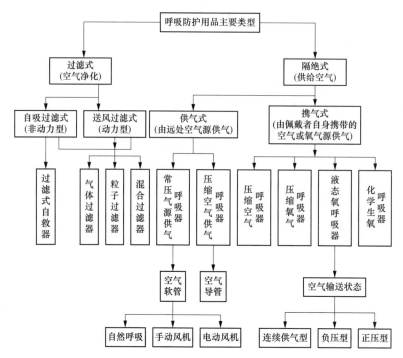

图 7-1　呼吸防护用品的主要类型

表 7-2　　　　　　　　　　　　　呼吸防护用品种类及功能

呼吸防护用品种类	定义及功能
过滤式呼吸防护用品	能把吸入的作业环境空气通过净化部件的吸附、吸收、催化或过滤等作用，除去其中有害物质后作为气源的呼吸防护用品
自吸过滤式呼吸防护用品	靠佩戴者呼吸克服部件阻力的过滤式防护用品
送风过滤式呼吸防护用品	靠动力（如电动风机或手动风机）克服部件阻力的过滤式防护用品
隔绝式呼吸防护用品	能使作业者的呼吸器官与作业环境隔绝，靠本身携带的气源或者依靠导气管引入作业环境以外洁净气源的呼吸防护用品
长管呼吸器	使佩戴者的呼吸器官与周围空气隔绝，并通过长管输送清洁空气供呼吸的防护用品

（3）应首先考虑采取工程措施控制环境中有害物质的浓度。若工程措施因各种原因无法实施，或无法完全消除环境中的有害物质，以及在工程措施未生效期间，仍需在有害环境中作业的，应根据作业环境、作业状况和作业人员特点选择适合的呼吸防护用品。

（4）应选择国家认可的、符合标准要求的呼吸防护用品。

（5）选择呼吸防护用品时，也应参照使用说明书的技术规定，符合其适用条件。

（6）若需要使用呼吸防护用品预防有害环境的危害，单位应建立并实施规范的呼吸保护计划。

三、根据有害环境的性质和危害程度选择呼吸防护用品

1. 识别有害环境性质

应识别作业中的有害环境，了解以下情况：

（1）是否能够识别有害环境。

（2）是否缺氧及氧气浓度值。

（3）是否存在空气污染物及其浓度。

（4）空气污染物存在形态，是颗粒物、气体或蒸气，还是它们的组合，并进一步了解以下情况：

1）若是颗粒物，应了解是固态还是液态，其沸点和蒸气压，在作业温度下是否明显挥发，是否具有放射性，是否为油性，可能的分散度，是否有职业卫生标准，是否有 IDLH 浓度，是否还可经皮肤吸收，是否对皮肤致敏，是否刺激或腐蚀皮肤和眼睛等。

2）若是气体或蒸气，应了解是否具有明显气味或刺激性等警示性，是否有职业卫生标准，是否有 IDLH 浓度，是否还可经皮肤吸收，是否对皮肤致敏，是否刺激或腐蚀皮肤和眼睛等。

2. 危害程度判定

按如下方法判定危害程度：

（1）如果有害环境性质未知，应作为立即威胁生命和健康浓度（immediately dangerous to life or health concentration，IDLH）环境。

（2）如果缺氧，或无法确定是否缺氧，应作为 IDLH 环境。

（3）如果空气污染物浓度未知，达到或超过 IDLH 浓度，只要是其中之一，就应作为 IDLH 环境。

（4）若空气污染物浓度未超过 IDLH 浓度，应根据国家有关职业卫生标准规定的浓度，计算危害因数。若同时存在几种空气污染物，应分别计算每种空气污染物的危害因数，取其中最大的数值作为危害因数。

3. 根据危害程度选择呼吸防护用品

（1）IDLH 环境的防护。IDLH 环境下，适用的呼吸防护用品是：

1）配全面罩的正压式携气式呼吸器。

2）在配备适合的辅助逃生型呼吸器的前提下，配全面罩或送气头罩的正压供气式呼吸器。

（2）非 IDLH 环境的防护。非 IDLH 环境下，应选择指定防护因数（APF）大于危害因数的呼吸防护装备。各类呼吸防护用品的防护能力不同，其相应的指定防护因数（ΛPF）也不同，如表 7-3 所示。

表 7-3 各类呼吸防护用品的指定防护因数（APF）

呼吸防护用品类型	面罩类型	正压式	负压式
自吸过滤式	半面罩	不适用	10
	全面罩		100
送风过滤式	半面罩	50	不适用
	全面罩	>200 且 <1000	
	开放型面罩	25	
	送气头罩	>200 且 <1000	
长管呼吸器	半面罩	50	10
	全面罩	1000	100
	开放型面罩	25	不适用
	送气头罩	1000	
携气式呼吸器	半面罩	>1000	10
	全面罩		100

指定防护因数（APF）是一种或一类适宜功能的（符合产品标准）呼吸防护用品在适合使用者佩戴（指面罩与使用者脸型适配）且正确使用的前提下，预期能将空气污染物浓度减低的倍数。无论是过滤式还是隔绝式半面罩，负压式呼吸器的指定防护因数相同，如防尘口罩、可更换半面罩和自吸式半面罩长管呼吸器的指定防护因数都是 10；自吸过滤式防毒全面罩或全面罩自吸长管呼吸器的指定防护因数都为 100；全面罩正压式携气式呼吸器的指定防护因数最高，其防护能力最强。相对于一定的劳动强度，呼吸防护用品使用者的任一呼吸循环过程中，呼吸器面罩内压力均大于环境压力称为负压式呼吸器；相对于一定的劳动强度，呼吸防护用品使用者的任一呼吸循环过程中，呼吸器面罩内压力在吸气阶段低于环境压力称为正压式呼吸器。防毒全面罩可用于有毒有害气体浓度不超过 100 倍职业卫生标准的环境，但也有一种情况例外，即当污染物 IDLH 浓度低于 100 倍职业卫生标准时。例如，硫化氢最高允许浓度是 10mg/m³，其 IDLH 浓度为 430mg/m³。IDLH 浓度是职业卫生标准的 43 倍，虽然全面罩指定防护因数为 100，但仍然不能使用，必须使用携气式呼吸器。对呼吸器类型的确定，除了要根据职业卫生标准判断外，还取决于单位内部对毒物暴露的控制水平，以及对作业环境其他因素的考虑，如现场浓度波动水平、浓度测量准确性、对具体使用者保护水平的特殊考虑等。

4. 根据空气污染物种类选择呼吸防护用品

（1）有毒气体和蒸气的防护。可选择隔绝式或过滤式呼吸防护用品。若选择过滤式呼吸器，应注意以下几点：

1）应根据有害气体和蒸气的种类选择适用的过滤元件（滤毒罐或滤毒盒），对现行标准中未包括的过滤元件种类，应根据呼吸防护用品生产厂商提供的使用说明选择。

2）对于没有警示性或警示性很差的有毒气体或蒸气，应优先选择有失效指示器的呼

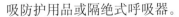

吸防护用品或隔绝式呼吸器。

（2）颗粒物的防护。可选择隔绝式或过滤式呼吸器。若选择过滤式呼吸器，应注意以下几点：

1）对于挥发性颗粒物的防护，应选择能够同时过滤颗粒物及其挥发气体的呼吸防护用品。

2）应根据颗粒物的分散度选择适合的防尘口罩。

3）若颗粒物为液态或具有油性，应选择能过滤油性颗粒的呼吸防护用品。

4）若颗粒物具有放射性，应选择过滤效率为最高等级的防尘口罩。

（3）若颗粒物、毒气和蒸气同时存在，按如下原则选择：

1）若颗粒物、毒气和蒸气同时存在时，可选择隔绝式或过滤式呼吸器。

2）若选择过滤式呼吸器，应选择有效过滤元件或过滤元件组合的过滤式呼吸器。

四、根据作业状况选择呼吸防护用品

在符合有害环境选择的前提下，还应考虑作业状况的不同特点来选择呼吸防护用品：

（1）若空气污染物同时刺激眼睛或皮肤，或可经皮肤吸收，或对皮肤有腐蚀性，应选择全面罩，同时选择的呼吸防护用品应与其他个人防护用品相兼容。

（2）若有害环境为爆炸性环境，选择的呼吸防护用品应符合相应的防爆要求。若选择携气式呼吸器，只能选择空气呼吸器，不允许选择氧气呼吸器。

（3）作业环境存在高温、低温或高湿，或存在有机溶剂或其他腐蚀性物质时，应选择耐高温、耐低温或耐腐蚀的呼吸防护用品，或选择能够调节温度、湿度的供气式呼吸器。

（4）选择供气式呼吸器时，应注意作业地点与气源间的距离、供气导管对现场其他作业人员的妨碍、供气导管被切断或损坏等问题，并采取相应的预防措施。

（5）若作业强度较大或作业时间较长，应选择呼吸负荷较低的呼吸防护用品。

（6）若有清楚视觉的要求，应选择视野较好的呼吸防护用品；若有语言交流的需要，应选择有适宜通话功能的呼吸防护用品。

（7）若作业中存在可以预见的紧急危险情况，应根据危险的性质选择适用的逃生型呼吸器，或选择适用于 IDLH 环境的呼吸防护用品。

五、根据作业人员特点选择呼吸防护用品

1. 头面部特征

密合型面罩（半面罩和全面罩）有弹性密封设计，靠施加一定压力，使面罩与使用者面部密合，确保将内外空气隔离。在选择面罩时，应根据脸型大小选择不同型号。同时，应考虑使用者的面部特征，若有疤痕、凹陷的太阳穴、非常突出的颧骨、皮肤褶皱、鼻畸形等影响面部与面罩之间的密合时，应选择与面部特征无关的面罩，如头罩。此外，胡须或过长的头发会影响面罩与面部之间的密合性，使用者应预先刮净胡须，避免将头

发夹在面罩与面部皮肤之间。

2. 舒适性

应评价作业环境，确定作业人员是否将承受物理因素（如高温）的不良影响，选择能够减轻这种不良影响、佩戴舒适的呼吸防护用品，如选择有降温功能的供气式呼吸防护用品。

3. 视力矫正

视力矫正眼镜不应影响呼吸防护用品与面部的密合性。若呼吸防护用品提供使用矫正镜片的结构部件，应选用适合的视力矫正镜片，并按照使用说明书要求操作使用。

4. 身体状况

对有心肺系统病史、对狭小空间和呼吸负荷存在严重心理应激反应的人员，应考虑其使用呼吸防护用品的能力。

第二节　呼吸防护用品的使用和维护

一、呼吸防护用品的使用

1. 呼吸防护用品使用一般原则

（1）任何呼吸防护用品的防护功能都是有限的，使用前应了解所用呼吸防护用品的局限性，并仔细阅读产品使用说明，严格按要求使用。

（2）应向所有使用人员提供呼吸防护用品使用方法培训。对作业场所内必须配备逃生型呼吸器的有关人员，应接受逃生型呼吸器使用方法培训。携气式呼吸器应限于受过专门培训的人员使用。

（3）使用前应检查呼吸防护用品的完整性、过滤元件的适用性、气瓶气量、提供动力的电源电量等，符合有关规定才能使用。

（4）进入有害环境前，应先佩戴好呼吸防护用品。供气式呼吸器应先通气、后佩戴面罩，防止窒息。对于密合型面罩，应做佩戴气密性检查，以确认密合。橡胶面罩负压气密性的检查方法是：使用者用手将过滤元件进气口堵住，或将进气管弯折阻断气流；缓缓吸气，罩会向内微微塌陷，面罩边缘紧贴面部，屏住呼吸数秒，若面罩继续保持塌陷状态，说明密合良好，否则应调整面罩位置和头带松紧等，直至没有泄漏感。

（5）在有害环境作业的人员应始终佩戴呼吸防护用品。

（6）逃生型呼吸器只能用于从危险环境中离开，不允许单独使用其进入有害环境。

（7）当使用中感到异味、咳嗽、刺激、恶心等不适症状时，应立即离开有害环境，并检查呼吸防护用品，确定并排除故障后方可重新进入有害环境；若无故障存在，应更换失效的过滤元件。

（8）若呼吸防护装备同时使用数个过滤元件，如双过滤盒，应同时更换。

（9）若新过滤元件在某种场合迅速失效，应重新评价所选过滤元件的适用性。

（10）除通用部件外，在未得到产品制造商认可的前提下，不应将不同品牌的呼吸防护装备的部件拼装或组合使用。

（11）所有使用者应定期体检，评价是否适合使用呼吸防护用品。

2. 在 IDLH 环境中呼吸防护用品的使用

在空间允许的情况下，应尽可能由两人同时进入危险环境作业，并配备安全带和救生索；在作业区外应至少留 1 人，与进入人员保持有效联系，并应配备救生和急救设备。

3. 在低温环境下呼吸防护用品的使用

（1）全面罩镜片应具有防雾或防霜的能力。

（2）供气式呼吸器或携气式呼吸器使用的压缩空气或氧气应干燥。

（3）使用携气式呼吸器的人员应了解低温环境下的操作注意事项。

4. 过滤式呼吸器过滤元件的更换

因有限空间作业中有毒有害气体危害比较突出，这里只对过滤式呼吸器中防毒过滤元件的更换注意事项进行说明。防毒过滤元件的使用寿命受空气污染物种类及其浓度、使用者呼吸频率、环境温度和湿度条件等因素的影响。一般按照下述方法确定防毒过滤元件的更换时间：

（1）当使用者感觉空气污染物味道或刺激性时，应立即更换。

（2）对于常规作业，建议根据经验、实验数据或其他客观方法，确定过滤元件更换时间表，定期更换。

（3）每次使用后记录使用时间，帮助确定更换时间。

（4）普通有机气体过滤元件对低沸点有机化合物的使用寿命通常会缩短，每次使用后应及时更换；对于其他有机化合物的防护，若两次使用时间相隔数日或数周重新使用时也应考虑更换。

5. 供气式呼吸器的使用

（1）使用前应检查供气气源质量，气源应清洁无污染，并保证氧含量合格。

（2）供气管接头不允许与作业场所其他气体导管接头通用。

（3）应避免供气管与作业现场其他移动物体相互干扰，不允许碾压供气管。

二、呼吸防护用品的维护

呼吸防护用品的种类较多，要充分发挥各种呼吸防护用品的功能作用，除了正确选择、使用外，对可重复性使用的呼吸防护用品进行维护、保持原有的功能作用，也是非常重要的。

1. 呼吸防护用品的检查与保养

（1）应按照呼吸防护用品使用说明书中有关内容和要求，由受过培训的人员实地定期检查和维护，对使用说明书未包括的内容，应向生产者或经销者咨询。

（2）携气式呼吸器使用后应立即更换用完的或部分使用的气瓶或呼吸气体发生器，并更换其他过滤部件。更换气瓶时，不允许将空气瓶和氧气瓶互换。

（3）应按国家有关规定，在具有相应压力容器检测资格的机构定期检测空气瓶或氧气瓶。

（4）应使用专用润滑剂润滑高压空气或氧气设备。

（5）不允许使用者自行重新装填过滤式呼吸防护用品滤毒罐或滤毒盒内的吸附过滤材料，也不允许采取任何方法自行延长已经失效的过滤元件的使用寿命。

2. 呼吸防护用品的清洗与消毒

（1）个人专用的呼吸防护用品应定期清洗和消毒，非个人专用的每次使用后都应清洗和消毒。

（2）不允许清洗过滤元件。对可更换过滤元件的过滤式呼吸防护用品，清洗前应将过滤元件取下。

（3）清洗面罩时，应按使用说明书要求拆卸有关部件，使用软毛刷在温水中清洗，或在温水中加入适量的中性洗涤剂清洗，清水冲洗干净后在清洁场所避日风干。

（4）若需使用广谱消毒剂消毒，在选用消毒剂时，特别是需要预防特殊病菌传播的情形，应先咨询呼吸防护用品生产者和工业卫生专家。应特别注意消毒剂生产者的使用说明，如稀释比例、温度和消毒时间等。

3. 呼吸防护用品的储存

（1）呼吸防护用品应保存在清洁、干燥、无油污、无阳光直射和无腐蚀性气体的地方。

（2）若呼吸防护用品不经常使用，建议将呼吸防护用品放入密封袋内储存。储存时，应避免面罩变形。

（3）防毒过滤元件不应敞口储存。

（4）所有紧急情况和救援使用的呼吸防护用品应保持待用状态，并置于适宜储存、便于管理、取用方便的地方，不得随意变更存放地点。

第三节　电力有限空间作业常用的呼吸防护用品

根据有限空间特点，作业中使用的呼吸防护用品主要有自吸过滤式防毒面具、长管呼吸器、正压式空气呼吸器和紧急逃生呼吸器等。

一、自吸过滤式防毒面具

自吸过滤式防毒面具是靠佩戴者自身的呼吸为动力，将环境中的毒气或有毒蒸气吸入，经滤毒罐或滤毒盒净化清除有害物质，为佩戴者提供洁净的气体进行呼吸。

1. 自吸过滤式防毒面具分类

根据结构不同，自吸过滤式防毒面具分为以下两类：

（1）导管式防毒面具：由将眼、鼻和口全遮住的全面罩、大型或中型滤毒罐和导气管组成（见图 7-2）。其特点是防护时间较长，一般由专业人员使用。

（2）直接式防毒面具：由全面罩或半面罩直接与小型滤毒罐或滤毒盒相连接（见图 7-3）。其特点是体积小，重量轻，便于携带，使用简便。

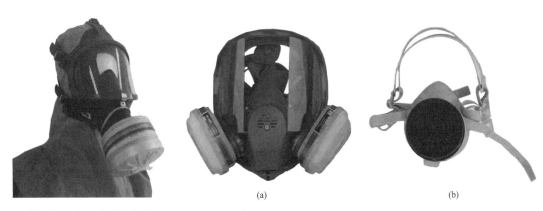

图 7-2 导管式防毒面具

图 7-3 直接式防毒面具

（a）全面罩式；（b）半面罩式

2. 自吸过滤式防毒面具的防毒原理

（1）利用防毒面具面罩的气密性隔绝面罩的内外部空间。在面罩罩体的内侧周边有密合框，它是面罩与佩戴者面部贴合的部分，由橡胶材料制成。密合框的功能是将面罩内部空间与外部空间隔绝，防止有毒有害气体漏入面罩内部空间，确保防毒面具的防护性能。面具的气密性包括眼窗、通话器、过滤罐等接口的气密性，即面罩装配气密性；还包括面罩密合框与人员头面部的密合性，即佩戴气密性。装配气密性应在生产中解决，并经严格检验合格。佩戴气密性应在设计时考虑密合框与人的头面型的适应性，通常能满足要求。

气密性好的面具，环境中的污染物不能渗透到面具内部伤害人体。

（2）防毒面具滤毒罐（滤毒盒）的防毒原理。滤毒罐（滤毒盒）是依靠其内部的装填物来净化有害物质。装填物由两部分组成：一是装填层，用于过滤有毒气体或蒸气；二是滤烟层，用于过滤有害气溶胶（如毒烟、毒雾、放射性灰尘和细菌等）。

装填层中用的是载有催化剂或化学吸附剂的活性炭，通常称为浸渍活性炭或浸渍炭，或称为防毒炭或催化炭。防毒性能与浸渍活性炭的性能和质量有很大关系。浸渍活性炭通过物理吸附、化学吸着和催化三种作用来达到防毒目的。

滤烟层对有害气溶胶的过滤作用取决于滤烟层的材料，目前常用的是玻璃纤维滤烟层。气溶胶微粒通过滤烟层时发生截留效应、惯性效应、扩散效应和静电效应，以达到过滤的效果。

（3）过滤件类型及防护对象。各类呼吸防护用品过滤件的防护对象及防护时间见表 7-4。

表 7-4 　　　　　　　　各类呼吸防护用品过滤件的防护对象及防护时间

过滤件类型	标色	防护对象举例	测试介质	4级		3级		2级		1级		穿透浓度(mL/m³)
				测试介质浓度(mg/L)	防护时间(min,≥)	测试介质浓度(mg/L)	防护时间(min,≥)	测试介质浓度(mg/L)	防护时间(min,≥)	测试介质浓度(mg/L)	防护时间(min,≥)	
A	褐	苯、苯胺类、四氯化碳、硝基苯、氯化苦（硝基三氯甲烷）	苯	32.5	135	16.2	115	9.7	70	5.0	45	10
B	灰	氯化氰、氢氯酸、氯气	氢氰酸（氯化氰）	11.2(6)	90(80)	5.6(3)	63(50)	3.4(1.1)	27(23)	1.1(0.6)	25(22)	10
E	黄	二氧化硫	二氧化硫	26.6	30	13.3	30	8.0	23	2.7	25	5
K	绿	氨	氨	7.1	55	3.6	55	2.1	25	0.76	25	25
CO	白	一氧化碳	一氧化碳	5.8	160	5.8	100	5.8	27	5.8	20	50
Hg	红	汞	汞	—	—	0.01	4800	0.01	3000	0.01	2000	0.1
H_2S	蓝	硫化氢	硫化氢	14.1	70	7.1	110	4.2	35	1.4	35	10

注　1. 穿透浓度是指在防毒性能测试中，判定过滤器已经失去防护作用时排出气流中的毒气浓度值。
　　 2. 有可能存在于气流中，所以 (C_2N_2+HCN) 总浓度不能超过 $10mL/m$。

3. 自吸过滤式防毒面具的适用条件

（1）防毒面具是一种过滤式呼吸器，只能用于氧气含量合格（即氧含量介于 19.5% 和 23.5% 之间）的环境。

（2）当在有限空间作业过程中，有毒有害气体种类已知、浓度相对稳定，且始终低于 IDLH 时，方可考虑使用具有相应防护功能的防毒面具。在具体选用时，应根据有限空间内有毒有害气体的危害因数，选择半面罩防毒面具或全面罩防毒面具。

1）当危害因数<10 时，即有限空间内有毒有害气体浓度小于 10 倍职业卫生标准规定浓度时，可选择半面罩防毒面具（APF 为 10）。

2）当危害因数<100 时，即有限空间内有毒有害气体浓度小于 100 倍职业卫生标准规定浓度时，可选择全面罩防毒面具（APF 为 100）。

（3）不同型号的防毒面具，其面罩有不同规格应根据使用者的头面型进行选配。

（4）《呼吸防护 自吸过滤式防毒面具》（GB 2890）对过滤件的标色、防护对象及防护时间做了要求，可供选用时参考。当有限空间中存在的有毒有害气体不止一种，且不属于一种过滤件类型时，应选择复合型的滤毒罐或滤毒盒。

（5）当有限空间内氧气含量合格、有毒有害气体浓度很低且较为稳定，不会产生变化时，短时间作业可以佩戴防毒面具；多在有限空间内具备较为良好的通风环境下，进行涂装、焊接作业时保护人员健康的情况下使用。

4. 自吸过滤式防毒面具的使用方法

（1）检查。使用前检查面罩是否完好，密合框是否有破损，进气阀、呼气阀、头带等部件是否完好有效。使用导管式防毒面具时，要特别检查导管的气密性，观察是否有孔洞或裂缝。

（2）连接。选择与需防护的有毒气体种类相适应的合格有效的滤毒罐或滤毒盒，打开封口，将其与面罩上的螺口对齐并旋紧。若使用导管式防毒面具，则面罩通过导气管与滤毒罐相连。

（3）佩戴。松开面罩的带子，一手持面罩前端，另一手拉住头带，将头带往后拉，罩住头顶部（要确保下巴正确位于下巴罩内），调整面罩，使其与面部达到最佳的贴合程度。若使用导管式防毒面具，应将滤毒罐固定在身体上。

5. 自吸过滤式防毒面具的使用注意事项

（1）必须根据有限空间作业现场的有毒气体种类选择相应型号的过滤元件，不可随意替代。

（2）只有在有限空间作业过程中，氧含量始终合格，有毒有害气体种类已知、浓度稳定且始终小于 IDLH 时，才可选用防毒面具。

（3）在使用前应检查防毒面具各部件是否完好。

（4）佩戴防毒面具时必须保持端正，面具带要分别系牢，要调整面具使其不松动、不漏气。

（5）佩戴防毒面具作业过程中，若感到异味、咳嗽、刺激、恶心等不适症状时，应立即离开有害环境，检查防毒面具，并对有限空间作业环境进行检测。

（6）有限空间作业一般不建议使用过滤式防毒面具。

二、长管呼吸器

1. 长管呼吸器的分类

长管呼吸器是使佩戴者的呼吸器官与周围空气隔绝，并通过长管输送清洁空气供呼吸的防护用品，属于隔绝式呼吸器中的一种。根据供气方式不同，可以分为自吸式长管呼吸器、连续送风式长管呼吸器和高压送风式长管呼吸器 3 种。表 7-5 所示为长管呼吸器的分类及组成。

表 7-5   长管呼吸器的分类及组成

长管呼吸器种类	系统组成主要部件及次序					供气气量
自吸式长管呼吸器	密合型面罩 [a]	导气管 [a]	低压长管 [a]	低阻过滤器 [a]		大气 [a]
连续送风式长管呼吸器		导气管 [a] + 流量阀 [a]	低压长管 [a]	过滤器 [a]	风机 [a]	大气 [a]
					空气压缩机 [a]	
高压送风式长管呼吸器	面罩 [a]	导气管 [a] + 供气阀 [b]	中压长管 [b]	高压减压器 [c]	过滤器 [c]	高压气源 [c]
所处环境	工作现场环境			工作保障环境		

注 [a]：承受低压部件；[b]：承受中压部件；[c]：承受高压部件。

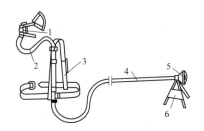

图 7-4 自吸式长管呼吸器结构示意图

1—面罩；2—吸气软管；3—背带和腰带；4—导气管；5—空气输入口（低阻过滤器）；6—警示板

（1）自吸式长管呼吸器。自吸式长管呼吸器结构如图 7-4 所示，由面罩、吸气软管、背带和腰带、导气管、空气输入口（低阻过滤器）和警示板等组成，是将长管的一端固定在空气清新无污染的场所，另一端与面罩连接，依靠佩戴者自身的肺动力将清洁的空气经低压长管、导气管吸进面罩内。

由于这种呼吸器是靠自身的肺动力，因此，在呼吸的过程中不能总是维持面罩内为微正压，当面罩内压力下降为微负压时，就有可能造成外部受污染的空气进入面罩内。有限空间长期处于封闭或半封闭状态，容易造成氧含量不足或有毒有害气体积深。在有限空间内使用该类呼吸器，可能由于面罩内压力下降呈现微负压状态，缺氧气体或有毒气体渗入面罩，并随着佩戴者的呼吸，对其身体健康与生命安全造成威胁。此外，由于该类呼吸器依靠佩戴者自身肺动力吸入有限空间外的洁净空气，在有限空间内从事重体力劳动或长时间作业时，可能会给佩戴该呼吸器作业人员的呼吸带来负担，使作业人员感觉呼吸不畅，因此，在有限空间作业时，不应使用自吸式长管呼吸器。

（2）连续送风式长管呼吸器。根据送风设备动力源不同，分为手动送风呼吸器和电动送风呼吸器。

手动送风呼吸器无需电源，由人力操作，体力强度大，需要 2 人一组轮换作业，送风量有限，有限空间作业不建议使用该类呼吸器。

电动送风呼吸器结构如图 7-5 所示，由密合面罩、吸气软管、背带和腰带、空气调节袋、流量调节装置、导气管、风量转换开关、电动送风机、过滤器和电源线等部件组成。

电动送风呼吸器的使用时间不受限制，供气量较大，可同时供 1~5 人使用，送风量依人数和导气管长度而定。在使用时，应将送风机放在有限空间外清洁空气中，保证送入的空气是无污染的清洁空气。

（3）高压送风式长管呼吸器。高压送风式长管呼吸器是由高压气源（如高压空气瓶）经压力调节装置把高压降为中压后，将气体通过导气管送到面罩供佩戴者呼吸的一种防护用品，如图7-6所示。该种呼吸器由两个高压空气容器瓶作为气源，当主气源发生意外中断供气时，可切换至备用的供气装置，即小型高压空气容器。

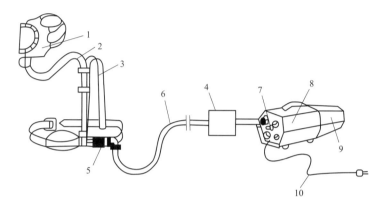

图 7-5　电动送风呼吸器结构示意图

1—密合面罩；2—吸气软管；3—背带和腰带；4—空气调节袋；5—流量调节装置；

6—导气管；7—风量转换开关；8—电动送风机；9—过滤器；10—电源线

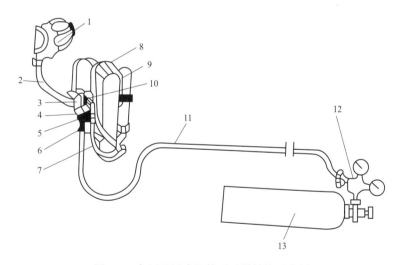

图 7-6　高压送风式长管呼吸器结构示意图

1—全面罩；2—吸气管；3—肺力阀；4—减压阀；5—单向阀；6—软管接合器；7—高压导管；8—着装带；

9—小型高压空气容器；10—压力指示计；11—空气导管；12—减压阀；13—高压空气容器

2. 长管呼吸器适用条件

（1）送风式长管呼吸器的指定防护因数为1000。

1）在缺氧或有毒有害气体浓度超标时，尤其是在作业过程中可能发生有毒有害气体浓度突然升高的情况下，应使用送风式长管呼吸器。

2）在 IDLH 环境下，此类隔绝式呼吸防护用品在配备适合的辅助逃生设备的前提下，也可选择送风式长管呼吸器。

（2）有限空间作业中不建议使用自吸式长管呼吸器。只有在连续送风式长管呼吸器气源装置（风机）发生故障，主动气源中断时，才会转换为自吸式长管呼吸器，即一种特殊状态下临时使用的呼吸器。

（3）在有限空间内长时间作业时，应选择可持续供电的连续送风式长管呼吸器。

（4）在有限空间内短时间作业，或有毒有害气体浓度较高时，可选择高压送风式长管呼吸器。

3. 长管呼吸器使用方法

（1）检查。

1）使用前检查面罩是否完好，密合框是否有破损，进气阀、呼气阀、头带、视窗等部件是否完整有效。

2）检查导气管、长管的气密性，观察是否有孔洞或裂缝。

3）使用连续送风式长管呼吸器时，检查气源装置是否运转正常；使用高压送风式长管呼吸器时，检查气瓶压力是否满足作业需要，检查报警装置功能是否正常。

（2）连接。

1）将导气管一端与面罩前端口对齐，旋紧，另一端与空气调节带或减压阀相连。

2）低（高压）长管一端与空气调节带（减压阀）相连，另一端与供气设备（包括风机、空气压缩机、高压气瓶）出气口相连。

3）连接电源，开启后检查气路是否通畅。

（3）佩戴。

1）背肩带，调整好肩带位置，扣上腰扣，收紧腰带。

2）松开面罩的带子，一手持面罩前端，另一手拉住头带，将头带往后拉，罩住头顶部（要确保下巴正确位于下巴罩内），调整面罩，使其与面部达到最佳的贴合程度，收紧面罩的头带。

3）检查面罩密封性，手掌心捂住凹形接口，深吸一口气，应感到面窗与面部贴紧（否则应更换）。

4）打开风机或空气压缩机电源或高压气瓶瓶阀。

5）调节空气调节阀、减压阀，调整供气量。

6）连续深呼吸，应感到呼吸顺畅。

4. 长管呼吸器使用注意事项

（1）长管必须经常检查，确保无泄漏，气密性良好。

（2）使用长管式呼吸器必须有专人在现场监护，防止长管被压、被踩、被折弯、被破坏。

（3）长管式呼吸器的进风口必须放置在有限空间作业环境外空气洁净、氧含量合格的地方，一般可选择在有限空间出入口的上风向。

（4）使用空气压缩机作气源时，为保护员工的安全与健康，空气压缩机的出口应设置空气过滤器，内装活性炭、硅胶、泡沫塑料等，以清除油水和杂质。

三、正压式空气呼吸器

1. 正压式空气呼吸器的组成

正压式空气呼吸器又称自给开路式空气呼吸器，既是自给式呼吸器，又是携气式呼吸防护用品。该类呼吸器将佩戴者呼吸器官、眼睛和面部与外界染毒空气或缺氧环境完全隔绝，自带压缩空气源，呼出的气体直接排到外部。

正压式空气呼吸器由面罩总成、供气阀总成、气瓶总成、减压器总成、背托总成五部分组成，其具体结构如图7-7所示。

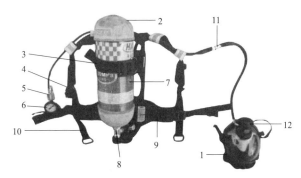

图 7-7　正压式空气呼吸器结构示意图

1—面罩；2—气瓶；3—带箍；4—肩带；5—报警哨；6—压力表；7—气瓶；

8—减压器；9—臂托；10—腰带组；11—快速接头；12—供气阀

（1）面罩总成有大、中、小三种规格。面罩总成由头罩、头颈带、吸气阀、口鼻罩、面窗、传声器、面窗密封圈、凹形接口等组成。头罩戴在头顶上；头颈带用以固定面罩；口鼻罩罩住佩戴者的口鼻，提高空气利用率，减少温差引起的面窗雾气；面窗是由高强度的聚碳酸酯材料注塑而成，耐磨、耐冲击、透光性好，视野大，不失真；传声器可为佩戴者提高有效声音传递；面窗密封圈起到密封作用；凹形接口用于连接供气阀总成。

（2）供气阀总成由节气开关、应急充泄阀、凸形接口、插板四部分组成。供气阀的凸形接口与面罩的凹形接口可直接连接，构成通气系统。节气开关外有橡皮罩保护，当佩戴者从脸上取下面罩时，为节约用气，用大拇指按住橡皮罩下的节气开关，会有"嗒"的一声，即关闭供气阀，停止供气，重新戴上面具，开始呼气时，供气阀将自动开启。供给空气应急充泄阀是一红色旋钮，当供气意外发生故障时，通过手动旋动 1/2 圈，即可提供正常的空气流量。此外，应急充泄阀还可利用流出的空气直接冲刷面罩、供气阀内部的灰尘等污物，避免吸入体内。插板是用于供气阀与面罩连接完好的锁定装置。

（3）气瓶总成由气瓶和瓶阀组成。气瓶从材质上分有钢瓶和复合瓶两种：钢瓶用高强度钢制作；复合瓶是在铝合金内胆外加碳纤维和玻璃纤维等高强度纤维缠绕制成，与钢瓶比具有重量轻、耐腐蚀、安全性好和使用寿命长等优点。气瓶从容积上分有3L、6L和9L三种规格。钢制瓶的空气呼吸器重达14.5kg，而复合瓶空气呼吸器一般重8~9kg。瓶阀有两种，即普通瓶阀和带压力显示及欧标手轮瓶阀。无论哪种瓶阀，都有安全螺塞，内装安全膜片，瓶内气体超压时，安全膜片会自动爆破泄压，从而保护气瓶，避免气瓶爆炸造成危害。欧标手轮瓶阀则带有压力显示和防止意外触碰而关闭阀门的功能。

（4）减压器总成由压力表、报警器、中压导气管、安全间、手轮五部分组成。压力表显示气瓶的压力，并具有夜光显示功能，便于在光线不足的条件下观察；报警器安装在减压器上或压力表处，安装在减压器上的为后置报警器，安装在压力表旁的为前置报警器。当气瓶压力降到5.5 ± 0.5MPa区间时，报警器应开始起鸣报警，持续报警到气瓶压力小于1MPa时为止。报警器件佩戴者应立即撤离有毒有害危险作场所，否则有生命危险。安全阀是当减压器出现故障时的安全排气装置。中压导气管是减压器与供气阀组成的连接气管，从减压器出来的0.7MPa的空气经供气阀直接进入面罩，供佩戴者使用。手轮用于与气瓶连接。

（5）背托总成包括背架、上肩带、下肩带、腰肩带和瓶箍带五部分。背架起到空气呼吸器的支架作用；上肩带、下肩带和腰带用于将整套空气呼吸器与佩戴者紧密固定于背架上；瓶箍带上的卡扣用于快速锁紧气瓶。

2. 正压式空气呼吸器适用条件

（1）正压式空气呼吸器的指定防护因数大于1000，是有限空间作业使用到的防护级别最高的呼吸防护用品，可以在IDLH环境中使用，并且多用于应急救援。

（2）使用温度一般在$-30 \sim 60$℃，且不能在水下使用。

（3）正压式空气呼吸器一般供气时间在40min左右，主要用于应急救援，不适宜作为作业过程中的呼吸防护用品。

3. 正压式空气呼吸器使用方法

不同厂家生产的正压式空气呼吸器在供气阀的设计上所遵循的原理是一致的，但外形设计却存在差异，使用过程中要认真阅读说明书。下面以供气阀与面罩可分离式正压式空气呼吸器为例介绍其使用方法：

（1）检查。

1）检查正压式空气呼吸器整体外观是否良好，包括背托、系带、导气管、阀体、气瓶有效期等。

2）气瓶压力是否满足作业需要。打开气瓶阀，压力表指针显示压力值逐渐上升，观察气瓶压力，气瓶存气量应满足需要。

3）检查报警用的声光设施是否正常。关闭气瓶阀，平缓地按动泄压阀，压力表显示数值逐渐下降，当压力降至 5.5±0.5MPa 时，蜂鸣报警器发出声响，提醒使用者气瓶压力不足。当报警哨发生"高报"（压力值未到报警区时开始报警）或"低不报"（压力值到报警区后仍不报警）情况时，均说明呼吸器存在问题，应及时更换。

4）检查面罩是否完好，气密性是否良好。将下颚抵住面罩的下罩内，把面罩罩好，用手掌心堵住呼吸阀体进出气口，吸气，面罩会向内微微塌陷，面罩边缘紧贴面部，屏住呼吸数秒，维持上述状态无漏气即说明密合良好。存在面罩泄漏情况的，应调整头带或更换面罩直至气密良好。

（2）佩戴。

1）背起空气呼吸器，使双臂穿在肩带中，气瓶倒置于背部。

2）调整呼吸器上下位置，扣上腰扣，收紧腰带。

3）松开面罩的带子，一手持面罩前端，另一手拉住头带，将头带往后拉罩住头顶部（要确保下巴正确位于下巴罩内），调整面罩，使其与面部达到最佳的贴合程度。

4）两手抓住颈带两端往后拉，收紧颈带；两手抓住头带两端往后拉，收紧头带。

5）打开瓶阀。

6）面罩与供气阀之间是可拆卸的，将供气阀与面罩对接，安装供气阀。

7）连续深呼吸，应感到呼吸顺畅。

4. 正压式空气呼吸器使用注意事项

（1）使用者应经过专业培训，熟悉掌握空气呼吸器的使用方法及安全注意事项。

（2）空气呼吸器应 2 人协同使用，当 1 人使用时，应制定安全措施，确保佩戴者的安全。

（3）空气呼吸器的气瓶充气应严格按照《气瓶安全监察规定》的规定执行，无充气资质的单位和个人禁止私自充气，空气瓶每 3 年应送有资质的单位检验 1 次。

（4）每次使用前要确保气瓶压力至少在 25MPa 以上。

（5）当报警器起鸣时或气瓶压力低于 5.5MPa 时，应立即撤离有毒有害危险作业场所。

（6）充泄阀的开关只能手动，不可使用工具，其阀门转动范围为 1/2 圈。

（7）平时空气呼吸器应由专人负责保管、保养、检查，未经授权的单位和个人无权拆、修空气呼吸器。

四、紧急逃生呼吸器

1. 紧急逃生呼吸器的作用和特点

紧急逃生呼吸器是为保障作业安全，携带进入有限空间，帮助作业者在作业环境发生有毒有害气体突出，或突然性缺氧等意外情况时，迅速逃离危险环境的呼吸器。它可以独立使用，也可以配合其他呼吸防护用品共同使用。

2. 紧急逃生呼吸器的分类和组成

根据有限空间的环境特点，选用的紧急逃生呼吸器为隔绝式，主要有压缩空气逃生器、自生氧气逃生器等。其包括的基本部件有：全面罩或口鼻罩和鼻夹、口具、呼吸软管或压力软管、背具、过滤器件、呼吸袋、气瓶等。

3. 紧急逃生呼吸器防护原理

（1）压缩空气逃生器。

逃生呼吸器自带有一小型的压缩气瓶，逃生器开启后自动向面罩内提供空气。

（2）自生氧气逃生器。

把储存在呼吸袋内的氧气经氧气管、吸气阀等从面罩吸入，呼气则通过呼气管进入净化罐，二氧化碳在此被吸收，氧气再返回呼吸袋中供吸气用。或通过化学药剂发生反应产生氧气，供逃生人员使用。使用的主要化学物质包括氧化钾、氧化钠、氯酸钠等。

4. 紧急逃生呼吸器一般适用条件

（1）有限空间初始环境检测合格。作业人员可不佩戴呼吸防护用品，但为防止空间内发生有毒有害气体突然出现或突然性缺氧的情况，应携带紧急逃生呼吸器进入有限空间实施作业。

（2）在 IDLH 环境中使用连续送风式长管呼吸器工作，为防止工作时风机故障、输气管发生破损等意外情况导致供气出现问题，应与紧急逃生呼吸器配合使用。

（3）长距离作业，如作业场所纵深距离超过 80m 时，作业时间与往返时间之和超过 40min 时，长管呼吸器及正压式空气呼吸器均不适用。此时应在对有限空间进行充分通风，确保氧气含量合格的情况下，携带紧急逃生呼吸器进入有限空间实施作业。

5. 紧急逃生呼吸器使用方法

作业中一旦有毒有害气体浓度超标，检测报警仪发出警示，迅速打开紧急逃生呼吸器。将面罩或头套完整地遮掩住口、鼻、面部甚至头部，迅速离危险环境。

6. 紧急逃生呼吸器使用注意事项

（1）紧急逃生呼吸器必须随身携带，不可随意放置。

（2）不同的紧急逃生呼吸器，其供气时间不同，一般在 15min 左右，作业人员应根据作业场所距有限空间出口的距离选择，若供气时间不足以安全撤离危险环境，在携带时应增加紧急逃生呼吸器数量。

五、电力有限空间作业常用几种呼吸防护用品比较

电力有限空间作业常用的呼吸防护用品有防毒面具、长管呼吸器、正压式长管呼吸器、紧急逃生呼吸器等，其优缺点、适用范围比较如表 7-6 所示。

表 7-6　　　　　　　　电力有限空间作业常用几种呼吸防护用品比较表

大类	小类	类型	适用条件及使用注意事项	优点	缺点
防毒面具	半面罩防毒面具（配滤毒盒）	半面罩自吸过滤式	1. 指定防护因数为 10。 2. 氧含量合格（19.5%～23.5%）。 3. 危害因数<10。 4. 有毒有害气体浓度很低且较为稳定，不会产生变化时，短时间作业可以佩戴。 5. 多在有限空间内具备较为良好的通风环境下，进行涂装、焊接作业时，为保护人员健康使的状况下用	体积小巧方便携带；成本低	1. 不能在缺氧环境使用。 2. 有毒有害气体浓度长时间处于较高水平或存在突出现象时，极易发生"击穿"
防毒面具	全面罩防毒面具（配滤毒罐或滤毒盒）	全面罩自吸过滤式	1. 指定防护因数为 100。 2. 氧含量合格（19.5%～23.5%）。 3. 危害因数<100。 4. 有毒有害气体浓度很低且较为稳定，不会产生变化时，短时间作业可以佩戴。 5. 多在有限空间内具备较为良好的通风环境下，进行涂装、焊接作业时，为保护人员健康的情况下使用	可随身携带，成本低	1. 不能在缺氧环境使用。 2. 有毒有害气体浓度长时间处于较高水平或存在突出现象时，极易发生"击穿"
长管呼吸器	自吸式长管呼吸器	负压供气隔绝式	仅在送风式长管呼吸器送风系统发生故障时自动切换成自吸式长管呼吸器，短时间暂时性使用	携带方便，成本较低	1. 靠自身肺动力维持，长距离使用影响正常呼吸。 2. 面罩内压力为微正压，易下降为微负压，此时外部有毒有害气体进入面罩内
长管呼吸器	连续送风式长管呼吸器	正压供气隔绝式	1. 指定防护因数为 100。 2. 在缺氧或有毒有害气体浓度超标时使用或可能发生气体浓度突然升高的情况中使用。 3. 配有辅助逃生设备的条件下，在 IDLH 环境中使用。 4. 使用时要求供气设备及外露长管有专人监护。 5. 使用高压送风式长管呼吸器时，要注意气瓶压力，保证充足的返回时间。 6. 准入检测为 2 级环境时，优先选择送风式长管呼吸器	使用时间不受限制，供气量较大，可供多人使用，风量可调，成本适中	1. 要求供气设备置于空气洁净、氧含量合格的位置。 2. 长距离使用时，要求有较大的送风量。 3. 一旦外界气源中断切换成自吸式长管呼吸器，可能造成长距离作业人员呼吸困难
长管呼吸器	高压送风式长管呼吸器	正压供气隔绝式	1. 指定防护因数为 100。 2. 在缺氧或有毒有害气体浓度超标时使用或可能发生气体浓度突然升高的情况中使用。 3. 配有辅助逃生设备的条件下，在 IDLH 环境中使用。 4. 使用时要求供气设备及外露长管有专人监护。 5. 使用高压送风式长管呼吸器时，要注意气瓶压力，保证充足的返回时间。 6. 准入检测为 2 级环境时，优先选择送风式长管呼吸器	气源清洁，供气量较大，可供多人使用，风量可调，高压气源意外中断供气时，有备用高压气瓶供气，气源环境不受影响	1. 设备体积大，不易携带。 2. 成本高。 3. 需要在有资质的机构进行气瓶充装

大类	小类	类型	适用条件及使用注意事项	优点	缺点
正压式空气呼吸器	正压式空气呼吸器	正压携气隔绝式	1. 指定防护因数为＞1000。 2. IDLH 环境中独立使用。 3. 主要用于应急救援。 4. 在持续性高浓度有毒有害气体或可能发生有毒有害气体浓度突然升高的情况下使用。 5. 一般使用时间在 40min 左右，使用时要注意气瓶压力，保证充足的返回时间。 6. 准入检测为 2 级环境时，次优选择（但不建议）正压式空气呼吸器	较高压送风式长管呼吸器体积小，可随身携带，指定防护因数最高，防护能力最强	1. 气瓶供气时间有限。 2. 成本高。 3. 需要在有资质的机构进行气瓶充装
紧急逃生呼吸器	自生氧逃生呼吸器		1. 可以独立使用，也可以配合其他呼吸防护用品使用。 2. 准入检测为 3 级环境，为保障作业安全，建议携带紧急逃生呼吸器，作业过程中发生意外时使用。 3. 一般使用时间在 15min 左右	成本低，体积小，易携带，使用方便	一次性使用
	正压空气瓶逃生呼吸器		1. 可以独立使用，也可以配合其他呼吸防护用品使用。 2. 准入检测为 3 级环境，为保障作业安全，建议携带紧急逃生呼吸器，作业过程中发生意外时使用。 3. 一般使用时间在 15min 左右	可反复使用，体积比自生氧逃生呼吸器大	1. 成本高。 2. 重量较重。 3. 需要在有资质的机构进行气瓶充装

第八章　电力有限空间作业现场安全事故防范措施

第一节　有限空间常见安全事故类型

一、有限空间作业风险特点

有限空间作业属于高风险作业，它具有以下特点：

（1）可导致死亡。

（2）有限空间存在的危害，大多数情况下是完全可以预防的，如加强培训教育，完善各项管理制度，严格执行操作规程，配备必要的个人防护用品和应急抢险设备等。

（3）发生的地点形式多样化，如船舱、储罐，管道、地下室、污水池（井）、化粪池、下水道、发酵池等。

（4）一些危害具有隐蔽性并难以预测。

（5）可能多种危害共同存在，如有限空间存在硫化氢危害的同时，还存在缺氧危害。

（6）某些环境下具有突发性，如开始进入有限空间检测时没有危害，但是在作业过程中突然涌出大量的有毒气体，造成急性中毒。

针对有限空间危害的特点，为了有效地预防事故的发生，除了对有关人员进行必要的培训教育外，还应从事故本身入手，通过对事故类型及其防范措施的宣贯来加深对有限空间的认识。有限空间常见的事故类型有：中毒、窒息，火灾与爆炸，淹溺，掩埋，其他（触电、机械损伤等）。

二、中毒、窒息

有限空间作业的事故类型虽然较多，但其中还是以中毒和窒息为主。

1. 中毒

中毒是指毒物侵入机体引起全身性疾病。有限空间内产生或积聚的一定浓度的有毒气体被作业人员吸入后，会引起人体中毒事故。常见的有毒气体有氯气、光气、硫化氢、氨气、氮氧化物、氟化氢、氰化氢、二氧化硫、煤气（主要有毒成分为一氧化碳）、甲醛气体等。一定浓度的这些气体被吸入后，会引起人体急性中毒。

2. 窒息

窒息是指引起人体组织处于缺氧状态的过程。可导致人体产生窒息的气体称为窒息性气体，一般分为两大类，每类都有几十种。

（1）单纯窒息性气体。如氮气、二氧化碳、甲烷、乙烷、水蒸气等，这类气体的本身毒性很小或无毒，但因它们在空气中含量高，使氧的相对含量大大降低，吸入这类气体会造成作业人员动脉血氧分压下降，导致机体缺氧而窒息。

（2）化学窒息性气体。化学窒息性气体根据中毒机制分为两类：一是血液窒息性气体，如一氧化碳等；二是细胞窒息性气体，如硫化氢、氰化氢、氟化氢等。化学窒息性气体能使氧在人的机体内运送和机体组织利用氧的功能发生障碍，造成全身组织缺氧。大脑对缺氧最为敏感，所以窒息性气体中毒首先主要表现为中枢神经系统缺氧的一系列症状，如头晕、头痛、烦躁不安、定向力障碍、呕吐、嗜睡、昏迷、抽搐等。

三、爆炸与火灾

1. 爆炸

爆炸是物质在瞬间以机械功的形式释放出大量气体和能量的现象，压力的瞬时急剧升高是爆炸的主要特征。爆炸事故具有很大的破坏作用，爆炸的冲击波容易造成重大伤亡。同时，有限空间发生爆炸、火灾，往往瞬间或很快耗尽有限空间的氧气，并产生大量的有毒有害气体，造成严重后果。如瓦斯爆炸事故中有相当部分人员为一氧化碳中毒死亡，不仅仅是爆炸冲击波造成死亡。

2. 火灾

可燃气体的泄漏、可燃液体的挥发和可燃固体产生的粉尘等和空气混合后，遇到电弧、电火花、电热、设备漏电、静电、闪电等点火能源后，高于爆炸上限时会引起火灾，在有限空间内可燃性气体容易积聚达到爆炸极限，遇到点火源则造成爆炸，造成对有限空间内作业人员及附近人员的严重伤害。

四、淹溺和坍塌掩埋

1. 淹溺

淹溺是指人淹没于水中，由于水吸入肺内（湿淹溺90%）或喉痉挛（干淹溺10%）导致窒息。当有限空间内有积水、积液，或因作业位置附近的暗流或其他液体渗透或突然涌入，可导致作业空间内液体水平面升高，引起正在有限空间内作业的人员淹溺。

如为淡水淹溺，低渗水可从肺泡渗入血管中引起血液稀释，血容量增加和溶血，血钾增高，使钠、氯化物及血浆蛋白下降，可使心脏骤停。如为海水淹溺，则高渗海水可通过肺泡将水吸出，引起血液浓缩及血容量减少，电解质扩散到肺毛细血管内导致血钾及钠增高，肺水肿。淹溺引起全身缺氧可导致脑水肿。肺部进入污水可发生肺部感染。在病情演变过程中可发生呼吸急速、低氧血症、播散性血管内凝血、急性肾功能衰竭等合并症。

2. 坍塌掩埋

有限空间作业位置附近建筑物的坍塌或其他流动性固体（如泥沙等）的流动，容易引起作业人员被掩埋。

五、其他有限空间常见事故类型

有限空间事故类型还包括灼伤与腐蚀、高温作业引起中暑、触电伤害、尖锐锋利物体引起的物理伤害和其他机械伤害等，有的作业如电、气焊作业，还会产生有毒有害气体，造成伤害。

第二节 有限空间安全事故防范措施

一、有限空间安全事故原因分析

重视有限空间作业安全，提高对有限空间作业危险性的认识，切实预防事故的发生，是当前安监部门和应急管理中心的一项重要工作和任务。作为电力生产企业，许多管线都在地下密闭空间中，检修人员在日常工作过程中，经常会进入有限空间作业，特别是在企业大修期间，检修人员进入有限空间作业的情况更多、更频繁，有限空间作业安全生产事故的发生，往往都是因一些不起眼的小原因而引发出大事故。

总结分析过往有限空间作业安全生产事故，事故原因主要有以下 7 个方面：

（1）企业没有正确辨识有限空间危险源，并予以高度重视。

（2）企业没有按照有关要求制定和严格执行有限空间作业安全管理制度和安全操作规程。

（3）对有限空间作业区域没有按照安全操作规程进行强制性通风。

（4）没有按照有关要求为有限空间作业人员配备劳动防护用品，或者配备了但不完全符合作业环境要求。

（5）没有做好监护工作，没有设置专职监护人员。

（6）作业人员缺乏自我保护意识和防范技能，在事故发生后盲目组织施救。

（7）缺乏培训教育培训，进入有限空间作业的人员，在没有接受任何安全培训教育且不了解有限空间危害的情况下进入有限空间作业场所。

应从各个方面加强有限空间安全事故防范，在有限空间进行作业时，存在窒息、中毒或爆炸等危险，容易发生生产安全事故，要督促企业按照《密闭空间作业职业危害防护规范》等要求，严格组织施工，落实隔离措施、作业票管理、安全教育培训、现场通风、有毒有害气体检测、安全监护以及个体防护用品准备等防范措施，确保作业安全。

二、广泛开展有限空间作业安全宣传和教育

有限空间作业涉及众多行业、领域和人们的日常生活，因此，加强全民安全知识和安全意识宣传教育，是防范有限空间作业安全事故的重要手段，采取措施如下：

（1）充分利用广播、电视、网络、报纸、杂志、宣传栏、专题培训班、专题讲座等各种可以利用的形式宣传有限空间作业的危险性和防范事故的方法。

（2）充分发挥专家和专业协会的作用，指导和帮助社区开展防范中毒窒息事故的安全培训，提高公众应急处置能力。

三、认真做好有限空间作业人员的安全培训

安全培训是安全生产管理工作中一个相当重要的组成部分。从"物"的方面来说，对有限空间的危害，可以采取各种相应的防护措施进行预防。而培训则是着眼于"人"的方面，由于人的违规操作，或者欠缺相关知识与技能，或者缺乏经验等，使得目前绝大多数事故的发生源于人自身的原因。

1. 培训内容

对于有限空间的培训，应涉及以下内容：

（1）有限空间的特点及危害。

（2）有限空间的危害识别与控制。

（3）发生危害暴露的表现与症状。

（4）有限空间的进入程序。

（5）有限空间的气体监测。

（6）作业许可证包括可能涉及的锁定标定程序和热工作业程序。

（7）相关人员（如进入人员、现场监护人员和进入主管）的职责。

（8）个人防护用品等。

2. 培训时机

对于有限空间的培训，应在以下时机安排进行：

（1）在被授权可以执行有限空间进入作业前。

（2）有限空间进入程序有变化。

（3）单位有限空间的危害有变化。

（4）单位有理由相信人员未遵守相关程序要求。

（5）应急救援人员的定期培训。

四、制定、完善有限空间作业安全管理制度并严格执行

1. 作业前认真进行危害辨识

（1）是否存在可燃气体、液体或可燃固体的粉尘发生火灾或爆炸而引起正在作业的

人员受到伤害的危险。

（2）是否存在因有毒、有害气体或缺氧而引起正在作业的人员中毒或窒息的危险。

（3）是否存在因任何液体水平位置的升高而引起正在作业的人员遇到淹溺的危险。

（4）是否存在因固体坍塌而引起正在作业的人员掩埋或窒息的危险。

（5）是否存在因极端的温度、噪声、湿滑的作业面、坠落、尖锐锋利的物体等物理危害而引起正在作业的人员受到伤害的危险。

（6）是否存在吞没、腐蚀性化学品、带电等因素而引起正在作业的人员受到伤害的危险。

2. **作业前实施隔断（隔离）、清洗、置换通风**

（1）实施隔断（隔离）措施是针对能源的释放和材料进入空间对许可空间进行保护和拆除许可空间与外部管路的连接过程，如加盲板、拆除部分管路、采用双截止阀和放空系统、所有动力源锁定和挂牌、阻塞和断开所有机械连接。

（2）对实施作业的有限空间进行清洗、置换通风，使作业空间内的空气与外界相同，这样可以排除累积、产生或挥发出的可燃、有毒有害气体，保证作业环境中的氧含量，从而保证作业人员安全。

3. **作业前严格进行取样分析**

对作业空间的气体成分，特别是置换通风后的气体进行取样分析，对各种可能存在的易燃易爆、有毒有害气体、烟气以及蒸汽、氧气的含量要符合相关的标准和要求。

4. **安排专人进行作业安全监护**

（1）进入有限空间作业要安排专人现场监护，并为其配备便携式有毒有害气体和氧含量检测报警仪器、通信设备、救援设备，不得在无监护人的情况下作业。

（2）作业监护人应熟悉作业区域的环境和工艺情况，有判断和处理异常情况的能力，掌握急救知识。由于有限空间作业的情况复杂，危险性大，在有限空间作业时都必须派专人监护，监护人必须具有特种作业证。

（3）专职监护人的职责如下：

1）接受有限空间作业安全生产培训。

2）全过程掌握作业者作业期间情况，保证在有限空间外持续监护，能够与作业者进行有效的操作作业、报警、撤离等信息沟通。

3）在紧急情况时向作业者发出撤离警告，必要时立即呼叫应急救援服务，并在有限空间外实施紧急救援工作。

4）防止未经授权的人员进入。

5）监护人员工作期间严禁擅离职守。

5. **个体防护措施**

（1）进入有限空间作业，必要时按规定佩戴适用的个体防护用品器具。

（2）进入一氧化碳、光气、硫化氢等无嗅或有毒、剧毒气体作业场所（现场安装）

都应该佩戴便携式有毒有害气体检测仪器。在特殊情况下，要佩戴隔离式防护面具。

（3）作业人员应定时轮换，作业单位可根据作业现场情况确定作业轮换时间。

（4）应使用安全电压和安全行灯，应穿戴防静电服装，使用防爆工具。

6. 进入有限空间作业检查确认程序

进入有限空间作业必须严格遵守检查确认程序，如表 8-1 所示。

表 8-1 进入有限空间作业的检查确认程序和对策措施

检查确认程序	对策措施
1. 特种作业人员是否持证上岗，是否办理了进入有限空间作业许可证	进入有限空间作业属于特种作业，特种作业人员必须持有有效的特种作业证持证上岗，而且每次进入有限空间作业，都要履行作业许可手续，办理进入有限空间作业许可证，许可证样式见表 8-2
2. 劳保着装是否规范	必须戴安全帽、防护眼镜、防护手套，穿工作服、劳保鞋；若进入有腐蚀介质的有限空间，必须穿戴防腐工作服、防腐面具、防腐鞋及防腐手套
3. 作业人员和监护人是否了解现场情况，是否清楚潜在的风险	作业前必须进行安全教育；生产单位必须与施工单位进行现场检查交底，施工单位负责人应向施工作业人员进行作业程序和安全措施交底
4. 是否制定了相应的作业程序、安全防范和应急措施	进入有限空间作业前，监护人员和作业人员必须熟知紧急状况时的逃生路线和救援方法，监护人与作业人员约定的联络信号；作业现场应配备一定数量的、符合规定的救生设施和灭火器材等
5. 是否严格执行"三不进入"	没有办理进入有限空间作业许可证不进入；安全防护措施没有落实不进入；监护人不在现场不进入
6. 进入有限空间作业前，是否已做好工艺处理	将有限空间吹扫、蒸煮、置换合格，所有与其相连且可能存在可燃可爆、有毒有害物料的管线、阀门应加盲板隔离，盲板处应挂牌标识
7. 对盛装过能产生自聚物的设备容器，是否做过加热试验	对盛装过能产生自聚物的设备容器，作业前应进行工艺处理，采取蒸煮、置换等方法，并做聚合物加热试验
8. 在缺氧、有毒环境中是否佩戴隔离式防毒面具	在特殊情况下，作业人员可佩戴供风式面具、空气呼吸器等；使用供风式面具时，供风设备必须安排专人监护
9. 进入有限空间作业是否使用安全电压和安全行灯	进入金属容器（炉、塔、釜、罐等）和特别潮湿、工作场地狭窄的非金属容器内作业，照明电压不大于12V；当需要使用电动工具或照明电压大于12V时，应按规定安装剩余电流动作保护装置（漏电保护器），其接线箱（板）必须放置在容器外部
10. 是否使用卷扬机、吊车等运送作业人员	进入有限空间作业，不得使用卷扬机、吊车等运送作业人员，作业人员所带的工具、材料须进行登记
11. 是否是易燃易爆环境	在易燃易爆环境中，应使用防爆电筒或电压不大于12V的防爆安全行灯；行灯变压器不得放在容器内或容器上；作业人员应穿戴防静电服装，使用防爆工具
12. 取样分析是否具有代表性、全面性	有限空间容积较大时，应对上、中、下各部位取样分析，保证有限空间任何部位的有害物质含量合格
13. 带有搅拌器等转动部件的设备，在断电后是否采取了必要的安全防范措施	带有搅拌器等转动部件的设备，应在停机后切断电源，摘除保险，并在断路器上悬挂"禁止合闸，有人工作"警示牌，必要时拆除转动部件与电机连接的联轴器
14. 是否存在交叉作业	应有防止交叉作业层间落物伤害作业人员的安全措施
15. 是否有防止人员误入的措施	在有限空间入口处应设置"危险！严禁入内"警告牌或采取其他封闭措施

续表

检查确认程序	对策措施
16. 作业场所照明光线是否不良或过度	按照国家标准设置照度
17. 设备的出入口内外是否保证其畅通无阻	设备的出入口内、外不得有障碍物，保证其畅通无阻，便于人员出入和抢救疏散
18. 有限空间内的通排风是否良好	进行作业的有限空间内，可采用自然通风；必要时可用通风机、鼓风机强制抽风或鼓风，但严禁向内充氧气
19. 进入有限空间需要进行登高、动火等作业时，是否按相应规定办理了作业许可手续	按规定办理相关登高、动火作业许可

7. 进入有限空间作业许可证

表 8-2 所示为进入有限（受限、密闭）空间作业许可证参考式样。

表 8-2　　　　　　　　　　进入有限（受限、密闭）空间作业许可证

No. :

装置/单元名称					设备名称			
原有介质					主要危险因素			
作业单位					监护人			
作业内容								
作业人员								
许可作业时间	年　月　日　时　分至　年　月　日　时　分							
实际工作时间	年　月　日　时　分至　年　月　日　时　分							
采样分析数据	采样时间	氧含量（%）		可燃气含量（%）		有毒气体含量（%）	分析者签名	
序号	主要安全措施						选项	确认人
1	所有与有限空间有联系的阀门、管线加符合规定要求的盲板隔离，列出盲板清单，并落实拆装盲板责任人							
2	设备经过置换、吹扫、蒸煮							
3	设备打开通风孔进行自然通风，温度适宜人员作业；必要时采用强制通风或佩戴空气呼吸器，但设备内缺氧时，严禁用通氧气的方法补氧							
4	相关设备进行处理，带搅拌机的设备应切断电源，挂"禁止合闸"标志牌，设专人监护							
5	盛装过可燃有毒液体、气体的有限空间，应分析可燃、有毒有害气体含量							
6	检查有限空间内部，具备作业条件，清罐时应用防爆工具							

8. 进出有限空间作业申请单

进入有限空间前，必须填写进出有限空间作业《申请单》（参考表 8-3）履行内部审批手续，并在工作前一日 12 点前通知有限空间设施管理单位，经当日有限空间设施管理单位许可后方可进入，工作时间内《申请单》由作业负责人收执。未经审批、许可，任

何人不允许开展有限空间作业。

表 8-3   **进出有限空间作业申请单**

（正面）   字第____号

有限空间名称及作业范围：_____   作业内容：_____   _____ 申请单位：_____   申请人及联系电话：_____   作业负责人：_____监护人：_____作业人员：_____共___人   作业起止时间：_____年___月___日___时___分至_____年___月___日___时___   具备有限空间作业要求的通风、气体测试、防护等条件，所有作业人员已接受过有限空间作业安全培训，并经考试合格，监护人具有特种作业操作证，能够确保现场作业安全。   作业负责人确认签名：_____   审批意见：_____   批准人：_____批准时间：_____年___月___日___时___分（以上由申请单位填写）   发包方意见：_____发包方（盖章）   签字：_____   （承发包时填写此项）   日期：_____年___月___日   有限空间设施管理单位：_____   经现场检查（或电话核实），施工单位现场具备测试仪、通风设备及个人防护用品，监护人具有特种作业操作证，可以开始作业。   许可人：_____许可时间：_____年___月___日___时___分   备注：

（背面）

	检测项目	氧含量	易燃易爆物质浓度	有毒有害气体（粉尘）浓度		检测人员	
进入前监测数据						检测时间	
						检测位置	
进入前监测数据	检测项目	氧含量	易燃易爆物质浓度	有毒有害气体（粉尘）浓度		检测人员	
						检测时间	
						检测位置	
进入前监测数据	检测项目	氧含量	易燃易爆物质浓度	有毒有害气体（粉尘）浓度		检测人员	
						检测时间	
						检测位置	
进入前监测数据	检测项目	氧含量	易燃易爆物质浓度	有毒有害气体（粉尘）浓度		检测人员	
						检测时间	
						检测位置	
进入前监测数据	检测项目	氧含量	易燃易爆物质浓度	有毒有害气体（粉尘）浓度		检测人员	
						检测时间	
						检测位置	

    说明：每次进入有限空间作业前，均应检测并记录表内，不够时可自行增加表格。

填写《申请单》应注意以下几点：

（1）《申请单》所列的申请人、批准人、许可人三者不得兼任。

（2）承包单位填写的《申请单》应有发包方管理人员签署的意见，并签字盖章。《申请单》一份交有限空间设施管理单位，一份自己留存。

（3）承包单位进入新建有限空间作业前，必须填写《申请单》履行内部审批和自己许可手续。若新建有限空间与现有的有限空间对接，应履行上述第（2）条要求。

9. 缺氧有限空间危险作业工作票

可能存在缺氧危险作业的场所，作业前应进行缺氧危险评估，缺氧危险评估应按相关规程、规范的要求执行。对缺氧危险作业场所的危害因素进行分析、监测，实行先监测后进入的原则。缺氧危险作业应实行作业许可管理，应执行 GB 26164.1《电业安全工作规程　第 1 部分：热力和机械》、GB 26859《电力安全工作规程　电力线路部分》、GB 26860《电力安全工作规程　发电厂和变电站电气部分》的工作票制度，对缺氧危险作业的工作许可、安全措施的执行、工作监护、工作人员变更、工作间断、工作延期和工作终结等环节进行全过程管理。缺氧危险作业工作票应包含的内容有：

（1）缺氧危险作业场所名称。

（2）缺氧危险作业内容。

（3）缺氧危险作业时间、期限。

（4）缺氧危险作业负责人、作业许可人、作业人员、专责监护人、监测人员等签名。

（5）缺氧危险作业场所内部结构示意图（标明存在的危险因素及产生的设施、存在的位置）。

（6）采取的隔离、通风等安全措施。

（7）配备的防护用品、呼吸器具、检测、通信、抢救装置。

（8）缺氧危险气体，包括氧气、易燃易爆气体、有毒气体及其他有害物质的监测结果、标准限值和缺氧危险环境评估状况。

10. 安全交底

作业前，作业负责人应向全体作业人员进行安全交底。交底清楚后交底人与被交底人双方在工作票上签字确认。安全交底的主要内容有：

（1）告知作业具体任务。

（2）作业程序。

（3）作业分工。

（4）作业中可能存在的危险因素。

（5）采取的防护措施及应急处置方案等内容。

五、制定应急救援预案

在实施有限空间作业前，相关人员应在危险辨识、风险评价的基础上，结合法律法规、标准规范的要求，在作业之前针对本次作业制定严密的、有针对性的应急救援计划，明确紧急情况下作业人员的逃生、自救、互救方法，并配备必要的应急救援器材，防止因施救不当造成事故扩大。现场作业人员、管理人员等都要熟知预案内容和救护设施使用方法。要加强应急救援预案的演练，使作业人员提高自救、互救及应急处置的能力。

第三节　开展电力有限空间安全措施现场实训

一、进入电力有限空间作业前准备工作

进入电力有限空间作业前准备工作现场实训大纲

1　技术要求

（1）熟记作业前准备的关键环节。

（2）正确辨识不同有限空间的主要危险有害因素。

（3）正确选择并设置警示设施。

（4）明确安全交底、安全检查内容。

2　训练内容

2.1　作业审批

（1）作业人员应携带经过生产经营单位相关负责人签字审批的有限空间作业审批单。

（2）查看作业点周边环境。

（3）了解作业现场周边环境，检查是否接近污水管线、燃气管线或其他重要地下设施。

（4）有限空间危险有害因素辨识。

（5）根据作业环境，辨识有限空间是否存在缺（富）氧、中毒、燃爆及其他危险有害因素。

2.2　设置警示设施

（1）在作业现场周边至少 1m 的距离处设置锥筒，拉设警戒线，或使用护栏作为警示围挡，且将作业设备设施纳入其围挡范围内。

（2）根据作业现场可能存在的危险有害因素设置警示标识或有限空间安全告知牌。其中，警示标识包括："当心缺氧""当心爆炸""当心中毒""当心坠落""注意安全""注意通风""必须系安全带""必须戴防毒面具""禁止入内"等。设置的警示标识或安全告知牌要能对作业区域周边无关人员和作业人员起到警示作用。

（3）设置信息公示牌，内容包括：作业单位名称与注册地址、主要负责人姓名与联系方式、现场负责人姓名与联系方式、现场作业的主要内容。

2.3　安全交底

明确作业具体任务、作业程序、作业分工、作业中可能存在的危险因素及应采取的防护措施等内容，交底人员与被交底人双方签字确认。

2.4　安全检查

检查作业防护、应急设备是否齐备、安全有效。

二、对要进入的电力有限空间进行气体检测

对要进入的电力有限空间进行气体检测实训大纲

1　技术要求

（1）熟练掌握气体检测设备的选择，检查，仪器使用操作方法。

（2）按照正确的检测时机，检测位置进行检测。

（3）正确记录及评估数据。

2　训练内容

2.1　根据模拟场景，选择气体检测设备

（1）根据教师提示，判断环境中可能存在的有毒有害气体的种类。

（2）选择适当的气体检测设备，如测氧气、硫化氢、一氧化碳、甲烷等气体的单一式检测报警仪，复合式检测报警仪和检测管装置等。气体检测设备要与环境中有毒有害气体种类、数量相匹配。

（3）作业前，选用泵吸式气体检测报警仪。作业期间，有限空间外实时监测选用泵吸式气体检测报警仪；有限空间内部选择泵吸式/扩散式气体检测报警仪均可。

2.2　检查气体检测设备

2.2.1　使用气体检测报警仪

（1）检查仪器外观是否完好，配件是否齐。

（2）检查仪器是否经过计量部门计量及是否已过计量的有效期。

（3）在洁净的环境下开机自检，之后检查仪器是否有电，若发现电量不足，应立即在安全的环境中更换电池或启用另一台检测报警仪。

（4）调零。观察可燃气体及有毒气体浓度在空气中所显示的数字是否为"0"，氧气浓度所显示的数字是否为"20.9"。为"0"或"20.9"，可继续使用；不为"0"或"20.9"，但读数在最小分率上下波动，可视为正常，继续使用；不为"0"或"20.9"且数值波动较大，需要根据说明书提示的方法进行试调零。

2.2.2 检查气体检测管装置

（1）如果待测气体已知，检查所选气体检测管是否与待测气体匹配。

（2）检测管两端是否完好，是否在有效期范围内。

（3）采样器气密性检查。用一支完整的检测管堵住采样器进气口，一只手拉动采样器拉杆，使手柄上的红点与采样器后端盖上的红线相对。停留数秒后松手，拉杆立即弹回。

（4）检查采气袋密封性。

2.3 掌握气体检测报警仪设置方法

根据仪器使用说明书所示，熟练完成菜单项设置。

2.4 按操作规程熟练操作检测设备进行气体检测

（1）使用单一式气体检测报警仪时要注意气体检测顺序，在保证一定氧含量的情况下检测可燃气体、有毒气体。

（2）初始环境检测时，根据有毒有害气体可能积聚在有限空间不同高度，应在有限空间上部、中部、下部或近端、远端等位置设置检测点，分别进行检测。

（3）作业期间，进行实时检测。

（4）使用时，不能在易燃易环境中更换电池或进行充电。

2.5 读取并记录气体浓度

（1）使用泵吸式气体检测报警仪检测时，要注意泵吸时间，保证读取的数据能够真实反映有限空间内气体浓度。

（2）使用检测管时，待被测气体与检测管内显色剂反应完全后才能读数，并注意检测管上的倍率及浓度单位。

（3）检测数据应如实进行记录，包括浓度、时间、位置、检测人等信息。

2.6 关机

在洁净空气中，待气体检测报警仪数值恢复至"零点"时，关闭仪器。

2.7 检测结果的评估

获得检测数据后，根据作业环境危险性分级标准进行分级评估。

三、选择安全用具并正确使用

选择安全用具并正确使用实训大纲

1 技术要求

（1）正确选择通风设备，并熟练掌握其组装和使用方法。

（2）熟练掌握照明设备的选择和使用方法。

（3）熟练掌握通信设备的选择和使用方法。

2　训练内容

2.1　正确选择、使用通风设备

（1）易燃易爆环境，选择防爆型风机。

（2）检查风管是否有破损，风机叶片是否完好，发电机油料是否充足，是否能正常发电，电线是否有裸露，插头是否有松动。

（3）正确连接风机、风管及发电机，在发电机正常运转前不得加装负载，即先启动发电机再连接风机。

（4）将风管投至有限空间下部或作业面。

（5）风机与发电设备分开，风机放置在空气新鲜、氧含量合格的地点。

（6）开机通风。

（7）送风机：风管一端与风机出风口相连，另一端放置在有限空间中下部，风机进风口放置在有限空间外上风向。

（8）排风机：风管一端与风机进风口相连，另一端放置在有毒有害物质排放点（污染物排放点）附近，风机出风口放置在有限空间外下风向。

2.2　正确选择使用照明设备

（1）易燃易爆环境，选择防爆型灯具。

（2）检查灯具外观，是否有破损，开机检查是否有电。

（3）照明灯具必须安置在能为作业者提供足够光线强度的位置。

（4）手持照明设备应选择安全电压，优先选择电压不大于 24V 的照明设备，在积水、结露的地下有限空间作业，手持照明电压应不大于 12V，超过安全电压的，应采取有效的漏电保护及绝缘措施。

（5）照明设备电量不足的，在安全场所（有限空间外）更换电池。

2.3　正确选择、使用通信设备

（1）易燃易爆环境，选择防爆型通信设备。

（2）检查设备外观，是否有破损，开机检查是否有电，通话是否通畅。

（3）作业过程中要定期进行信息沟通，包括作业环境情况、气体检测浓度、需立即撤离的信息等。

（4）通话期间出现信号中断，有限空间作业者立即撤离回到地面。

四、选择个人防护用品并正确佩戴

选择个人防护用品并正确佩戴实训大纲

1　技术要求

根据作业环境正确选择防护用品，熟练掌握佩戴、使用方法。

2 训练内容

2.1 正确使用呼吸防护用品

2.1.1 正确选择呼吸防护用品，应符合表 1 的要求。

表 1 　　　　　　　　正确使用呼吸防护用品相关要求

环境条件	可以选用的呼吸防护用品	建议选用的呼吸防护用品
全部合格	隔绝式紧急逃生呼吸器	隔绝式紧急逃生呼吸器
IDLH 环境	1. 正压式空气呼吸器 2. 配有辅助逃生设备设施的送风式长管呼吸器	1. 正压式空气呼吸器 2. 配有辅助逃生设备设施的送风式长管呼吸器
非 IDLH 环境（危害因数＜10）	半面罩防毒面具	送风式长管呼吸器
非 IDLH 环境（危害因数＜100）	全面罩防毒面具	送风式长管呼吸器
事故救援环境	正压式空气呼吸器、高压送风式长管呼吸器	正压式空气呼吸器、高压送风式长管呼吸器

2.1.2 使用防毒面罩时需正确选择滤毒罐（盒），应符合表 2 的要求。

表 2 　　　　　　　　正确选择滤毒罐（盒）应符合的要求

过滤件类型	标色	防护对象例示
A	褐	苯、苯胺类、四氯化碳、硝基苯、氯化苦
B	灰	氯化氰、氢氰酸、氯气
E	黄	二氧化硫
K	绿	氨
CO	白	一氧化碳
Hg	红	汞
H_2S	蓝	硫化氢

2.1.3 检查呼吸防护用品完好性，包括：

（1）面罩外观、气密性是否完好。

（2）导气管是否有破损漏气的地方。

（3）过滤件是否与有限空间内有毒有害气体相匹配，过滤件是否过期。

（4）气源是否充足，气源气压报警是否正常。

2.1.4 正确连接呼吸防护用品各组件，包括面罩与滤件、导气管，导气管与阀体，导气管与气源。

2.1.5 正确佩戴呼吸防护用品，应符合表 3 的要求。

呼吸防护用品种类	佩戴呼吸防护用品注意事项
半面罩防毒面具	滤毒盒与面罩连接要牢固；面罩与作业者面都应贴合紧密、无空隙
全面罩防毒面具	滤毒罐、面罩、导气管连接要牢固；面罩与作业者面都应贴合紧密、无空隙
送风式长管呼吸器	1. 调整肩带、扣紧腰带。 2. 面罩与导气管、导气管与阀体及导气管与气源出气口间连接要牢固。 3. 面罩与作业者面部应贴合紧密、无空隙。 4. 风机送风装置应放置在有限空间外、空气新鲜、氧含量合格的地方
正压式空气呼吸器	1. 调整肩带、扣紧腰带。 2. 面罩与作业者面部应贴合紧密、无空隙。 3. 注意气瓶气压，预留足够的返回时间，听到报警音立即撤离
紧急逃生呼吸器	1. 各部件连接完好后带入有限空间。 2. 面罩型：面罩与作业者面部应贴合紧密、无空隙。 3. 头罩型：头罩密闭性好

表3　　　　　　　　　　　佩戴呼吸防护用品注意事项

2.2　正确使用防坠落用具

2.2.1　涉及有限空间高处作业时，应选择安全带、安全绳、三脚架、绞盘、连接器、速差式自控器等防坠落用具。

2.2.2　穿全身式安全带：

（1）检查安全带、连接器是否安好。

（2）双臂分别穿过两个肩带。

（3）系好腿带、胸带、腰带。

（4）活动身体，调整安全带的松紧程度。

2.2.3　架设三脚架：

（1）取出三脚架上的固定螺栓，根据作业需要及外部环境拉伸三根支架至合适的长度，然后重新插入固定用螺栓。

（2）支起架子，三脚支点间用链条或绳带进行连接固定。

（3）将绞盘安装在三脚架的一根架子上，并将导轨的连接器与三脚架顶挂点相连，绞盘内绳索绕过导轨垂直于地面，连接器与安全带背部D形环相连。无绞盘的，则使用符合要求的安全绳代替。

（4）将速差式自控器安装在三脚架顶部挂点上，绳索连接器与安全带背部D形环相连。

（5）检查三脚架、绞盘、速差式自控器的牢固程度和有效性。

2.2.4　使用三脚架：

（1）作业状态下，速差式自控器、绞盘绳索均与作业者相连。

（2）救援状态下，速差式自控器与救援人员安全带D形环相连，绞盘绳索与被救人员安全带D形环相连。

2.2.5 挂安全绳（适合于无绞盘/速差式自控器时使用）：

（1）检查安全绳是否完好。

（2）将安全绳一端的连接器挂在全身式安全带背部上，另一端绕过三脚架顶部挂点，固定在牢固位置。

2.3 正确使用其他个体防护用品

根据作业环境需要，正确选择佩戴安全帽、防护服、防护手套、防护鞋、防护眼镜等。

2.3.1 可能存在物体打击的作业环境应佩戴安全帽。

（1）检查安全帽是否完好。

（2）戴上安全帽后拉紧系带，以防掉落。

2.3.2 作业环境中存在易燃易爆气体/蒸气或爆炸性粉尘时，应穿着防静电服、防静电鞋、防静电手套。作业过程中不得随意脱换。

2.3.3 作业环境中存在刺激性、腐蚀性化学物质时，应穿着化学防护服、耐化学品腐蚀的工业用橡胶靴、耐酸碱手套。作业过程中不得随意脱换。

五、不同作业环境级别下采取相应防护措施安全进入电力有限空间

不同作业环境级别下采取相应防护措施安全进入电力有限空间作业实训大纲

1 技术要求

根据作业环境，采取相应防护措施安全进入有限空间作业。

2 训练内容

2.1 评估检测结果为1级或2级，且准入检测为2级的环境，相应防护措施包括：

（1）作业者穿戴全身式安全带、正压隔绝式呼吸器（优选送风式长管呼吸器或次选正压式空气呼吸器）、安全帽，佩戴便携式气体检测报警仪。

（2）检查踏步安全后进入有限空间作业。

（3）作业过程中作业者和监护者实时检测。

（4）作业过程中全程机械通风。

2.2 评估检测结果为1级或2级，且准入检测结果为3级的环境，相应防护措施包括：

（1）作业者穿戴全身式安全带、安全帽，携带紧急逃生呼吸器，佩戴便携式气体检测报警仪。

（2）检查踏步安全后进入有限空间作业。

（3）作业过程中作业者实时检测。

（4）作业过程中全程机械通风。

2.3 评估检测结果和准入检测结果均为 3 级，相应防护措施包括：

（1）作业者穿戴全身式安全带、安全帽，携带紧急逃生呼吸器，佩戴便携式气体检测报警仪。

（2）检查踏步安全后进入有限空间作业。

（3）作业过程中作业者实时检测。

六、安全防护设备设施配置

安全防护设备设施配置实训大纲

1　技术要求

掌握不同作业环境危险级别及应急救援状态下安全防护设备设施配置种类、数量。

2　训练内容

2.1 评估检测结果为 1 级或 2 级，且准入检测结果为 2 级的环境。

2.1.1 必须配置的安全防护设备：

（1）1 套围挡设施、1 套安全标志、警示标识或 1 个具有双向警示功能的安全告知牌。

（2）作业前，每个作业者进入有限空间的入口应配置 1 台泵吸式气体检测报警仪。作业中，每个作业面应至少有 1 名作业者配置 1 台泵吸式或扩散式气体检测报警仪，监护者应配置 1 台泵吸式气体检测报警仪。

（3）1 台强制送风设备。

（4）照明设备。

（5）每名作业者应配置 1 套正压隔绝式呼吸器。

（6）每名作业者应配置 1 套全身式安全带、安全绳。

（7）每名作业者应配置 1 个安全帽。

2.1.2 根据作业现场情况需要配置的设备：

（1）通信设备。

（2）每个有限空间出入口宜配置 1 套三脚架（含绞盘）。

2.2 评估检测结果为 1 级或 2 级，且准入检测结果为 3 级的环境。

2.2.1 必须配置的设备：

（1）1 围挡设施、1 套安全标志、警示标识或 1 个具有双向警示功能的安全告知牌。

（2）作业前，每个作业者进入有限空间的入口应配置 1 台泵吸式气体检测报警仪。作业中，每个作业面应至少配置 1 台气体检测报警仪。

（3）1 台强制送风设备。

(4) 照明设备。

(5) 每名作业者应配置 1 套全身式安全带、安全绳。

(6) 每名作业者应配置 1 个安全帽。

2.2.2 根据作业现场情况宜配置的设备：

(1) 通信设备。

(2) 每个有限空间出入口宜配置 1 套三脚架（含绞盘）。

(3) 每名作业者宜配置 1 套正压隔绝式逃生呼吸器。

2.3 评估检测结果和准入检测结果均为 3 级。

2.3.1 必须配置的设备：

(1) 1 套围挡设施、1 套安全标志、警示标识或 1 个具有双向警示功能的安全告知牌。

(2) 作业前，每个作业者进入有限空间的入口应配置 1 台泵吸式气体检测报警仪。作业中，每个作业面应至少配置 1 台气体检测报警仪。

(3) 照明设备。

(4) 每名作业者应配置 1 套全身式安全带、安全绳。

(5) 每名作业者应配置 1 个安全帽。

2.3.2 根据作业现场情况宜配置：

(1) 1 台强制送风设备。

(2) 通信设备。

(3) 每名作业者宜配置 1 套全身式安全带、安全绳。

(4) 每个有限空间出入口宜配置 1 套三脚架（含绞盘）。

(5) 每名作业者宜配置 1 套正压隔绝式逃生呼吸器。

2.4 准入检测结果为 1 级，必须配置的设备：

(1) 1 套围挡设施、1 套安全标志、警示标识或 1 个具有双向警示功能的安全告知牌。

(2) 作业前，每个作业者进入有限空间的入口应配置 1 台泵吸式气体检测报警仪。作业中，每个作业面应至少配置 1 台气体检测报警仪。

2.5 救援过程中，必须配置的有：

(1) 至少配置 1 套围挡设施。

(2) 至少配置 1 台强制送风设备。

(3) 每个有限空间救援出入口应配置 1 套三脚架（含线盘）。

(4) 每名救援者应配置 1 套正压式空气呼吸器或高压送风式呼吸器。

(5) 每名救援者应配置 1 套全身式安全带、安全绳

(6) 每名救援者应配置 1 个安全帽。

(7) 根据作业现场情况宜配置泵吸式气体检测报警仪。

七、作业期间的安全监护工作

作业期间安全监护工作实训大纲

1　技术要求

（1）确保全程持续监护。

（2）确保沟通信息真实、有效。

2　训练内容

（1）作业者进入有限空间前，监护者对安全防护措施进行确认，包括确认安全防护措施和作业者个体防护措施是否符合准入检测结果所判定危险级别的安全要求。

（2）了解作业环境气体浓度。

（3）采取有效方式与作业者进行沟通。

（4）紧急情况发出撤离警告，或启动应急预案，开展救援工作。

八、作业后现场清理与恢复

作业后现场清理与恢复实训大纲

1　技术要求

（1）熟练掌握作业后现场清理程序。

（2）防止物品遗失。

2　训练内容

（1）出离有限空间前，清点携带进入的设备，防止将工具、仪器遗忘在有限空间内。

（2）关闭有限空间出入口盖板前清点人员、设备。

（3）关闭有限空间出入口盖板。

（4）整理设备。

（5）撤掉警戒设施。

（6）清扫作业周边环境。

第九章　电力有限空间安全事故的应急救援

第一节　有限空间作业事故安全施救指南

为指导各类生产经营单位科学有效应对有限空间作业事故，做好有限空间作业事故应急准备工作，提升有限空间作业事故安全施救能力，防范因施救不当或盲目施救导致事故伤亡扩大，保障救援人员安全与健康，国家安全生产应急救援中心制定了《有限空间作业事故安全施救指南》，并于 2021 年 5 月 11 日以应救协调〔2021〕5 号文印发，是而制定，指导生产经营单位做好有限空间作业事故的应急准备和救援工作。

一、应急准备

生产经营单位有限空间作业事故的应急准备包括日常应急准备和作业前应急准备。

（一）日常应急准备

1. 风险辨识

生产经营单位按照有关法规标准要求，对本单位有限空间作业风险进行辨识，确定有限空间数量、位置以及危险有害因素等，对辨识出的有限空间，设置明显的安全警示标志和警示说明，警示说明包括辨识结果、个体防护要求、应急处置流程等内容。

2. 预案编制

根据风险辨识结果，生产经营单位组织编制本单位有限空间作业事故应急预案或现场处置方案（应急处置卡），或将有限空间作业事故专项应急预案并入本单位综合应急预案，明确人员职责，确定事故应急处置流程，落实救援装备和相关内外部应急资源。应急预案与相关部门和单位应急预案衔接，并按照有关法规标准要求通过评审或论证。

3. 应急演练

生产经营单位将有限空间作业事故应急演练纳入本单位应急演练计划，组织开展桌面推演、现场实操等形式的演练，提高有限空间作业事故应急救援能力。应急演练结束后，对演练效果进行评估，撰写评估报告，分析存在的问题，提出改进措施，修订完善应急预案或现场处置方案（应急处置卡）。

4．装备配备

生产经营单位针对本单位有限空间危险有害因素及作业风险，配备符合国家法规制度和标准规范要求的应急救援装备，如便携式气体检测报警仪、正压式空气呼吸器、安全带、安全绳和医疗急救器材等，建立管理制度加强维护管理，确保装备处于完好可靠状态。

5．教育培训

生产经营单位将有限空间作业事故安全施救知识技能培训纳入本单位安全生产教育培训计划，定期开展有针对性的有限空间作业风险、安全施救知识、应急救援装备使用和应急救援技能等教育培训，确保有限空间作业现场负责人、监护人员、作业人员和救援人员了解和掌握有限空间作业危险有害因素和安全防范措施、应急救援装备使用、应急处置措施等。

（二）作业前应急准备

1．明确应急处置措施

生产经营单位对作业环境进行评估，检测和分析存在的危险有害因素，明确本次有限空间作业应急处置措施并纳入作业方案，确保作业现场负责人、监护人员、作业人员、救援人员了解本次有限空间作业的危险有害因素及应急处置措施。

2．确定联络信号

作业现场负责人会同监护人员、作业人员、救援人员根据有限空间作业环境，明确声音、光、手势等一种或多种作为安全、报警、撤离、支援的联络信号。有条件的可以使用符合当前作业安全要求的即时通信设备，如防爆对讲机等。

3．检查装备

结合有限空间辨识情况，作业前，救援人员正确选用应急救援装备，并检查确保处于完好可用状态，发现存在问题的应急救援装备，应立即修复或更换。

二、救援实施

生产经营单位有限空间作业事故的救援实施包括信息报告、事故警戒、救援防护、救援行动、医疗救护、清理现场等后续工作。在救援行动中应注意做好保持联络、轮换救援、撤离危险区域等工作。

（一）信息报告

事故发生后，作业现场负责人、监护人员立即停止作业，了解受困人员状态，组织开展安全施救，禁止未经培训、未佩戴个体防护装备的人员进入有限空间施救。作业现场负责人及时向本单位报告事故情况，必要时拨打"119""120"电话报警或向其他专业救援力量求救，单位负责人按照有关规定报告事故信息。

（二）事故警戒

作业现场负责人、监护人员根据救援需要设置警戒区域（包括通风排放口），设立明显警示标志，严禁无关人员和车辆进入警戒区域。

（三）救援防护

1. 个体防护

救援人员必须正确穿戴个体防护装备开展救援行动。

2. 安全隔离

有限空间内存在可能危及救援人员安全的设备设施、有毒有害物质输入、电能、高温物料及其他危险能量输入等情况，采取可靠的隔离（隔断）措施。

3. 持续通风

使用机械通风设备向有限空间内输送清洁空气，通风排放口远离作业处，直至救援行动结束。当有限空间内含有易燃易爆气体或粉尘时，使用防爆型通风设备；含有毒有害气体时，通风排放口采取有效隔离防护措施。

（四）救援行动

事故发生后，被困人员积极主动开展自救互救，配合救援人员实施救援行动，救援人员针对被困人员所处位置、身体状态、个体防护装备穿戴等不同情况，采取应急救援行动。

1. 非进入式救援

被困人员所处位置、身体状态、个体防护装备穿戴等情况，具备从有限空间外直接施救条件的，救援人员在外部通过安全绳等装备将被困人员迅速移出。

2. 进入式救援

被困人员所处位置、身体状态、个体防护装备穿戴等情况，不具备从有限空间外直接施救条件的，救援人员进入内部施救。

3. 救援行动中的注意事项

（1）保持联络。救援人员进入有限空间实施救援行动过程中，按照事先明确的联络信号，与外部人员进行有效联络，并保持通信畅通。

（2）轮换救援。救援人员进入有限空间实施救援持续时间较长时，应实施轮换救援，保持救援人员体力充足，能够持续开展救援行动。

（3）撤离危险区域。出现可能危及救援人员安全的情况，救援人员立即撤离危险区域，安全条件具备后再进入有限空间内实施救援。

（五）医疗救护

被困人员救出后，立即移至通风良好处，具有医疗救护资质或具备急救技能的人员，及时采取正确的院前医疗救护措施，并迅速送医治疗。

（六）清理现场等后续工作

救援行动基本结束后，及时清点核实现场人员、装备，清理事故现场残留的有毒有害物质，同时尽可能保护事故现场，便于后续事故调查及救援评估。必要时开展事故现场环境检测和人员、装备洗消，对参与救援行动人员进行健康检查。

三、制定本单位有限空间作业事故安全施救操作规程

有限空间作业事故安全施救基本流程如图 9-1 所示，生产经营单位可参考并结合实际制定本单位有限空间作业事故安全施救操作规程。

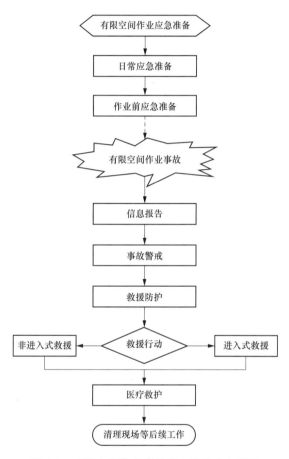

图 9-1　有限空间作业事故安全施救基本流程

第二节　电力有限空间应急救援基本要求

一、预案与演练

1. 制定有限空间作业现场处置预案

电力企业应根据 GB/T 29639《生产经营单位生产安全事故应急预案编制导则》的要求，针对电力管道有限空间作业危害和可能导致的事故制定有限空间作业现场处案，内容应包括：

（1）有限空间事故风险分析。

（2）现场作业组应急工作职责及分工。

（3）应急处置程序、措施及紧急联系方式。

（4）注意事项。

2. 有限空间作业现场处案的演练与修改

电力企业应至少每年组织 1 次有限空间作业事故救援应急演练，并根据演练情况及时修改现场处置方案。

二、应急救援设备

电力管道有限空间作业现场应配置正压式空气呼吸器或高压送风式长管呼吸器、安全绳、安全帽、全身式安全带、连体防护服、防护鞋、防护手套、三脚架、应急照明、通信设备、大功率机械通风机等应急救援设备，并应放在作业现场便于取用的位置。

三、现场应急处置要求

1. 启动有限空间作业应急预案

（1）发生有限空间作业事故后，现场负责人、监护人应立即停止作业，启动有限空间作业应急预案，了解受困人员状态，按照 GB 8958《缺氧危险作业安全规程》等相关要求组织开展安全施救，严禁未经培训、未佩戴个体防护装备的人员进入有限空间施救。

（2）现场负责人应及时向上级报告事故情况。

（3）现场负责人、监护人员应根据救援需要在通风排放口等设置警戒区域，设立明显警示标志，严禁无关人员和车辆进入警戒区域。

2. 采取必要的救援防护措施

采取必要的救援防护措施后方可施救，主要包括：

（1）救援人员应正确穿戴个体防护装备。

（2）有限空间内存在可能危及救援人员安全的设备设施、有毒有害物质输入、电能、高温物料及其他危险能量输入等情况，应采取可靠的隔离（隔断）措施。

（3）使用机械通风设备向有限空间内输送清洁空气，通风排放口应远离作业处，直至救援行动结束。当有限空间内含有易燃易爆气体或粉尘时，应使用防爆型通风设备。含有毒有害气体时，通风排放口应采取有效隔离防护措施。

3. 救援方式

事故发生后，受困人员应主动开展自救互救，配合救援人员实施救援行动，救援人员针对受困人员所处位置、身体状态、个体防护装备穿戴等不同情况，采取非进入式或进入式等救援方式开展应急救援。

（1）非进入式救援：救援人员在有限空间外，借助相关设备与器材，安全快速地将有限空间内受困人员移出有限空间的救援方式。

（2）进入式救援：当受困人员未佩戴全身式安全带，也无安全绳与有限空间外部挂点连接，或因受困人员所处位置无法实施非进入式救援时，救援人员需要进入有限空间内实施救援的方式。

4. 非进入式救援应满足的条件

非进入式救援应至少同时满足以下条件：

（1）有限空间内受困人员应佩戴全身式安全带，且通过安全绳索与有限空间外的挂点可靠连接。

（2）有限空间内受困人员所处位置应与有限空间进出口之间通畅、无障碍物阻挡。

（3）救援中不应造成受困人员二次伤害。

5. 进入式救援应满足的条件

在不能采取非进入式救援的情况下，作业现场应具备以下条件方可开展进入式救援，否则应拨打"119""120"等急救电话，寻求专业救援力量实施救援：

（1）地面应至少有 2 名人员。

（2）救援人员应经过专门的有限空间救援培训和演练，能够熟练使用防护用品和救援设备设施。

（3）作业现场应配有应急救援设备。

6. 救援注意事项

（1）救援时，现场应做好通风、清除等危害控制措施，救援人员应穿戴全身式安全带、正压式空气呼吸器、应急通信、应急照明等自身防护措施后，方可进入有限空间实施抢救，严禁盲目施救。

（2）救援人员与监护人员应确定好联络信号，救援过程中应保持通信畅通。在救援人员撤离前，监护人员不应离开监护岗位。

（3）救援人员进入有限空间实施救援持续时间较长时，应实施轮换救援，保持救援人员体力充足，能够持续开展救援行动。

（4）救援人员发现受伤人员后，应为其穿戴救生带、安全帽等拯救装备，确认受伤人员身上挂点连接牢靠后，先于最后一名受困人员撤离有限空间。

7. 受困人员救离有限空间后的医治

受困人员救离有限空间后，应立即移至通风良好处，转移过程中应避免加重伤势。现场具有医疗救护资质或具备急救技能的人员，及时采取正确的院前医疗救护措施，并迅速送医治疗。

四、清理现场

救援行动基本结束后，应及时清点核实现场人员、装备，清理事故现场残留的有毒有害物质，同时应保护事故现场。必要时应开展事故现场环境检测和人员、装备洗消，对参与救援行动人员进行健康检查。

第三节　电力有限空间事故应急救援预案

一、编制应急救援预案

1. 编制应急救援预案编制的目的

应急救援预案是为应对可能发生的紧急事件所做的预先准备，其目的是限制紧急事件的范围，尽可能消除事件或尽量减少事件造成的人、财产和环境的损失。紧急事件是指可能对人员、财产或环境等造成重大损害的事件。制定应急救援预案的发生事故时能以最快的速度发挥最大的效能，有组织、有秩序地实施救援行动，尽快控制事态的发展，降低事故造成的危害，减少事故损失。

2. 编制应急救援预案的准备工作

编制应急救援预案应做好以下准备工作：

（1）全面分析本单位危险因素、可能发生的事故类型及事故的危害程度。

（2）排查事故隐患的种类、数量和分布情况，并在隐患治理的基础上，预测可能发生的事故类型及其危害程度。

（3）确定事故危险源，进行风险评估。

（4）针对事故危险源和存在的问题，确定相应的防范措施。

（5）客观评价本单位应急能力。

（6）充分借鉴国内外同行业事故教训及应急工作经验。

3. 编制应急救援预案的工作程序

（1）成立应急救援预案编制工作组。结合本单位部门职能分工，成立以单位主要负责人为领导的应急救援预案编制工作组，明确编制任务、职责分工，制定工作计划。

（2）收集资料。收集应急救援预案编制所需的各种资料（相关法律法规、应急救援预案、技术标准、国内外同行业事故案例分析、本单位技术资料等）。

（3）进行危险源与风险分析。在危险因素分析及事故隐患排查、治理的基础上，确定本单位的危险源、可能发生事故的类型和后果，进行事故风险分析，并指出事故可能产生的次生、衍生事故，形成分析报告，分析结果作为应急救援预案的编制依据。

（4）应急能力评估。对本单位应急装备、应急队伍等应急能力进行评估，并结合本单位实际，加强应急能力建设。

（5）着手编制应急救援预案。针对可能发生的事故，按照有关规定和要求编制应急救援预案。在应急救援预案编制过程中，应注重全体人员的参与和培训，使所有与事故有关人员均掌握危险源的危险性、应急处置方案和技能。应急救援预案应充分利用社会应急资源，与地方政府预案、上级主管单位以及相关部门的预案相衔接。

（6）应急救援预案评审与发布。应急救援预案编制完成后，应进行评审。评审工作由本单位主要负责人组织有关部门和人员进行。外部评审由上级主管部门或地方政府负责安全管理的部门组织审查。评审后，按规定报有关部门备案，并经生产经营单位主要负责人签署发布。

二、应急救援预案编制和修订的基本要求

1. 应急救援预案编制的基本要求

应急救援预案的编制应当符合下列基本要求：

（1）符合有关法律、法规、规章和标准的规定。

（2）结合本地区、本部门、本单位的安全生产实际情况。

（3）结合本地区、本部门、本单位的危险性分析情况。

（4）应急组织和人员的职责分工明确，并有具体的落实措施。

（5）有明确、具体的事故预防措施和应急程序，并与其应急能力相适应。

（6）有明确的应急保障措施，并能满足本地区、本部门、本单位的应急工作要求。

（7）预案基本要素齐全、完整，预案附件提供的信息准确。

（8）预案内容与相关应急救援预案相互衔接。

2. 应急救援预案修订的基本要求

应急救援预案应当至少每 3 年修订一次，预案修订情况应有记录并归档。当有下列情形之一的，应急救援预案应及时修订：

（1）生产经营单位因兼并、重组、转制等导致隶属关系、经营方式、法定代表人发生变化的。

（2）生产经营单位生产工艺和技术发生变化的。

（3）周围环境发生变化，形成新的重大危险源的。

（4）应急组织指挥体系或者职责已经调整的。

（5）依据的法律、法规、规章和标准发生变化的。

（6）应急救援预案演练评估报告要求修订的。

（7）应急救援预案管理部门要求修订的。

三、应急救援预案体系的构成

单位应针对各级各类可能发生的事故和所有危险源制定综合应急救援预案、专项应急救援预案和现场应急处置方案，并明确事前、事发、事中、事后的各个过程中相关部门和有关人员的职责编制的综合应急救援预案、专项应急救援预案和现场处置方案之间应当相互衔接，并与所涉及的其他单位的应急救援预案相互衔接。

1. 综合应急救援预案

生产经营单位风险种类多、可能发生多种事故类型的，应当组织编制本单位的综合

应急救援预案。

综合应急救援预案应当包括本单位的应急组织机构及其职责、预案体系及响应程序、事故预防及应急保障、应急培训及预案演等主要内容。

2. 专项应急救援预案

对于某一种类的风险，生产经营单位应当根据存在的重大危险源和可能发生的事故类型，制定相应的专项应急救援预案。

专项应急救援预案应当包括危险性分析、可能发生的事故特征、应急组织机构与职责、预防措施、应急处置程序和应急保障等内容。

3. 现场应急处置方案

对于危险性较大的重点岗位，生产经营单位应当制定重点工作岗位的现场处置方案。现场处置方案应当包括危险性分析、可能发生的事故特征、应急处置程序、应急处置要点和注意事项等内容。

下面是某单位制定的限（密闭）空间中毒窒息事故现场应急处置方案示例。

有限（密闭）空间中毒窒息事故现场应急处置方案

1　目的

为高效、有序地处理本企业有限（密闭）空间中毒窒息突发事件，避免或最大限度地减轻有限（密闭）空间中毒窒息人身伤亡造成的损失，避免盲目救援扩大事故，保障员工生命和企业财产安全，维护社会稳定，特制定本应急处置方案。

2　适用范围

适用于本企业密闭空间中毒窒息突发事件的现场应急处置和应急救援工作。

3　事件特征

3.1　危险性分析和事件类型

3.1.1　在容器、槽箱、锅炉烟道及磨煤机、排污井、地下沟道及化学药品储存间、电力隧道等密闭空间内作业时，由于通风不良，导致作业环境中严重缺氧以及有毒气体急剧增加，引起作业人员昏倒、急性中毒、窒息伤害等。

3.1.2　密闭空间中毒窒息事故类型：缺氧窒息和中毒窒息。

3.2　事件可能发生的地点和装置

生产区域内排污井、排水井及地下电缆沟道，高压加热器、低压加热器、除氧器、凝汽器、压缩空气储气罐、锅炉、锅炉汽包、烟道及排风机，化学药品储存间、加药间及化粪池等。

3.3　可能造成的危害

当工作人员所处工作环境缺氧和存在有毒气体，且工作人员没有采取有效、可靠的防范、试验措施进行工作时，会造成工作人员昏倒、休克，甚至死亡。

3.4　事前可能出现的征兆

3.4.1　工作人员工作期间，感觉精神状态不好，如眼睛灼热、流涕、呛咳、胸闷或头晕、头痛、恶心、耳鸣、视力模糊、气短、呼吸急促、四肢软弱乏力、意识模糊、嘴唇变紫、指甲青紫等。

3.4.2　工作监护人离开工作现场，且没有指定能胜任的人员接替监护任务。

3.4.3　工作成员工作随意，不听工作负责人和监护人的劝阻。

4　组织机构及职责

4.1　成立应急救援指挥部

4.1.1　总指挥：总经理。

4.1.2　成员：事发部门主管，值班经理、现场工作人员，医护人员，安检人员。

4.2　指挥部人员职责

4.2.1　总指挥的职责：全面指挥密闭空间中毒窒息突发事件的应急救援工作。

4.2.2　事发部门主管职责：组织、协调本部门人员参加应急处置和救援工作。

4.2.3　值班经理职责：向有关领导汇报，组织现场人员进行先期处置。

4.2.4　现场工作人员职责：发现异常情况，及时汇报，做好密闭空间中毒窒息人员的先期急救处置工作。

4.2.5　医护人员职责：接到通知后迅速赶赴事故现场进行急救处理。

4.2.6　安检人员职责：监督安全措施落实和人员到位情况。

5　应急处置

5.1　现场应急处置程序

5.1.1　密闭空间中毒窒息突发事件发生后，值班经理应立即向应急救援指挥部汇报。

5.1.2　该预案由总经理宣布启动。

5.1.3　应急处置组成员接到通知后，立即赶赴现场进行应急处理。

5.1.4　密闭空间中毒窒息事件进一步扩大时，启动《人身事故应急预案》。

5.2　处置措施

5.2.1　帮助窒息人员脱离危险地点。

5.2.2　对于有毒化学药品中毒地点发生人员窒息的事故，救援人员应携带隔离式呼吸器到达事故现场，正确佩戴好呼吸器后，进入现场进行施救。

5.2.3　对于密闭空间内由于缺氧导致人员窒息的事故，施救人员应先强制向有限空间内部通风换气后方可进入进行施救。

5.2.4　对于电缆沟、排污井、排水井等地下沟道内可能产生有毒气体的地点，救援人员在施救前应先进行有毒气体检测（方法为通过有毒气体检测仪、小动物试验、矿灯等），确认安全或者现场有防毒面具则应正确戴好防毒面具后进入现场进行施救。

5.2.5　施救人员做好自身防护措施后，将窒息人员救离受害地点至地面以上或通风良好的地点，然后等待医务人员或在医务人员没有到场的情况进行紧急救助。

5.2.6 呼吸、心跳情况的判定：

密闭空间中毒窒息伤员如意识丧失，应在 10s 内，用看、听、试的方法判定伤员呼吸心跳情况。

1）看：看伤员的胸部、腹部有无起伏动作。

2）听：用耳贴近伤员的口鼻处，听有无呼气声音。

3）试：试测伤员口鼻有无呼气的气流，再用两手指轻试伤员一侧（左或右）喉结旁凹陷处的颈动脉有无搏动。

若通过看、听、试伤员，既无呼吸又无颈动脉搏动的，可判定呼吸、心跳停止。

5.2.7 密闭空间中毒窒息伤员呼吸和心跳均停止时，应立即按心肺复苏法支持生命的三项基本措施，进行就地抢救：

1）通畅气道。

2）口对口（鼻）人工呼吸。

3）胸外按压（人工循环）。

5.2.8 抢救过程中的再判定：

1）按压吹气 1min 后（相当于单人抢救时做了 4 个 15∶2 压吹循环），应用看、听、试方法在 5～7s 时间内完成对伤员呼吸和心跳是否恢复的再判定。

2）若判定颈动脉已有搏动但无呼吸，则暂停胸外按压，而再进行 2 次口对口人工呼吸，接着每 5s 吹气一次（每分钟 12 次）。如脉搏和呼吸均未恢复，则继续坚持心肺复苏法抢救。

3）在抢救过程中，要每隔数分钟再判定一次，每次判定时间均不得超过 5～7s。在医务人员未接替抢救前，现场抢救人员不得放弃现场抢救。

5.3 事件报告

5.3.1 值班经理立即向总经理汇报人员密闭空间中毒窒息情况以及现场采取的急救措施情况。

5.3.2 密闭空间中毒窒息事件扩大时，由总经理向上级主管部门汇报事故情况，如发生重伤、死亡、重大死亡事故，应当立即报告当地人民政府安全监察部门、公安部门、人民检察院、工会，最迟不超过 1h。

5.3.3 事件报告要求：事件信息准确完整、事件内容描述清晰。事件报告内容主要包括：事件发生时间、事件发生地点、事故性质、先期处理情况等。

5.3.4 联系方式。

（略）

5.4 注意事项

5.4.1 对于电缆沟道、有毒化学品储藏室等的救援工作，救援人员在施救前，应戴好防毒面具，做好自身的防护措施再进行施救工作。

5.4.2　在电缆沟、排污井、化粪池等地点进行抢救时，施救人员应系好安全带做好防止人身坠落的安全措施。

5.4.3　伤员、施救员离开现场后，工作人员应对现场进行隔离，设置警示标志，并设专人把守现场，严禁任何无关人员擅自进入隔离区内。

5.4.4　采取通风换气措施时，严禁用纯氧进行通风换气，以防止氧气中毒。

5.4.5　对于密闭空间内部禁止使用明火的地点如管道内部涂环氧树脂等的地点，严禁使用蜡烛等方法进行试验。

5.4.6　对于防爆、防氧化及受作业环境限制，不能采取通风换气的作业场所，作业人员应正确使用隔离式呼吸保护器，严禁使用净气式面具。

四、事故应急救援预案的内容

1. 事故应急预案的内容

应急预案是针对可能发生的重大事故所需的应急准备和应急响应行动而制定的指导性文件，其核心内容如下：

（1）对紧急情况或事故灾害及其后果的预测，辨识和评估。

（2）规定应急救援各方组织的详细职责。

（3）应急救援行动的指挥与协调。

（4）应急救援中可用的人员、设备、设施、物资、经费保障和其他资源，包括社会和外部援助资源等。

（5）在紧急情况或事故灾害发生时保护生命、财产和环境安全的措施。

（6）现场恢复。

（7）其他，如应急培训和演练，法律法规的要求等。

2. 事故应急预案的核心要素

应急预案是整个应急管理体系的反映，它不仅包括事故发生过程中的应急响应和救援措施，而且还应包括事故发生前的各种应急准备和事故发生后的紧急恢复，以及预案的管理与更新等。因此，一个完善的应急预案按相应的过程可分为6个一级关键要素，包括：

（1）方针与原则。

（2）应急策划。

（3）应急准备。

（4）应急响应。

（5）现场恢复。

（6）预案管理与评审改进。

这6个一级要素相互之间既相对独立，又紧密联系，从应急的方针、策划、准备、响应、恢复到预案的管理与评审改进，形成了一个有机联系并持续改进的体系结构。

五、应急预案的实施

（1）单位应当采取多种形式开展应急预案的宣传教育，普及生产安全事故预防、避险、自救和互救知识，提高从业人员安全意识和应急处置技能。

（2）单位应当组织开展本单位的应急预案培训活动，使有关人员了解应急预案内容，熟悉应急职责、应急程序和岗位应急处置方案。

（3）应急预案的要点和程序应当张贴在应急地点和应急指挥场所，并设有明显的标志。

（4）单位应当制定本单位的应急预案演练计划，根据本单位的事故预防重点，每年至少组织一次综合应急预案演练或者专项应急预案演练，每半年至少组织一次现场处置方案演练。

（5）单位发生事故后，应当及时启动应急预案，组织有关力量进行救援，并按照规定将事故信息及应急预案启动情况报告安全生产监督管理部门和其他负有安全生产监督管理职责的部门。

第四节　有限空间事故应急救援体系

从有限空间的定义可以知道，有限空间只有受限的入口和出口，可能导致救援困难。因此，必须有书面的有限空间救援程序，对可能发生的救援行动确定相关的要求。

拥有一个良好的应急救援队伍是有限空间进入的一个非常重要的部分。但应急救援队伍与应急救援程序不能替代安全措施。因为有限空间事故关键在于预防，要尽量避免发生紧急意外而进行救援，救援行动属于事后补救，意外已经发生，即使进行应急救援，可能仍无法避免伤害的发生。

一、应急救援安排

在授权人员进入有限空间作业前，必须确保相应的应急救援人员已经进行了足够的和适当的安排，以便能够在进入人员需要帮助时随时到位，并清楚如何处置紧急状况。在必要的情况下，救援程序必需的设备与器材必须到位，并保证处于良好的状态。如果不清楚有限空间危害，或者在紧急情况下反应不当，很容易导致发生意外。

实际上，在进行危害评估的时候，就应确定所需要的紧急救援安排。这个安排将根据有限空间的状况、确认的风险和可能的紧急情况而做出。需要考虑的不仅包括有限空间本身，还应包括其他可能发生的意外而需要的救援。

有关的有限空间救援策略包括：

（1）在条件和环境允许的情况下，危害本身及相应的控制措施可以满足进入人员自救。

（2）如果可行，由受训的人员使用非进入方式进行救援。

（3）由受训人员使用安全进入技术进行救援。

（4）使用外部的专业救援机构力量。

二、应急救援培训

任何人员，如果需要承担应急救援职责，必须接受相应的指导与培训，以确保其能够有效地承担职责。培训的要求将根据其工作职责的复杂程序与技巧性的不同而不同。

熟悉相关程序与相关的设备器材是非常必要的，可以通过经常的培训与演习来实现。

应急救援人员需要清楚地了解可能导致紧急状况的原因。需要熟悉针对其可能遇到的各种有限空间的救援计划与程序，迅速确定紧急状况的规模，评估其是否有能力实施安全的救援。培训时需要考虑这些因素，以使其获得相应的能力。

救援人员必须完全掌握救援设备、通信器材或医疗器具的使用与操作。必须能够在使用前检查确认所有的设备器材是否完全处于正常的工作状态。如果需要使用呼吸防护器具，还需接受相关的培训。

三、应急救援策略

需仔细考虑如何触发报警和实施救援，并成为应急计划的一部分。必须确认一个方法，保证进入人员与外面的监护人员保持联系。紧急状况可以通过众多方法来传递，比如绳子的拖动、对讲机等。无论使用哪种系统，都必须是可靠的，并随时进行测试。

有限空间救援策略的选择必须经过仔细的考虑。应优先选用不需进入的收回方式。如果必须进入，要考虑到救援人员本身也可能发生意外受伤，需保证救援人员得到良好的保护。在危害评估阶段，保护救援人员的防护措施就应得到考虑。

采用收回方式也需要进行仔细的计划与安排。救援过程通常需要使用提升设备与救生绳，因为即使是最强壮的人员，也常常难以仅靠绳子将失去知觉的人员从有限空间内提出。救生绳应注意穿戴及调整，以便穿戴者能够安全地从开口拖出。使用的救生绳还应适用于所使用的提升器与环境。

呼吸防护用品的使用经常被作为在紧急情况下的一种保护应急救援人员的方式。呼吸防护可以是 SCBA 或者供气式。对于前者，要注意其最大使用时间。对于后者，合适的压缩空气供给是很基本的，并且需要考虑供气管长度是否可以保证足够的供气压力。有限空间本身开口的数量、尺寸与位置对于救援方式和救援设备的选择非常重要，经常提前确认救援人员在搭配适当设备的情况下能否安全及方便地通过开口是很必要的。经验显示，能够保证携带救援器材包括 SCBA 通过开口的最小开口尺寸应为直径 575mm。在开口受限的情况下，可以使用供气式呼吸保护作为一个替代的选择。

目前，有限空间进入人员可以使用一种便携的逃生呼吸保护装置，适用于对预先设想到的紧急状况进行应急反应的情形，比如烟雾扩散或气体检测器报警。这种保护装置可以保证使用人员有足够的时间去撤离危害区域。通常，装置由进入人员随身携带，或者放置于有限空间内，在有需要的时候再行使用。这种装置设计用作短时使用却足够人员撤离至安全地点的情况下。另外，还需要考虑及时召集应急服务的安排包括通信联系方式，当有意外发生时，能够提供所有确知的信息，包括事件状况、到达后进入有限空间的风险等。

为成功实施应急救援，还要明确在有限空间内需使用的照明，可能因为雾、烟等原因造成有限空间内能见度较低。同时，如果可能存在易燃气体，照明装置要求是本质安全型。

四、应急救援器材

1. 应急救援器材配备和管理的基本要求

应急救援的安全、顺利进行，离不开应急救援器材的保障。必须有适当和足够的救援及应急处理设备器材，以确保可以及时、安全地实施应急救援。相关器材必须得到良好的维护，随时处于正常的待命状态。

（1）所使用的救生绳、挂索和提升设备必须满足相关标准的要求。

（2）所有救援人员必须接受培训，清楚如何使用救援设备。

（3）挂索、救生绳对于高危险气体环境、有吞没卷入危险或其他严重危险的有限空间进入是必需的。监护人员必须能够使用提升设备将人员脱离有限空间，进入人员必须穿戴好挂索，以便自身处在能够营救的状态。

（4）救援可能会发生在存在 IDLH、缺氧环境或未知气体环境的情况之下，还需要考虑到 SCBA 或供气式呼吸防护器的要求。

（5）必需的急救器材也应进行安排，以便紧急情况下在专业医疗服务提供之前，可以进行初步的急救处理。

（6）所有提供的相关设备必须进行正确的维护与检查，检查可能包括定期的检查与测试，应按生产厂家的要求和建议进行。对于挂索、救生绳、防护服及其他特殊装备，通常应包括外观检查，确认是否存在磨损或损坏的部分，尤其应注意承受重量的部位。如果发现问题，必须立即进行处理。应定期进行检查，并保存检查记录。

2. 应急救援器材的配备

有限空间作业，施工单位配备应急救援设备设施应符合以下要求：

（1）作业点 400m 范围内应配置 1 套应急救援设备设施。

（2）应急救援设备设施种类和数量至少应符合以下要求：

1）至少配备 1 套围挡设施。

2）尽可能配备 1 台泵吸式检测报警仪。

3）至少配备 1 台强制送风设备。

4）在每个有限空间救援出入口处配备1套三脚架（含绞盘）。

5）至少配备1套正压式空气呼吸器或高压送风式呼吸器。

6）每名救援者至少配备1套全身式安全带、安全绳。

7）每名救援者至少配备1顶安全帽。

（3）为有限空间作业配置的防护设备设施符合应急救援要求的，可作为应急救援设备设施使用。

3. 应急救援器材的管理

应急救援设备设施应随时处于完好状态，确保发生紧急情况时可立即投入使用。因此，有限空间作业单位应指定专人，负责应急救援设备设施的日常检查、维护、保养、计量、检定和维修、更换，确保设备设施随时处于完好状态；应急救援设备设施使用后应立即检查其使用情况，及时补充损耗材料，一旦发现器材损坏，不能满足安全要求的情况，应立即维修或更换。应急救援设备设施的技术资料、说明书、维修记录、计量检定报告等应妥善保存，并易于查阅。

五、应急救援书面程序

在有限空间作业进行前必须确保相应的救援程序已经确立，程序本身需要考虑：

（1）危害评估过程确定的所有危害。

（2）空间的尺寸、进入及离开的位置撤离受伤人员的阻碍。

（3）需要的救援设备。

（4）救援人员需要的个人防护用品，包括用于 IDLH 情形的呼吸防护器。

（5）内部作业人员、救援人员、有限空间进入监督者及监护人员之间的联系方法。

（6）意外发生需要立即采取的程序。

（7）在营救过程中可能发生的危险，应进行适当的评估，并采取控制措施。

（8）对失去知觉人员的营救方法。

六、应急救援方式

有限空间应急救援可分为自救、非进入式救援和进入式救援。在三种救援方式中，自救是最佳的选择。由于危害的紧急性与急迫性，以及进入人员最清楚其自身的状况与反应，通过自救方式进行撤离比等待其他人员的救援更快、更有效，同时，又可避免其他人员的进入。因此，进入作业的过程中，如果进入人员发现有任何的暴露变化或者其他的报警指示，进入人员必须立即停止作业，并迅速撤离。

非进入式救援是安全应急救援方式。人员可以不需要进入到有限空间，借助相关的设备与器材（如连接进入人员的回收装置等），便可安全、快速地将发生意外的进入人员拉出有限空间。因此，在一般情况下，应建议进入人员配备回收器及提升系统，除非这些器材本身带来新的危害或者限于有限空间结构的原因无法使用。

进入式救援与非进入式救援相反，由于有限空间的阻隔等原因，需要人员进入到有限空间内才能完成救援任务。由于人员需要进入，因此风险性就比较大，往往需要进行特别的器材和救援技巧的培训。同时，由于时间紧迫，往往容易发生疏漏。

七、系统恢复与善后处理

在应急阶段结束后，必须对系统进行尽快恢复。

第五节　有限空间事故应急演练

一、应急演练工作的基本要求

应急演练是指针对情景事件，按照应急救援预案而组织实施的预警、应急响应、指挥与协调、现场处置与救援、评估总结等活动。应急演练工作应符合以下要求：

（1）应急演练工作必须遵守国家相关法律、法规、标准的有关规定。

（2）应急演练应纳入本单位应急管理工作的整体规划，按照规划组织实施。

（3）应急演练应结合本单位安全生产过程中的危险源、危险有害因素、易发事故的特点，根据应急救援预案或特定应急程序组织实施。

（4）根据需要合理确定应急演练类型和规模。

（5）制定应急演练过程中的安全保障方案和措施。

（6）应急演练应周密安排、结合实际、从难从严、注重过程、实事求是、科学评估。

（7）不得影响和妨碍生产系统的正常运转及安全。

二、应急演练的目的与分类

1. 应急演练目的

（1）检验应急救援预案，提高应急救援预案的科学性、实用性和可操作性。

（2）磨合应急机制，强化政府及其部门与企业、企业与企业、企业与救援队伍、企业内部不同部门和人员之间的协调与配合。

（3）锻炼应急队伍，提高应急人员在各种紧急情况下妥善处置突发事件的能力。

（4）教育广大群众，推广和普及应急知识，提高公众的风险防范意识与自救、互救能力。

（5）检验并提高应急装备和物资的储备标准、管理水平、适用性和可靠性。

（6）研究特定突发事件的预防及应急处置的有效方法与途径。

（7）找出其他需要解决的问题。

2. 应急演练的分类

按照应急演练的内容，可分为综合演练和专项演练；按照演练的形式，可分为现场演练和桌面演练；按照演练的作用，可分为检验性演练、研究性演练。

3. 综合演练

（1）综合演练的含义。综合演练是指根据情景事件要素，按照应急救援预案检验包括预警、应急响应、指挥与协调、现场处置与救援、保障与恢复等应急行动和应对措施的全部应急功能的演练活动。

（2）综合演练的目的。综合演练的目的是检验应急救援预案的针对性、应急程序的可操作性、应急处置与救援方案的适用性、应急机制运行的可靠性、相关人员应急行动的熟练程度，全面提高综合应对突发事件的能力。

4. 专项演练

（1）专项演练的含义。专项演练是指根据情景事件要素，按照应急救援预案检验某项或数项应对措施或应急行动的部分应急功能的演练活动。

（2）专项演练的目的。专项演练的目的是检验应急救援预案单项或数个环节、层次应急行动或应对措施的针对性、可操作性、适用性，重点提高应急处置与救援能力。

5. 现场演练

（1）现场演练的含义。现场演练是指选择（或模拟）生产建设某个工艺流程或场所，现场设置情景事件要素，并按照应急救援预案组织实施预警、应急响应、指挥与协调、现场处置与救援等应急行动和应对措施的演练活动。

（2）现场演练的目的。现场演练的目的是检验应急救援预案规定的预警、应急响应、处置与救援、应急保障等应急行动或应对措施的针对性、时效性、协调性、可靠性，提高应急人员应对突发事件的实战能力。

6. 桌面演练

（1）桌面演练的含义。桌面演练是指设置情景事件要素，在室内会议桌面（图纸、沙盘、计算机系统）上，按照应急救援预案模拟实施预警、应急响应、指挥与协调、现场处置与救援等应急行动和应对措施的演练活动。

（2）桌面演练的目的。桌面演练的目的是检验和提高应急救援预案规定应急机制的协调性、应急程序的合理性、应对措施的可靠性。

7. 检验性演练

（1）检验性演练的含义。检验性演练是指不预先告知情景事件，由应急演练的组织者随机控制，参演人员根据演练设置的突发事件信息，按照应急救援预案组织实施预警、应急响应、指挥与协调、现场处置与救援等应急行动和应对措施的演练活动。

（2）检验性演练的目的。检验性演练的目的是检验负有应急管理职责的相关人员应对突发事件的实战能力，以及对应急救援预案的熟练程度。

8. 研究性演练

（1）研究性演练的含义。研究性演练是指为验证突发事件发生的可能性、波及范围、风险水平以及检验应急救援预案的可操作性、实用性等而进行的预警、应急响应、指挥与协调、现场处置与救援等应急行动和应对措施的演练活动。

（2）研究性演练的目的。研究性演练的目的是验证突发事件发生的可能性、波及范围以及风险水平，找出生产经营过程中的危险、有害因素，或者检验应急救援预案的可操作性、实用性等。

三、应急演练的基本内容

应急演练的基本内容有：

（1）预警与通知。接警人员接到报警后，按照应急救援预案规定的时间、方式、方法和途径，迅速向可能受到突发事件波及区域的相关部门和人员发出预警通知，同时报告上级主管部门或当地政府有关部门、应急机构，以便采取相应的应急行动。

（2）决策与指挥。根据应急救援预案规定的响应级别，建立统一的应急指挥、协调和决策机构，迅速、有效地实施应急指挥，合理、高效地调配和使用应急资源，控制事态发展。

（3）应急通信。保证参与预警、应急处置与救援的各方，特别是上级与下级、内部与外部相关人员通信联络的畅通。

（4）应急监测。对突发事件现场及可能波及区域的气象、有毒有害物质等进行有效监控并进行科学分析和评估，合理预测突发事件的发展态势及影响范围，避免发生次生或衍生事故。

（5）警戒与管制。建立合理警戒区域，维护现场秩序，防止无关人员进入应急处置与救援现场，保障应急救援队伍、应急物资运输和人群疏散等的交通畅通。

（6）疏散与安置。合理确定突发事件可能波及区域，及时安全、有效地撤离、疏散、转移、妥善安置相关人员。

（7）医疗与卫生保障。调集医疗救护资源对受伤人员合理检伤并分级，及时采取有效的现场急救及医疗救护措施，做好卫生监测和防疫工作。

（8）现场处置。应急处置与救援过程中，按照应急救援预案规定及相关行业技术标准采取有效技术与安全保障措施。

（9）公众引导。及时召开新闻发布会，客观、准确地公布有关信息，通过新闻媒体与社会公众建立良好的沟通。

（10）现场恢复。应急处置与救援结束后，在确保安全的前提下，实施有效洗消、现场清理和基本设施恢复等工作。

（11）总结与评估。对应急演练组织实施中发现的问题和应急演练效果进行评估总结，以便不断改进和完善应急救援预案，提高应急响应能力和应急装备水平。

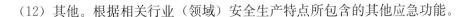

（12）其他。根据相关行业（领域）安全生产特点所包含的其他应急功能。

四、综合演练活动的筹备

1. 筹备方案

综合演练活动，特别是有多个部门联合组织或者具有示范性的大型综合演练活动，为确保应急演练活动的安全、有序，达到预期效果，应当制定应急演练活动筹备方案。筹备方案通常包括成立组织机构、演练策划与编写演练文件、确定演练人员、演练实施等方面的内容。负责演练筹备的单位，可根据演练规模的大小，对筹备演练的组织机构与职责进行合理调整，在确保相应职责能够得到有效落实的前提下，缩减或增加组织领导机构。

2. 组织机构与职责

综合演练活动可以成立综合演练活动领导小组，下设策划组、执行组、保障组、技术组、评估组等若干专业工作组。

（1）领导小组。综合演练活动领导小组负责演练活动筹备期间和实施过程中的领导与指挥工作，负责任命综合演练活动总指挥与现场总指挥。组长、副组长一般由应急演练组织部门的领导担任，具备调动应急演练筹备工作所需人力和物力的权力。总指挥、现场总指挥可由组长、副组长兼任。

（2）策划组。负责制定综合演练活动工作方案，编制综合演练实施方案；负责演练前、中、后的宣传报道，编写演练总结报告和后续改进计划。

（3）执行组。负责应急演练活动筹备及实施过程中与相关单位和工作组内部的联络、协调工作；负责情景事件要素设置及应急演练过程中的场景布置；负责调度参演人员，控制演练进程。

（4）保障组。负责应急演练筹备及实施过程中安全保障方案的制定与执行；负责所需物资的准备，以及应急演练结束后上述物资的清理归库；负责人力资源管理及经费的使用管理；负责应急演练过程中通信的畅通。

（5）技术组。负责监控演练现场环境参数及其变化，制定应急演练过程中应急处置技术方案和安全措施，并保障其正确实施。

（6）评估组。负责应急演练的评估工作，撰写应急演练评估报告，提出具有针对性的改进意见和建议。

3. 应急演练的策划

（1）确定应急演练要素。应急演练策划就是在应急救援预案的基础上，进行应急演练需求分析，明确应急演练目的和目标，确定应急演练范围，对应急演练的规模、参演单位和人员、情景事件及发生顺序、响应程序、评估标准和方法等进行的总体策划。

（2）分析应急演练需求。在对现有应急管理工作情况以及应急救援预案进行认真分析的基础上，确定当前面临的主要和次要风险、存在的问题、需要训练的技能、需要检验或测试的设施和装备、需要检验和加强的应急功能和需要演练的机构和人员。

（3）明确应急演练目的。根据应急演练需求分析确定应急演练目的，明确需要检验和改进的应急功能。

（4）确定应急演练目标。根据应急演练目的确定应急演练标，提出应急演练期望达到的标准或要求。

（5）确定应急演练规模。根据应急演练目标确定演练规模，通常包括：演练区域、参演人员以及涉及的应急功能。

（6）设置情景事件。一般情况下设置单一情景事件。有时为增加难度，也可以设置复合情景事件。即在前一个情景事件应急演练的过程中，诱发次生情景事件，以不断提出新问题考验演练人员，锻炼参演人员的应急反应能力。

在设置情景事件时，应按照突发事件的内在变化规律，设置情景事件的发生时间、地点、状态特征、波及范围以及变化趋势等要素，并进行情景描述。

（7）应急行动与应对措施。根据情景描述，对应急演练过程中应当采取的预警、应急响应、决策与指挥、处置与救援、保障与恢复、信息发布等应急行动与应对措施应预先设定和描述。

（8）注意事项：

1）策划人员应熟悉本部门（单位）的工艺与流程、设备状况、场地分布、周边环境等实际情况。

2）情景事件的时间应使用北京时间。如因其他原因，应在应急演练前予以说明。

3）应急演练中应尽量使用当时当地的气象条件或环境参数。

4）应充分考虑应急演练过程中发生真实事故的可能性，必须制定切实有效的保障措施，确保安全。

4. 编写应急演练文件

（1）应急演练方案。应急演练方案是指导应急演练实施的详细工作文件，通常包括：

1）应急演练需求分析。

2）应急演练的目的。

3）应急演练的目标及规模。

4）应急演练的组织与管理。

5）情景事件与情景描述。

6）应急行动与应对措施预先设定和描述。

7）各类参演人员的任务及职责。

（2）应急演练评估指南和评估记录。应急演练评估指南是对评估内容、评估标准、评估程序的说明，通常包括：

1）相关信息：应急演练目的和目标、情景描述，应急行动与应对措施简介等。

2）评估内容：应急演练准备、应急演练方案、应急演练组织与实施、应急演练效果等。

3）评估标准：应急演练目标实现程度的评判指标，应具有科学性和可操作性。

4）评估程序：为保证评估结果的准确性，针对评估过程做出的程序性规定。

应急演练评估记录是根据评估标准记录评估内容的照片、录像、表格等，用于对应急演练进行评估总结。

（3）应急演练安全保障方案。应急演练安全保障方案是防止在应急演练过程中发生意外情况而制定的，通常包括：

1）可能发生的意外情况。

2）意外情况的应急处置措施。

3）应急演练的安全设施与装备。

4）应急演练非正常终止条件与程序。

（4）应急演练实施计划和观摩指南。对于重大示范性应急演练，可以依据应急演练方案把应急演练的全过程写成应急演练实施计划（分镜头剧本），详细描述应急演练时间、情景事件、预警、应急处置与救援及参与人员的指令与对白、视频画面与字幕、解说词等。

根据需要，编制观摩指南供观摩人员理解应急演练活动，内容包括应急演练的主办及承办单位名称，应急演练时间、地点、情景描述、主要环节及演练内容等。

5.确定参与应急演练活动人员

（1）控制人员。控制人员是指按照应急演练方案，控制应急演练进程的人员，通常包括总指挥、现场总指挥以及专业工作组人员。控制人员在应急演练过程中的主要任务是：确保应急演练方案的顺利实施，以达到应急演练目标；确保应急演练活动对于演练人员既具有确定性，又富有挑战性；解答演练人员的疑问，解决应急演练过程中出现的问题。

（2）演练人员。演练人员是指在应急演练过程中，参与应急行动和应对措施等具体任务的人员。

演练人员承担的主要任务是：按照应急救援预案的规定，实施预警、应急响应、决策与指挥、处置与救援、应急保障、信息发布、环境监控、警戒与管制、疏散与安置等任务，安全、有序地完成应急演练工作。

（3）模拟人员。模拟人员是指在应急演练过程中扮演、代替某些应急机构管理者或情景事件中受害者的人员。

（4）评估人员。评估人员是指负责观察和记录应急演练情况，采取拍照、录像、表格记录等方法，对应急演练准备、应急演练组织和实施、应急演练效果等进行评估的人员。评估人员可以由相应领域内的专家、本单位的专业技术人员、主管部门相关人员担任，也可委托专业评估机构进行第三方评估。

五、专项演练活动的筹备

专项应急演练的筹备可参考综合应急演练的筹备程序和内容，由于只涉及部分应急功能，负责演练筹备的单位可以根据需要进行适当调整。

第六节　应急演练的实施和评估

一、现场应急演练的实施

1. 熟悉演练方案

应急演练领导小组正、副组长或成员召开会议，重点介绍有关应急演练的计划安排，了解应急救援预案和演练方案，做好各项准备工作。

2. 安全措施检查

确认演练所需的工具、设备、设施以及参演人员到位。对应急演练安全保障方案以及设备、设施进行检查确认，确保安全保障方案的可行性，安全设备、设施的完好性。

3. 组织协调

应在控制人员中指派必要数量的组织协调员，对应急演练过程进行必要的引导，以防出现发生意外事故。组织协调员的工作位置和任务应在应急演练方案中做出明确的规定。

4. 紧张有序开展应急演练

应急演练总指挥下达演练开始指令后，参演人员针对情景事件，根据应急救援预案的规定，紧张有序地实施必要的应急行动和应急措施，直至完成全部演练工作。

5. 注意事项

（1）应急演练过程要力求紧凑、连贯，尽量反映真实事件下采取预警、应急处置与救援的过程。

（2）应急演练应遵照应急救援预案有序进行，同时要具有必要的灵活性。

（3）应急演练应重视评估环节，准确记录发现的问题和不足，并实施后续改进。

（4）应急演练实施过程应作必要的评估记录，包括文字、图片和声像记录等，以便对演练进行总结和评估。

二、桌面应急演练的实施

桌面应急演练的实施可以参考现场应急演练实施的程序，但是由于桌面应急演练的组织形式、开展方式与现场应急演练不同，其演练内容主要是模拟实施预警、应急响应、指挥与协调、现场处置与救援等应急行动和应对措施，因此，需要注意以下问题：

（1）桌面应急演练一般设1名主持人，可以由应急演练的副总指挥担任，负责引导应急演练按照规定的程序进行。

（2）桌面应急演练可以在实施过程中加入讨论的内容，以便于验证应急救援预案的可操作性、实用性，做出正确的决策。

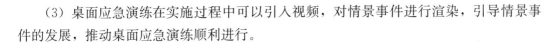

（3）桌面应急演练在实施过程中可以引入视频，对情景事件进行渲染，引导情景事件的发展，推动桌面应急演练顺利进行。

三、应急演练的评估和总结

1. 应急演练讲评

应急演练的讲评必须在应急演练结束后立即进行，应急演练组织者、控制人员和评估人员以及主要演练人员应参加讲评会，评估人员对应急演练目标的实现情况、参演队伍及人员的表现、应急演练中暴露的主要问题等进行讲评，并出具评估报告。对于规模较小的应急演练，评估也可以采用口头点评的方式。

2. 应急演练总结

应急演练结束后，评估组汇总评估人员的评估总结，撰写评估总结报告，重点对应急演练组织实施中发现的问题和应急演练效果进行评估总结，也可对应急演练准备、策划等工作进行简要总结分析。应急演练评估总结报告通常包括以下内容：

（1）本次应急演练的背景信息。

（2）对应急演练准备的评估。

（3）对应急演练策划与应急演练方案的评估。

（4）对应急演练组织、预警、应急响应、决策与指挥、处置与救援、应急演练效果的评估。

（5）对应急救援预案的改进建议。

（6）对应急救援技术、装备方面的改进建议。

（7）对应急管理人员、应急救援人员培训方面的建议。

四、应急演练的修改完善与改进

根据应急演练评估报告对应急救援预案的改进建议，由应急救援预案编制部门按程序对预案进行修改完善。

应急演练结束后，组织应急演练的部门（单位）应根据应急演练评估报告、总结报告提出的问题和建议，督促相关部门和人员，制定整改计划，明确整改目标，制定整改措施，落实整改资金，并应跟踪督查整改情况。

第七节　有限空间事故应急救援的原则与方法

一、事故应急救援的原则

有限空间作业过程中，由于作业空间比较狭窄，通风条件差，易聚集有毒有害气体，导致发生急性中毒、缺氧窒息等事故，培养一支良好的应急救援队伍，可以在发生突发事件时进行及时有效的救援，降低事故危害程度。统计显示，有限空间事故致死的人员中约60%以上为救援人员，其主要原因主要为：

（1）由于事发紧急，营救人员易有紧张情绪以致失误。

（2）冒险、侥幸等不安全心理因素作用。

（3）不了解该有限空间的危害情况。

（4）事先未制定针对性的应急救援方案。

（5）缺乏有限空间事故应急救援训练，救援人员未掌握救援技能。

因此，有限空间作业场所的管理单位或作业单位应根据本单位有限空间作业可能发生的事故类型和造成的危害，制定应急救援预案，明确救援人员及职责，配备救援设备器材，并对相关作业人员或救援人员进行培训和训练，使其掌握事故处置程序和方法，提高对突发事件的反应速度和应急处置能力，将突发事件所导致的损失降至最低程度，并防止救援不当造成人员伤亡扩大。

应急救援基本原则如下：

（1）发生事故后应立即拨打119和110、120，以尽快得到消防队员和急救专业人员的救助。

（2）如消防和急救人员不能及时到达事故现场，自行组织救援时，应尽可能施行非进入式救援。

（3）救援人员未经批准，不得进入有限空间进行救援。

（4）以下情况采取最高级别防护措施后方可进入救援：

1）有限空间内环境危害性质未知。

2）有限空间缺氧，或无法确定是否缺氧。

3）有限空间内空气污染物浓度未知，或已经达到甚至超过IDLH浓度。

4）根据有限空间的类型和可能遇到的危害，决定需要采用的应急救援方案。

二、现场紧急救护

搞好现场紧急救护的目的，在于尽可能地减轻伤员痛苦，防止病情恶化，防止和减少并发症的发生，并可挽救伤员生命。

1. 现场急救基本原则

现场救援必须遵守"三先三后"的原则：

（1）窒息（呼吸道完全堵塞）或心跳呼吸骤停的伤员，必须先进行人工呼吸或心脏复苏后再搬运。

（2）对出血伤员，先止血后搬运。

（3）对骨折的伤员，先固定后搬运。

2. 现场急救的关键

现场急救的关键在于"及时"，人员受伤害后，2min内进行急救的成功率可达70%，

4~5min 内进行急救的成功率可达 43%，15min 以后进行急救的成功率则较低。据统计，现场创伤急救搞得好，可减少 20% 伤员的死亡。

3. 对中毒或窒息人员的急救

（1）立即将伤员从危险区抢运到新风中，取平卧位。

（2）立即将伤员口、鼻内的黏液、血块、泥土、碎煤等除去，解开上衣和腰带，脱掉胶鞋。

（3）用衣服覆盖在伤员身上保暖。

（4）根据心跳、呼吸、瞳孔等特征和伤员的神志情况，初步判定伤情的轻重。

（5）当伤员出现眼红肿、流泪、畏光、喉痛、咳嗽、胸闷现象时，说明是受二氧化硫中毒所致。

（6）当出现眼红肿、流泪、喉痛及手抖、头发呈黄褐色现象时，说明伤员是受二氧化氮中毒。

（7）一氧化碳中毒的显著特征是嘴唇呈桃红色、两颊有红斑点。

（8）对二氧化硫、二氧化氮的中毒者只能进行口对口的人工呼吸，不能进行压胸或压背法的人工呼吸。

（9）人工呼吸持续的时间以恢复自主性呼吸或到伤员真正死亡时为止。当救护队来到后，转由救护人用苏生器苏生。

4. 对外伤人员的急救

对外伤人员的急救，包括对烧伤人员的急救、对出血人员的急救和对骨折人员的急救。分别采用包扎创面、止血和骨折临时固定等急救措施，然后迅速送到地面，到医院救治。

5. 对溺水者的急救

人员溺水时，可能造成呼吸困难而窒息死亡。应采取如下措施急救：

（1）转送。把溺水者从水中救出后，立即送到比较温暖和空气流动的地方，松开腰带，脱掉湿衣服，盖上干衣服保温。

（2）检查。检查溺水者的口鼻，如果有泥水和污物堵塞，应迅速清除，擦洗干净，以保持呼吸道通畅。

（3）控水。将溺水者取俯卧位，用木料、衣服等垫在肚子下面；施救者左腿跪下，把溺水者的腹部放在施救者右侧大腿上，使其头朝下；并压其背部，迫使水从体内流出。

（4）上述控水效果不理想时，应立即做俯卧压背法人工呼吸、口对口吹气或胸外心脏按压。

6. 对触电者的急救

触电急救，首先要使触电者迅速脱离电源，越快越好。脱离电源就是要把触电者接触的那一部分带电设备的断路器、隔离开关或其他断路设备断开；或设法将触电者与带电设备脱离。在脱离电源时，救护人员既要救人，也要注意保护自己。触电者未脱离电源前，救护人员不准直接用手触伤员。

（1）低压设备上的触电。触电者触及低压带电设备，救护人员应设法迅速切断电源，如拉开电源开关、拔除电源插头等，或使用绝缘工具，如干燥的木棒、木板、绳索等不导电的东西解脱触电者；也可抓住触电者干燥而不贴身的衣服，将其拖开，切记要避免碰到金属物体和触电者的裸露身躯；也可戴绝缘手套或将手用干燥衣物等包起绝缘后解脱触电者；救护人员也可站在绝缘垫上或干木板上，绝缘自己进行救护。

为使触电者与导电体解脱，最好用一只手进行。如果电流通过触电者入地，并且触电者紧握电线，可设法用干木板塞到其身下，与地隔离，也可用干木把斧子或有绝缘柄的钳子等将电线剪断。剪断电线要分相，一根一根地剪断，并尽可能站在绝缘物体或干木板上进行。

（2）高压设备上触电。触电者触及高压带电设备，救护人员应迅速切断电源，或用适合该电压等级的绝缘工具（戴绝缘手套，穿绝缘靴并用绝缘棒）解脱触电者。救护人员在抢救过程中应注意保持自身与周围带电部分必要的安全距离。

（3）架空线路上触电。对触电发生在架空线杆塔上，如系低压带电线路，能立即切断线路电源的，应迅速切断电源，或者由救护人员迅速登杆，束好自己的安全皮带后，用带绝缘胶柄的钢丝钳、干燥的不导电物体或绝缘物体将触电者拉离电源；如系高压带电线路，又不可能迅速切断断路器的，可采用抛挂足够截面的适当长度的金属短路线方法，使电源断路器跳闸抛挂前，将短路线一端固定在铁塔或接地引下线上，另一端系重物，但抛掷短路线时，应注意防止电弧伤人或断线危及人身安全。不论是何级电压线路上触电，救护人员在使触电者脱离电源时要注意防止发生高处坠落的可能和再次触及其他有电线路的可能。

（4）断落在地的高压导线上触电。如果触电者触及断落在地上的带电高压导线，如尚未确证线路无电，救护人员在未做好安全措施（如穿绝缘靴或临时双脚并紧跳跃地接近触电者）前，不能接近断线点至 $8\sim10m$ 范围内，以防止跨步电压伤人。触电者脱离带电导线后亦应迅速带至 $8\sim10m$ 以外，并立即开始触电急救。只有在确定线路已经无电时，才可在触电者离开触电导线后，立即就地进行急救。

（5）伤员脱离电源后的处理。触电伤员如神志清醒者，应使其就地躺平，严密观察，暂时不要站立或走动。触电伤员神志不清者，应就地仰面躺平，确保其气道通畅，并用 5s 时间呼叫伤员或轻拍其肩部，以判定伤员是否意识丧失。禁止摇动伤员头部呼叫伤员。需要抢救的伤员，应立即就地坚持正确抢救，并设法联系医疗部门接替救治。

7. 对冒顶埋压人员现场急救

（1）扒伤员时须注意不要损伤人体。靠近伤员身边时，扒掘动作要轻巧稳重，以免对伤员造成伤害。

（2）如果确知伤员头部位置，应先扒去其头部煤岩块，以使头部尽早露出外面。头部扒出后，要立即清除口腔、鼻腔的污物。与此同时再扒身体其他部位。

（3）此类伤员常常发生骨折，因此，在扒掘与抬离时，必须十分小心。严禁用手去拖拉伤员双脚或用其他粗鲁动作，以免增加伤势。

（4）当伤员有呼吸困难或停止呼吸，可进行口对口人工呼吸。

（5）有大出血者，应立即止血。

（6）有骨折者，应用夹板固定。如怀疑有脊柱骨折的，应该用硬板担架转运，千万不能由人扶持或抬运。

（7）转运时须有医务人员护送，以便对发生的危险情况给予急救。

8．对长期被困在井下的人员急救

（1）严禁用矿灯照射遇险者的眼睛，应用毛巾、衣服片、纸张等蒙住其眼睛。

（2）用棉花或纸张等堵住双耳。

（3）注意保温。

（4）不能立即升井，应将其放在安全地点逐渐适应环境和稳定情绪。待情绪稳定，体温、脉搏、呼吸及血压等稍有好转后，方可开始送医院。

（5）搬运时要轻抬轻放、缓慢行走，注意伤情变化。

（6）升井后和治疗初期，劝阻亲属探视，以免伤员过度兴奋发生意外。

（7）不能让其吃过量或硬食物，限量吃一些稀软易消化的食物，使肠胃功能逐渐恢复。

三、事故应急救援实训

事故应急救援实训大纲

1　技术要求

熟练掌握三种应急救援方式的适用条件、救援设备的选择和使用方法，以及不同事故情况下的援措施。

2　训练内容

2.1　自救过程

（1）为保障作业安全，进入有限空间时携带紧急逃生呼吸器。

（2）作业过程中进行实时检测。

（3）作业过程中检测报警仪报警、作业者身体不适或使用的呼吸防护用品失效。

（4）作业者迅速打开紧急逃生设备，撤离危险环境。

2.2　无需进入的救援

2.2.1　实施竖向作业

受困人员进入有限空间前穿着全身式安全带，安全绳一端与安全带D形环相连，另一端在有限空间外与三脚架相连或固定在牢固位置，并且作业者活动区域在以挂点为中心夹角不超过45°的范围内。一旦发生事故，监护者迅速将受困人员安全拉出有限空间。

2.2.2　实施横向作业

受困人员与有限空间出口间无明显障碍物，受困位置距出口距离较短，受困人员进入有限空间前穿着全身式安全带，安全绳一端与安全带 D 形环相连，另一端在有限空间外（固定在固位置或置于监护者手中）一旦发生事故，监护者迅速将受区人员安全拖出有限空间。

2.3　进入有限空间实施救援

2.3.1　危险因素控制

（1）因泄漏导致事故的，要及时切断泄漏源。

（2）有限空间内存在或涌入大量积水、污泥或其他危险有害物质时，要及时清除，如抽水、排淤等。

（3）使用大功率风机强制通风。

（4）条件允许的情况下，实时对事故环境进行检测。

2.3.2　实施救援措施

2.3.2.1　竖向作业（已设置三脚架）

（1）地面救援人员架设三脚架。架设三脚架，安装脚链、速差式自控器、绞盘等配件，检查三脚架及各部件安全性。

（2）救援人员佩戴安全带。选择全身式安全带。检查安全带是否完好，包括部件有无缺失、断股、霉变、锈蚀等；正确穿着安全带并调整安全带松紧程度，安全绳/速差式自控器绳索一端与安全带 D 形环相连，另一端固定在可靠位置（三脚架）。

（3）救援人员使用呼吸防护用品。应急救援时应选择正压式空气呼吸器，可独立使用。确认正压式空气呼吸器气压满足救援需要（25MPa 以上）；使用前，确认正压式空气呼吸器背托、系带、导管、气瓶等外观整体无损坏；确认低压报警正常；确认面罩气密性良好。使用时，背好正压式空气呼吸器，扣紧腰带，打开气源，保证呼吸顺畅。

（4）进入救援。救援人员持救生索（绞盘缆绳）、安全带，携带应急通信设备及照明设备，使用防坠器，沿踏步或设置好的安全梯进入有限空间。将受困人员移动至竖向作业面距有限空间出入口最近处，为受困人员佩戴安全带和救生索（绞盘缆绳）。有限空间外救援人员将受困人员救出有限空间。救援过程中，救援人员应保持与外界人员的信息沟通顺畅，随时通报救援情况。

如果环境内有可燃气体，救援过程中要实时检测可燃气体浓度，一旦超标，救援人员应立即撤离。

现场负责人根据情况适时对救援方案做出调整，如增加救援人员或立即撤离，以保证救援人员安全，防止事故扩大。

2.3.2.2　横向作业（不设置三脚架）

（1）救援人员佩戴正压式空气呼吸器。应急救援时应选择正压式空气呼吸器，可独立使用。确认正压式空气呼吸器气压满足救援需要（25MPa 以上）；使用前，确认正压式空气呼吸器背托、系带、导管、气瓶等外观整体无损坏；确认低压报警正常；确认面罩气密性良好。使用时，背好正压式空气呼吸器，扣紧腰带，打开气，保证呼吸顺畅。

（2）进入救援。救援人员携带应急通信设备及照明设备进入有限空间，救援人员将受困人员移动至有限空间出入口，由外部人员接应。救援人员保持与外界人员的信息沟通顺畅，随时通报救援情况。

如果环境内有可燃气体，救援过程中要实时检测可燃气体浓度，一旦超标，救援人员应立即撤离。

现场负责人根据情况适时对救援方案做出调整，依据需要增派救援人员或立即撤离，以保证救援人员安全。

2.4　解救出来后的安置与处理

将受困人员解救出来后，进行妥善安置并采取合理的急救措施：

（1）将受伤人员安置在自然通风好、平坦、较为阴凉的地方。

（2）及时拨打急救电话，等待专业医疗救援人员到达现场进行进一步救治。

（3）解开受伤人员衣领口，使其保持呼吸通畅。

（4）对心跳呼吸骤停的受伤人员进行心肺复苏。

参 考 文 献

[1] 李涛，张敏，缪剑影. 密闭空间职业危害防护手册 [M]. 北京：中国科学技术出版社，2006.

[2] 廖学军. 有限空间作业安全生产培训教材 [M]. 北京：气象出版社，2009.

[3] 施文. 有毒有害气体检测仪器原理和应用 [M]. 北京：化学工业出版社，2009.

[4] 夏艺，夏云风. 个体防护装备技术 [M]. 北京：化学工业出版社，2008.

[5] 佘启元. 个体防护装备技术与检测方法 [M]. 广州：华南理工大学出版社，2008.

[6] 国家安全生产监督管理总局宣传教育中心. 有限空间作业安全培训教材 [M]. 北京：团结出版社，2015.

[7] 于殿宝. 事故管理与应急处置 [M]. 北京：化学工业出版社，2008.

[8] 国家安全生产监督管理总局宣传教育中心. 危险化学品生产单位主要负责人和安全生产管理人员培训教材 [M]. 北京：冶金工业出版社，2009.

[9] 国家安全生产监督管理总局宣传教育中心，中华全国总工会劳动保护部. 职工安全生产知识读本 [M]. 北京：中国工人出版社，2006.

[10] 徐伟东，崔文才，聂从. 危机与应急管理 [M]. 北京：化学工业出版社，2015.

[11] 广东省安全生产监督管理局，广东省安全生产技术中心. 安全生产应急管理工作指南 [M]. 广州：华南理工大学出版社，2016.

[12] 国网山东省电力公司应急管理中心. 电力应急救援培训系列培训教材 电力有限空间应急救援 [M]. 北京：中国水利水电出版社，2020.